地理学研究生教学丛书

# 地理信息系统底层开发教程
## DEVELOP A GIS FROM THE BOTTOM UP

李 响 著

科学出版社
北京

## 内 容 简 介

本书是根据作者近五年的教学经验总结的一本教材，它主要面向地理信息系统专业本科生或研究生，讲授如何通过程序语言实现地理信息系统的基本功能，包括空间数据与属性数据的管理、分析及可视化等。全书内容均为底层开发，不依赖于任何商业地理信息系统软件，各种算法或数据操作方法均有详细介绍，且深入浅出，适合教师讲授或学生自学之用。通过阅读本书，可以提高读者的原始创新能力。

**图书在版编目(CIP)数据**

地理信息系统底层开发教程/李响著. —北京：科学出版社，2016
（地理学研究生教学丛书）
ISBN 978-7-03-049131-2

Ⅰ. ①地… Ⅱ. ①李… Ⅲ. ①地理信息系统–系统开发–研究生–教材
Ⅳ. ①P208

中国版本图书馆 CIP 数据核字（2016）第 143292 号

责任编辑：文 杨／责任校对：何艳萍
责任印制：徐晓晨／封面设计：陈 敬

科学出版社 出版
北京东黄城根北街 16 号
邮政编码：100717
http://www.sciencep.com

**北京虎彩文化传播有限公司** 印刷
科学出版社发行 各地新华书店经销
*
2016 年 6 月第 一 版 开本：787×1092 1/16
2021 年 8 月第二次印刷 印张：19 3/4
字数：468 000
**定价：79.00 元**
（如有印装质量问题，我社负责调换）

# 地理学研究生教学丛书编委会

**主　编**　刘　敏
**副主编**　段玉山　郑祥民　吴健平　徐建华
**编　委**　（按姓氏笔画排序）
　　　　　王　军　王东启　叶　超　刘　敏　刘红星
　　　　　过仲阳　余柏蒗　李　响　吴健平　邱　方
　　　　　周立旻　杨　毅　陈振楼　陈睿山　侯立军
　　　　　郑祥民　段玉山　徐建华　蒋　辉　蔡永立

# 作者简介

李响,先后于南京大学获得学士及硕士学位,于香港中文大学获得博士学位,曾在法国及美国从事博士后研究工作,目前任职于华东师范大学地理科学学院暨地理信息科学教育部重点实验室,受聘为教授、博士生导师,同时担任城市空间优化与智能交通研究工作室负责人。主要研究领域包括交通地理信息系统、空间优化算法、时空数据管理与分析等。

# 丛 书 序

地理学是研究地球表层系统中自然与人文要素及其地理综合体的空间格局、演化特征及相互作用规律,具有区域性、综合性、交叉性的特点,可谓"探索自然规律,昭示人文精华"。

地理学是一门经世致用的学科,自地理学诞生伊始就与人类社会的发展和演进紧密联系在一起,从人类地理大发现到现代全球变化和全球经济一体化无不闪耀着地理学的贡献。现代自然环境演进过程中人类活动因素已和自然因素相互交融,20世纪初大规模工业化以来,全球城市化快速发展,人口剧增,人类活动已深刻地影响到全球环境变化。应对这一变化,国际科学界推出了"未来地球"研究计划,旨在从局地、区域和全球尺度寻求通向可持续发展的途径和解决方案。"未来地球"研究计划代表着地理学发展的趋势,强调多学科交叉,多部门参与,强化自然-社会-经济的耦合研究,强调过程研究的深化和复杂系统的模拟和预测。

在研究问题导向驱动下,地理学研究方法和手段也发生着重大的变化。在传统的野外考察、描述记录的基础上,大批的新技术和新方法被引入地理学研究,地理数据收集、处理、分析的效率倍增,物理、化学、生物的测试分析方法与定位观测网络的结合,对地理过程的认识更为深入,地球系统模式的完善不但增强了空间格局演化的预测能力,也将成为新地理规律发现的重要工具,地理学研究的范式正在发生着深刻的变化。

在新一轮地理学大发展的时代背景下,培养和壮大高水平地理学人才队伍是当务之急,其中高质量的研究生培养更是关键。研究生是学科发展中重要的生力军,他们思想最为活跃,求知欲最为旺盛,掌握新技术、新方法最有热情。而目前我国地理学人才培养中还存着明显的不足:①学科批判性思维、理论构建等方面的训练还十分薄弱;②课程多样化水平还不够高;③课程设置上紧密结合全球重大问题,以及社会经济发展的教学内容偏少;④教师背景相对统一,加之学生指导方面分明的专业分割,难以适应地理科学日益明显的交叉学科特征的要求。研究生培养模式的改革,教师队伍建设和教材建设等多要素集成合力，是提升我国研究生培养水平的重要环节。其中研究生教材建设是落实培养模式改革和提升教学质量的基础。

华东师范大学地理学科是我国地理学研究与人才培养的重镇。自 20 世纪 50 年代成立以来，在河口海岸动力地貌学、世界地理学、人口地理学、区域地理学、城市地理学等领域多有建树。紧扣国际地理学的发展，近年来又发展了城市自然地理学、计算地理学、城市环境地理学等一批新的学科方向，成为学科发展新的增长点。华东师范大学研究生培养在国内也有着优良传统，培养了各个时期优秀的研究生群体，出版了系列化的研究生教材，为国内其他高校广泛采用。面向地理学发展的前沿，结合科学研究实践，由刘敏教授担纲主编，组织该校地理学科的精兵强将，编辑出版了该套地理学研究生教学丛书。该丛书特点鲜明：①强调地理学理论体系和方法论在研究生培养中的核心地位，将地理学整体理论发展史和各个分支学科发展史、地球表层系统圈层相互作用思想及地理要素格局与过程耦合思想等置于教材组织的核心位置；②紧密联系科研实践，各本教材在理论知识和前沿阐释部分之后，均以大量的科研实践案例形式组织专题章节，这些科研实践案例均来自于教材编写教师的科研实践，增强了理论和方法的应用。使学生能高效地把握学科前沿动态，掌握研究方法，更便于学生了解研究思路和如何应用，激发学生的学习和研究兴趣，培养学生科研能力；③该丛书涉及的学科门类广，并重视不同学科间的交叉，有利于不同专业研究生全面、系统了解地理科学进展，掌握知识点。

该丛书的出版是我国地理学研究生教育改革的重要标志。将丰富研究生教学组织形式，对国内研究生教学起到良好的示范与引领作用。丛书的内容也对初涉地理学科学研究的青年教师有很高的参考价值。

中国科学院院士、中国地理学会理事长
2016 年 6 月

# 前　　言

这是一本讲授如何利用程序设计语言开发一套基本的地理信息系统（geographic information system，GIS）软件平台的书。书中，在 Windows 操作系统下，以 C#为开发语言进行讲解。在阅读本书之前，读者需要对 GIS 的基本概念及 C#语言有一定了解，此外，面向对象编程思想也在本书有较好的应用，因为这是编写一个较为复杂的软件平台所必需的，读者可事先寻找相关资料对这一思想加以学习和领会。相信通过阅读本书，会进一步加深读者对 C#语言及面向对象编程思想的理解。而更重要的是，提高读者的 GIS 开发与原始创新能力。

学习本书内容，读者唯一需要特别安装的软件就是 Visual Studio 集成开发工具，该工具是 Microsoft 软件公司的一个产品，如果是出于学习的目的，读者可以从该公司网站上免费下载并安装这个产品，在试用一段时间后，通过电子邮件注册的方式，就可以永久使用这一开发工具。本书就是利用这一开发工具编写代码的。Visual Studio 是一个存在已久的软件产品，其已经发布了多个版本，而本书内容并不针对其中的特定版本，读者可以按照以下步骤下载并安装最新的 Visual Studio 软件。

（1）在网络浏览器中输入如下网址：http：//www.visualstudio.com/en-us/products/visual-studio-express-vs.aspx 或者通过网络搜索引擎，如 Google，搜索关键字"Visual Studio Express"，通常在搜索结果中的第一项就是上述网址。

（2）在打开的网页中，找到当前适用于 Windows Desktop 操作系统的最新版本，根据网页提示完成下载和安装。

在编写本书时，笔者选择的版本是 Visual Studio 2013 Express，当安装结束后，在所有程序中，读者会发现一个新的程序组，名为"Visual Studio 2013"，在该组下，读者会见到"VS Express 2013 for Desktop"，点击它，如果读者能够看到如图 1 所示的界面，则说明一切就绪，可以开始学习本书的第 1 章，否则，请重新安装上述软件。在今后的章节中，将"VS Express 2013 for Desktop"简称为 VS。

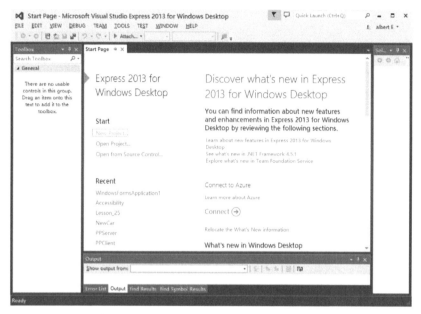

图 1  VS Express 2013 for Desktop 程序界面

本书附带的光盘或其他电子介质包含每一章涉及的源代码，读者可以直接在 VS 中打开阅读，附录包含所有类及新定义数据类型的属性成员和函数的定义及说明。此外，文中所有源代码都会被清楚地标明其所属的文件或其中的类，例如，如下信息表示所列出的代码属于"项目 Lesson_1"的"文件 BasicClasses.cs"，它定义了一个类，叫做 GISLine。

**Lesson_1/BasicClasses.cs**

```
class GISLine
{
    List<GISVertex> AllVertexs;
}
```

而如下信息表明为"项目 Lesson_6"的"文件 BasicClasses.cs"中的"类 GISTools"定义一个"函数 CauculateLength"。

**Lesson_6/BasicClasses.cs/GISTools**

```
public static double CalculateLength(List<GISVertex> _vertexes)
{
    double length = 0;
    for (int i = 0; i < _vertexes.Count - 1; i++)
    {
        length += _vertexes[i].Distance(_vertexes[i + 1]);
    }
    return length;
}
```

至此，已经完成了准备工作，开始正式的学习内容，在阅读本书章节的过程中，欢迎读者将任何问题、意见或建议发送给笔者：xli@ geo. ecnu. edu. cn 。同时，基于本书讲解的内容、开发的多个实用工具可以通过微信公众号"大数据攻城狮"（二维码如下）免费获得。本书后续出版物将选择性地介绍上述实用工具的开发过程，欢迎读者关注。

# 目　　录

丛书序
前言

第1章　一切从"●"开始 …………… 1
　1.1　最简单的空间对象 …………… 1
　1.2　让空间对象变成程序代码 …… 2
　1.3　第一个迷你GIS ……………… 6
　1.4　总结 ………………………… 10
第2章　更完整的类库 ……………… 11
　2.1　建立一个新的项目 ………… 11
　2.2　空间对象体系 ……………… 11
　2.3　重新实现迷你GIS ………… 16
　2.4　总结 ………………………… 18
第3章　屏幕坐标与地图坐标 ……… 19
　3.1　坐标系统 …………………… 19
　3.2　两种坐标之间的转换 ……… 21
　3.3　再次更新迷你GIS ………… 25
　3.4　总结 ………………………… 28
第4章　制作可浏览的地图 ………… 29
　4.1　地图缩放 …………………… 29
　4.2　地图平移 …………………… 32
　4.3　更丰富的迷你GIS ………… 33
　4.4　总结 ………………………… 35
第5章　从Shapefile中读取点实体 … 36
　5.1　获得Shapefile白皮书 ……… 36
　5.2　读取shp文件 ……………… 37
　5.3　图层的引入 ………………… 42

　5.4　更新的GIS ………………… 44
　5.5　总结 ………………………… 48
第6章　从Shapefile中读取线和面
　　　　实体 …………………………… 49
　6.1　更完善的GISLine及
　　　　GISPolygon …………………… 49
　6.2　读取线与面shp文件 ……… 53
　6.3　功能更加完善的GIS ……… 56
　6.4　总结 ………………………… 57
第7章　读取Shapefile中的属性
　　　　数据 …………………………… 58
　7.1　建立属性数据的字段结构 … 58
　7.2　dbf文件驱动程序及读取 … 59
　7.3　再次完善GIS ……………… 62
　7.4　总结 ………………………… 64
第8章　读写自己的空间数据文件 … 65
　8.1　数据类型与文件结构 ……… 65
　8.2　写入文件头与图层名 ……… 66
　8.3　写入字段信息 ……………… 69
　8.4　写入空间和属性数据值 …… 71
　8.5　读取自定义文件 …………… 74
　8.6　测试读写过程 ……………… 78
　8.7　总结 ………………………… 78
第9章　点选点实体和线实体 ……… 79

9.1 建立一个选择的框架 ……… 79
9.2 点选点实体 ……………… 82
9.3 点选线实体 ……………… 84
9.4 测试点选功能 …………… 87
9.5 总结 …………………… 88

## 第10章 点选面实体 …………… 89
10.1 建立点选面实体的框架 …… 89
10.2 Include 函数——判断点面位置关系 ………………… 90
10.3 更友好的点选结果显示 …… 93
10.4 总结 …………………… 97

## 第11章 属性窗口与地图窗口的互动 …………………… 98
11.1 唯一标识符 …………… 98
11.2 修改后的属性窗口 ……… 99
11.3 让彼此记住并认识 ……… 100
11.4 从地图窗口到属性窗口 … 101
11.5 从属性窗口到地图窗口 … 103
11.6 总结 …………………… 105

## 第12章 更有效的显示方法 ……… 106
12.1 为什么会闪烁 ………… 106
12.2 用双缓冲解决闪烁问题 … 107
12.3 解决地图内容消失和变形的问题 …………… 108
12.4 加快显示效率 ………… 111
12.5 总结 …………………… 112

## 第13章 鼠标的作用 …………… 113
13.1 定义鼠标的功能 ……… 113
13.2 鼠标按钮被按下 ……… 114
13.3 鼠标移动和抬起按钮 … 115
13.4 选择操作 ……………… 117
13.5 放大操作 ……………… 119
13.6 缩小操作 ……………… 121
13.7 移动操作 ……………… 122
13.8 切换鼠标功能 ………… 123
13.9 总结 …………………… 125

## 第14章 多图层问题 …………… 126
14.1 地图文档类 GISDocument … 126

14.2 为 GISDocument 添加函数 … 127
14.3 添加与删除图层操作 …… 129
14.4 调整图层显示顺序 ……… 132
14.5 存储操作 ……………… 134
14.6 总结 …………………… 136

## 第15章 地图窗口的简化 ………… 137
15.1 与地图窗口的联动 ……… 137
15.2 修改地图窗口 …………… 138
15.3 实现对图层管理对话框的调用 …………………… 141
15.4 总结 …………………… 143

## 第16章 开发一个集成的控件 …… 144
16.1 扩大化的 MyGIS ……… 144
16.2 从 Form1 到 GISPanel … 145
16.3 测试 GISPanel ………… 146
16.4 总结 …………………… 147

## 第17章 唯一值专题地图 ………… 148
17.1 GIS Thematic 类 ……… 148
17.2 唯一值地图 …………… 151
17.3 扩充图层管理对话框 …… 153
17.4 总结 …………………… 156

## 第18章 独立值地图与分级设色地图 ………………… 158
18.1 支持多种专题地图方式的图层定义 …………… 158
18.2 独立值地图 …………… 160
18.3 分级设色地图 ………… 163
18.4 支持专题地图的图层管理对话框 …………… 166
18.5 总结 …………………… 170

## 第19章 栅格图层 ……………… 171
19.1 栅格文件结构 ………… 171
19.2 扩充的图层类定义 …… 172
19.3 针对新的图层类更新类库 …………………… 176
19.4 构建栅格数据 ………… 182
19.5 总结 …………………… 185

## 第20章 网络数据模型基础 ……… 186

20.1 基本的网络要素 …………… 186
20.2 建立拓扑关系 ……………… 188
20.3 最短路径分析 ……………… 190
20.4 展示分析结果 ……………… 194
20.5 总结 ………………………… 195

## 第 21 章 操作网络数据模型 ………… 196
21.1 生成弧段及结点图层 …… 196
21.2 单一文件多图层读写 …… 198
21.3 网络分析对话框设计 …… 200
21.4 实现对话框功能 ………… 203
21.5 总结 ……………………… 210

## 第 22 章 约简、纠错、完善与优化 … 211
22.1 关于图层名 ……………… 211
22.2 关于保存图层 …………… 213
22.3 Peerchar 的问题 ………… 216
22.4 解除 dbf 文件长度的限制 …………………… 216
22.5 处理空值字段 …………… 217
22.6 提高文件读取效率 ……… 219
22.7 属性窗口的快速打开 …… 221
22.8 纠正图层管理对话框的错误 …………………… 222
22.9 避免无效显示 …………… 222
22.10 总结 …………………… 224

## 第 23 章 空间索引的构建 …………… 225
23.1 空间索引基础 …………… 225
23.2 定义结点 ………………… 226
23.3 开始种树 ………………… 228
23.4 结点的插入 ……………… 229
23.5 结点的分裂 ……………… 232
23.6 树的调整 ………………… 235
23.7 在图层中引入 R-Tree …… 236
23.8 总结 ……………………… 240

## 第 24 章 空间索引的应用与维护 …… 241
24.1 树的搜索 ………………… 241
24.2 优化后的 GISSelect ……… 242
24.3 更快的图层绘制 ………… 245
24.4 树的存储 ………………… 247
24.5 修改图层的索引选项 …… 250
24.6 数据结点的删除 ………… 252
24.7 总结 ……………………… 254

## 第 25 章 空间参考系统 ……………… 255
25.1 WGS 1984 及 UTM ……… 255
25.2 单个点的坐标转换 ……… 256
25.3 空间实体坐标转换 ……… 259
25.4 带有空间参考系统的图层定义 …………………… 261
25.5 图层坐标转换 …………… 265
25.6 总结 ……………………… 268

## 第 26 章 做最后的整合工作 ………… 269
26.1 真正的产品 ……………… 269
26.2 "Hello World" …………… 270
26.3 总结 ……………………… 271

**附录：MyGIS 类库说明** ……………… 272

# 第 1 章 一切从"●"开始

本章将介绍几个最基本的空间对象,以及如何用计算机语言把这些基本的空间对象编码成一个个的"类",并组织到"类库"中去。不仅如此,还会基于类库,实现一个超级迷你 GIS,它具有空间数据和属性数据的输入、显示及查询功能。

## 1.1 最简单的空间对象

作为本书正文的开篇,可以说一切从零开始,但本章题目中的"●"指的并不是"零",而是指 GIS 中的"点"——一个零维的,也是最简单的空间对象。在现实世界中,并不存在一个"点"的对象,任何一个微小的地理实体,都是一个"体",有长、宽、高。但是在计算机世界里,可以将一个与研究区面积相比起来尺寸非常小的面(在二维空间中)或体(在三维空间中)简单地表达成一个点对象。例如,在中国小比例尺国家地图中,可以用一个点来代表一个城市。

"点"对象非常简单,用两个或三个数字,或者说一个坐标对,就可准确地描述出这个对象在二维或三维空间中的位置。此外,点对象也是构成其他空间对象的最基本单元,由两个点可以构成一条线段,由多个有序的点可以构成一段折线或者一个面,同时,一个单独的点也可以是具有实际意义的一个空间对象,如前文所说的在一个小比例尺地图中用来代表城市的点。因此,从 GIS 的角度出发,总结定义了以下三种点对象。

● 节点(vertex):用于构成其他空间对象实体(feature),如线实体、面实体等,也可以指代空间中的任意一个位置。

● 结点(node):是节点的一种,仅指在构成折线实体的一系列有序节点集中的起始和终止节点。

● 点实体(point):由一个单独节点构成的空间对象实体。

其中,空间对象实体指的是能够代表一个客观世界实际存在的实体或现象(如一个校园、一座大楼、一条马路、一场台风经过的路径等)的计算机模型,其中点实体就是一种空间对象实体。其他还包括线实体、面实体等,如图 1-1 所示。

这里需要提醒的是,节点与结点并非一个空间对象实体,而是构成一个空间对象实体

图 1-1　点实体、线实体及面实体

的重要元素。此外，节点与结点在以往的使用中经常被混淆，上述的定义把它们明确地区分开来，而一个最好的实例就是线实体。如图 1-2 所示，任何复杂、曲折或者光滑的线实体都是由节点构成的，如图中菱形和圆形的点，而其中圆形的点又是该线实体的端点，也即一种特殊的节点，被称为结点。结点在网络数据结构中具有重要的作用，将在今后相关章节中做进一步的讨论。

图 1-2　构成线实体的节点（菱形）和结点（圆形）

## 1.2　让空间对象变成程序代码

至此，开始启动 VS，把上述的想法代码化。在运行 VS 之前，需要建立一个新的目录用来存放项目，例如，在 D 盘建立一个 "GISBook" 的目录，然后运行 VS，选择 "Visual C#" 作为程序开发模板，建立一个 Windows 窗体应用程序（Windows forms application），它会包含一个缺省的解决方案（solution）和一个缺省的项目，在该项目之下又有一些代码文件。对于一个复杂的工程来说，通常包含多个项目，每个项目又包括多个代码文件。在 VS 中，"解决方案" 就指的是上述的工程。在本书中，希望把每节课的项目都放在一个统一的解决方案下，这样将比较容易管理。为此，将缺省的解决方案重命名为 "AllLessions"，项目名称也改为 "Lession_1"，文件存储位置指向新建的目录 "D:\GISBook"，如图 1-3 所示。

在图 1-3 的界面中点击【OK】，就正式进入了 VS 的集成开发环境中。如图 1-4 所示，其中最醒目的 "Form1" 就是这个程序的初始图形界面，目前看来它还什么都没有，暂时不管它，因为需要把之前提到的几个与点有关的空间对象代码化。

首先，需要建立一个文件用于存储这些代码。在解决方案资源管理器中，选择 "Lesson_1"，点击右键，在菜单中选择 "Add"，在接下去的菜单中选择 "New Item…"，上述过程也可以通过快捷键 "Ctrl+Shift+A" 一步实现。如图 1-5 所示，在弹出的 "Add New Item-Lesson_1" 对话框中，选择 "Code File"（代码文件），然后给出一个文件名，这里给的名字是 "BasicClasses"，就是说这个代码文件将记录定义的一些基本类。

第 1 章 一切从 "●" 开始

图 1-3 建立第一个 VS 程序

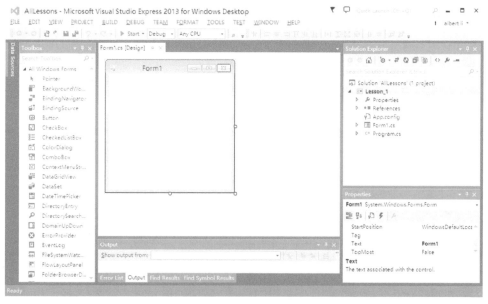

图 1-4 第一个程序的集成开发环境

在图 1-5 中点击【Add】按钮后，将出现一个空白的文本编辑器，用于编辑 Lesson_1 项目中的 BasicClasses.cs 文件。请先把以下代码复制到编辑器中，之后会对它进行详细的解释。

图 1-5 为 Lesson_1 添加一个新的代码文件

## Lesson_1/BasicClasses.cs

```
namespace MyGIS
{
    class GISVertex
    {
        double x;
        double y;
    }
    class GISPoint
    {
        GISVertex Location;
    }
}
```

每一个 C#代码文件都包括文件头及一个命名空间体（namespace），其中文件头用于列出需要引用的其他类库，在上述文件中还没有用到，而命名空间体就是用关键词 namespace 及一对大括号括起来的代码，并且在 namespace 后面要给出一个名称，这个名称实际上就是包含在这个命名空间体中的所有类的"姓"，通过这个"姓"加上类名就可以比较方便地引用一个类。通过命名空间的方式可以比较容易地把各种类有效组织起来，便于管理和使用。在同一个项目中，不同的代码文件如果使用了同样的"姓"，那么在类之间的相互引用时就可以直接用类名，因为它们已经是同一家族的兄弟姐妹了。在本项目中，Form1.cs（在解决方案资源管理器中，选择"Form1.cs"，点击右键，在菜单中选择"View Code"即可看到该文件的代码）中的命名空间是"Lesson_1"，即项目的名称，在 BasicClasses.cs 中，定义了另外的命名空间，称为"MyGIS"。

在命名空间体中，为节点（vertex）及点实体（point）两个空间对象分别定义了两个类：GISVertex 及 GISPoint，其中 GISVertex 用于描述节点，而 GISPoint 表示点实体，至于结点（node），将在本书后续章节涉及网络数据结构时再加以介绍。在类名中加入"GIS"前缀的目的是便于与已有的 C#类相区别。从 GISVertex 的类定义中可以很容易看出，双精度浮点数（double）变量 x 及 y 记录的是这个节点的坐标位置，而在 GISPoint 的类定义中仅包含一个 GISVertex 属性，用来记载这个点实体的位置。接下来继续定义线实体和面实体。

- 线实体：类名为 GISLine，由一系列节点构成的空间对象实体。
- 面实体：类名为 GISPolygon，同样由一系列节点构成，只不过代表的是一个闭合面。

根据上述描述，可以把以下代码添加到 BasicClasses.cs 文件中。

Lesson_1/BasicClasses.cs

```
class GISLine
{
    List<GISVertex> AllVertexs;
}

class GISPolygon
{
    List<GISVertex> AllVertexs;
}
```

当将上述代码复制到代码文件中后，会发现 List〈GISVertex〉下面出现了红色的波浪线，代表有错误发生。List 是一个可变数组，尖括号中的类代表了这个数组中元素的数据类型，之所以出现了错误，是由于没有把包含 List 定义的类库添加到文件头中来，解决方法非常简单，只要把鼠标移到红色波浪线的前端，就会出现一个小的下拉菜单，点击其中的第一项"using System. Collections. Generic；"，就能实现类库的自动添加。添加后，在 namespace 上面，就会出现如下内容。

Lesson_1/BasicClasses.cs

```
using System.Collections.Generic;
```

类 GISLine 和 GISPolygon 定义是一样的，都是记录一系列节点而已。关于 GISPolygon 有以下两点需要注意：首先是节点数量，例如，一个四边形，可以用四个节点记载，当然，也可以用五个节点，也就是说首节点和尾节点是一样的，出于节省空间考虑，可以仅用四个点来记载，就是要记住首节点和尾节点之间也存在一条边，但有时为了计算方便，也可以用五个点记载。其次是节点顺序，可以是顺时针记录，也可以是逆时针记录，这在一些计算中可能会产生不同的结果，如计算面积。所以，通常需要约定全部采用一种固定的方式。关于在本书中节点数量和顺序的考虑将在后续章节涉及面实体时具体讨论。

## 1.3 第一个迷你 GIS

基于目前定义的类，开发一个迷你 GIS，它具有三个功能：①空间数据和属性数据的输入；②空间数据和属性数据的显示；③根据空间对象查询属性数据。为了尽快实现这一系统，约定目前只处理点实体对象，为此，要完善 GISPoint 的类定义，给它增加一些成员和函数，修改后的 GISPoint 类如下，其中新添加部分用粗体标出。

**Lesson_1/BasicClasses.cs**

```csharp
class GISPoint
{
    public GISVertex Location;
    public string Attribute;

    public GISPoint(GISVertex onevertex, string onestring)
    {
        Location = onevertex;
        Attribute = onestring;
    }
    public void DrawPoint(Graphics graphics)
    {
        graphics.FillEllipse(new SolidBrush(Color.Red),
            new Rectangle((int)(Location.x) - 3, (int)(Location.y) - 3, 6, 6));
    }
    public void DrawAttribute(Graphics graphics)
    {
        graphics.DrawString(Attribute, new Font("宋体", 20), new SolidBrush(Color.Green), new
            PointF((int)(Location.x), (int)(Location.y)));
    }
    public double Distance(GISVertex anothervertex)
    {
        return Location.Distance(anothervertex);
    }
}
```

修改后的 GISPoint 类有很多错误提示，暂且不管，先解释一下相关的修改内容。成员 Location 前面增加了一个 public 关键词，目的是让这个属性在类之外也可以被引用；Attribute 是一个新的字符串类型的类成员，用来记录这个点实体的属性，它也有一个 public 关键词修饰；"public GISPoint（GISVertex onepoint，string onestring）"是一个构造函数，也就是实例化（即新定义、新生成）一个点实体时需要运行的函数，每个构造函数前面必须加 public 前缀，而且不能有返回值（其实它有一个缺省返回值就是类实例本身），这个函数的作用就是给类的两个成员赋值；"public void DrawPoint（Graphics graphics）"的作用是画一个点实体，参数 graphics 是一个画图工具类，它具有很多画图的功能，是 VS 提供的标准类，这个函数实际上是以这个点实体的所在位置为圆心，以给定个数像素（这里是 3）为半径画了一个红色的圆，具体函数调用方法的解释请参照 C#的帮助文档。其中应注意到，x 及 y 是来自于成员 Location 的，而 Location 是 GISVertex 类的一个实例，x、y 均为 double 型数据，而 graphics 需要的输入参数是整数类型，因此需要用 int 函数来实现强制类型转换，以适应绘图函数的需要，转换方法是在 x 及 y 前面加 "（int）"；"public void DrawAttribute（Graphics graphics）"是用来写属性字符串的，它以点实体的位置为锚点，采用给定个数像素的高度（20）、颜色（绿色）和字体（宋体）绘制字符串；"public double Distance（GISVertex anothervertex）"是用来计算该点实体与另外一个节点之间的直线距离的，它实际上是调用了 GISVertex 的一个函数，也叫 Distance，稍后补充。上述函数的前缀都有 public，目的也是在类之外能够被引用。

现在来解决那些发现的红色波浪线，一些是由于缺少类库引用，先试着把这些问题用前述的方法解决掉，之后，还有三处错误，Location.x、Location.y 及 Location.Distance。根据提示，Location 是类 GISVertex 的一个实例，它的 x，y 是私有成员，不能直接引用，如果希望直接引用，那么在类中成员定义前面要加 public 关键词修饰，Distance 应该是 GISVertex 的一个函数，但还没有定义，这个函数是用来计算该节点与另一个节点之间直线距离的。完善后的 GISVertex 如下所示，其中新添加部分用粗体标出。

**Lesson_1/BasicClasses.cs**

```
class GISVertex
{
    public double x;
    public double y;

    public GISVertex(double _x, double _y)
    {
        x = _x;
        y = _y;
    }

    public double Distance(GISVertex anothervertex)
    {
        return Math.Sqrt((x - anothervertex.x) *
            (x - anothervertex.x) + (y - anothervertex.y) * (y - anothervertex.y));
    }
}
```

其中，x，y 成员被增加了 public 关键词修饰；增加的构造函数 "public GISVertex（double _x，double _y）"用来为其成员赋值；函数 "public double Distance（GISVertex anothervertex）"就是用来计算该节点与另一个节点之间的直线距离的，它用到了 Math.Sqrt 函数，这是 VS 提供的类库中用于计算平方根的函数。

上述两个类完善好之后来看看如何把它们应用到这个迷你 GIS 中。首先，在解决方案资源管理器中，双击【Form1.cs】，把窗体设计视图打开。在这个窗体上，增加三个

图 1-6　第一个迷你 GIS 界面

Label、三个 TextBox 和一个 Button，并且修改它们的 Text 属性，结果如图 1-6 所示，其中

控件添加的顺序是从左到右，控件名称用的是缺省值，例如，几个 TextBox 的名字就分别是 textBox1、textBox2 和 textBox3。

按 F7，打开 Form1.cs 的代码文件，在 using 列表下添加一个对类库 MyGIS 的引用，这样就可以引用 MyGIS 命名空间中的类了。在 Form1 的类定义中，增加一个 List 类型的可变数组成员 points 用来记载所有的点实体。修改后的 Form1.cs 如下，其中新添加部分用粗体标出。

**Lesson_1/Form1.cs**

```csharp
using System;
using System.Collections.Generic;
using System.ComponentModel;
using System.Data;
using System.Drawing;
using System.Linq;
using System.Text;
using System.Windows.Forms;
using MyGIS;

namespace Lesson_1
{
    public partial class Form1 : Form
    {
        List<GISPoint> points = new List<GISPoint>();
        public Form1()
        {
            InitializeComponent();
        }
    }
}
```

点击"Shift+F7"回到 Form1 的设计视图，双击界面中唯一的按钮【添加点实体】，给它添加一个单击事件的处理函数，内容如下。

**Lesson_1/Form1.cs**

```csharp
private void button1_Click(object sender, EventArgs e)
{
    double x = Convert.ToDouble(textBox1.Text);
    double y = Convert.ToDouble(textBox2.Text);
    string attribute = textBox3.Text;
    GISVertex onevertex = new GISVertex(x, y);
    GISPoint onepoint = new GISPoint(onevertex, attribute);
    Graphics graphics = this.CreateGraphics();
    onepoint.DrawPoint(graphics);
    onepoint.DrawAttribute(graphics);
    points.Add(onepoint);
}
```

这个函数首先读取一个点实体需要的位置坐标和属性，然后在窗口中画出来，最后，把这个点实体添加到 points 的列表中记录下来。其中，"Convert.ToDouble"是一个类型转换函数,从字符串到双精度浮点数;首先利用 GISVertex 的构造函数建立一个 GISVertex 的实例 onevertex;再利用 GISPoint 的构造函数建立一个 GISPoint 的实例 onepoint;然后利用 CreateGraphics 获得当前窗体的绘图工具 graphics;调用 DrawPoint 及 DrawAttribute 函数把这个点和它的字符串属性在窗体中画出来;最后把这个点添加到 points 数组中存储起来。

现在,可以运行一下这个程序了。按 F5,启动程序,在"X,Y"后面分别输入两个数字,如"40,50",在属性后面给出一个字符串,如 first point,然后按【添加点实体】,看看这个点及其属性是否能画出来。一般来说,读者会看到如图 1-7 所示的运行结果。

到目前为止,尽管简单至极,但已经可以实现既定的两个功能了,即空间数据和属性数据的输入,以及空间数据和属性数据的显示。接下来要突破第三项功能,根据空间对象查询属性信息。点击"Shift+F7"再次回到 Form1 的设计视图,在窗体空白处点一

图 1-7 添加一个点实体后的运行结果

下,打开 Form1 的事件列表,选择 MouseClick,双击鼠标为窗体添加一个鼠标单击事件,其事件处理函数如下。

Lesson_1/Form1.cs

```
private void Form1_MouseClick(object sender, MouseEventArgs e)
{
    GISVertex onevertex = new GISVertex((double)e.X, (double)e.Y);
    double mindistance = Double.MaxValue;
    int findid = -1;
    for (int i = 0; i < points.Count; i++)
    {
        double distance = points[i].Distance(onevertex);
        if (distance < mindistance)
        {
            mindistance = distance;
            findid = i;
        }
    }
    if (mindistance > 5 || findid == -1)
    {
        MessageBox.Show("没有点实体或者鼠标点击位置不准确!");
    }
    else
        MessageBox.Show(points[findid].Attribute);
}
```

这个鼠标单击事件的目的是在鼠标点击处打开一个对话框,显示点击处附近点实体的属性值,如果附近没有点实体,就显示错误提示信息。首先,利用 GISVertex 的构造函数生成一个鼠标点击处的节点,然后计算这个节点与 points 里所有点实体的距离,找出距离

最短的那个点实体。如果这个距离大于一个事先给定的阈值，如这里是 5 个像素，那就说明点击的不准确又或者 points 是空的，则显示错误提示，否则就显示该点对象的属性值。

现在，读者可再次按 F5 运行程序，试着多增加一些点对象，然后用鼠标在窗体中点击，看看弹出的对话框是否能够正确地显示信息。

## 1.4 总　　结

本章用了较细致的笔墨介绍了 VS 集成开发环境中的一些基本知识，如程序框架、快速修正错误的方法、添加事件处理函数的方法等，在今后的章节中，将假设读者已经对此有了一定的了解，而略过一些与 VS 操作相关的细节，集中介绍程序开发及算法的原理与实现。如果对 VS 集成开发环境有更多的疑问，请搜寻相应参考资料或在线帮助文档以获得答案。

关于本章实现的第一个迷你 GIS 软件，其功能显然是不够的，但却是相对完整的，在今后的章节中，它将变得越来越强大。

如对解决方案、项目或代码的组成有疑问，请从其他电子介质中找到 AllLessons 文件夹，用 Windows 资源管理器打开，了解其目录和文件结构，在 VS 中打开阅读代码。同时，建议读者自学 VS 环境下的调试（debug）技术，这将为读者今后的学习提供很大的便利。

# 第 2 章 更完整的类库

第 1 章实现的第一个 GIS 显然太简单了，有很多明显的问题。例如，它不能实现地图窗口的放大、缩小和平移，它只能将地图坐标直接转成屏幕的像素坐标，然后再显示，这样做的后果就是，如果窗口的分辨率是 500×500，那么就只能显示地图坐标范围在 0～499 的空间对象了。另外，当读者输入了很多点，这些点也都显示到窗口中了，但当移动窗口或最小化窗口，即窗口的一部分或全部被遮住，然后再次显示全部窗口时，曾经被遮住部分的空间对象会消失。此外，这个点实体的属性构成实在太简单了，只有一个字符串型的属性值，如果一个空间对象有更多的属性值怎么办？这个类的定义显然不够一般化。如此种种，在今后的章节中会逐一解决。但本章先来做一些基础性的工作，重新设计和组织一下相关类的定义。

## 2.1 建立一个新的项目

在开始之前，希望读者对 VS 集成开发环境已经比较熟悉了，这样就可以直接进入编码环节。但为了以后复习的需要，仍然希望保留 Lesson_1 这个项目的完整性。因此，接下去的开发工作将不会在 Lesson_1 项目下进行，而建立一个新项目 Lesson_2。右键点击【AllLessons】，选择 "Add" → "New Project…"，在弹出的对话框中给出一个项目名称，即 Lesson_2。

在 Lesson_2 中，仍希望使用 MyGIS 这一类库，并且还要对它进行改进，为此，最好把这一类库，即 BasicClasses.cs 这一文件，复制到 Lesson_2 的项目中来。非常简单，只要用鼠标在 Lesson_1 的项目下选中 BasicClasses.cs，按住 Ctrl 键，同时按住鼠标左键，将它拖到 Lesson_2 的项目上即可。现在的一切编码工作，将在 Lesson_2 项目下进行。在今后每一章开始之前，都需要重复上述新建项目、复制文件的工作。

## 2.2 空间对象体系

一个 GIS 数据库中记录的空间对象，尤其是代表具体空间地物和空间现象的空间对象实体，如 GISPoint、GISLine、GISPolygon，通常包括空间信息和属性（非空间）信息。为此，先定义一个这样的对象类，称为 GISFeature，Feature 的意思是特征，也就是指一个与众不同的东西，这里也就指的是一个具有独特空间信息和属性信息组合的空间对象实体。可在 Lesson_2 的 BasicClasses.cs 中直接给出如下程序代码。

**Lesson_2/BasicClasses.cs**

```
class GISFeature
{
    public GISSpatial spatialpart;
    public GISAttribute attributepart;

    public GISFeature(GISSpatial spatial, GISAttribute attribute)
    {
        spatialpart = spatial;
        attributepart = attribute;
    }
}
```

GISFeature 类包含一个用于赋值的构造函数，以及两个成员 spatialpart 和 attributepart，它们分别是类 GISSpatial 和 GISAttribute 的实例，这两个类分别指代一个对象的空间信息和属性信息，类 GISAttribute 比较简单，它的定义如下。

**Lesson_2/BasicClasses.cs**

```
class GISAttribute
{
    public ArrayList values = new ArrayList();
}
```

类 GISAttribute 目前仅有一个成员函数，是一个特殊的数组 ArrayList，由 C#自带类库提供，它的长度可变，而且数组中每个元素的类型可以不同，用于存储一个对象的不同属性值函数非常合适。如果 ArrayList 下面出现了红色的波浪线，那么说明用于定义它的类库没有在 using 中给出，可以利用第 1 章的方法快速把这个类库引用进来。

类 GISSpatial 的定义代码如下。

**Lesson_2/BasicClasses.cs**

```
abstract class GISSpatial
{
    public GISVertex centroid;
    public GISExtent extent;

    public abstract void draw(Graphics graphics);
}
```

因为，针对不同的空间对象实体（点、线、面），它们的成员或方法可能不同，如用来画一个点对象的方法就不能用来画一个面。所以，GISSpatial 应该是一个比较抽象的类，也就是说，它不能直接用于声明一个实体对象，它应该是一个父类，而由继承它的具体的子类来声明对象，为此在类定义前增加了 abstract 关键词。关于这样做的原因稍后讨论，现在先看一下这个类的成员和函数。

GISSpatial 包括两个成员，即 centroid 和 extent，分别表示这个空间实体的中心点和空间范围（最小外接矩形），显然，不管什么空间对象都应该具有上述两个特征。其中，centroid 就是 GISVertex 类的一个实例，而空间范围 extent 是一个新的类 GISExtent 的实例，稍后定义。这两个成员前面都分别加了 public 前缀，意味着，它们的值可以被这个类的子类继承及引用，也可以被外部对象引用。draw 函数用来绘制各种空间实体，它有一个参数就是画图工具 graphics，不同类型的空间实体肯定有不同的画法，因此它被定义成一个抽象的方法，也就是在 draw 函数前面加了一个 abstract 关键词，而其实现部分就不需要在父类 GISSpatial 中给出，而需要在继承它的各个子类中被实现。

类 GISExtent 的定义如下。

**Lesson_2/BasicClasses.cs**

```
class GISExtent
{
    public GISVertex bottomleft;
    public GISVertex upright;

    public GISExtent(GISVertex _bottomleft, GISVertex _upright)
    {
        bottomleft = _bottomleft;
        upright = _upright;
    }
}
```

类 GISExtent 是一个比较重要的类，在今后还会不断地提及和完善它，目前这个类定义还比较简单，包含一个构造函数及两个成员，即用来描述一个矩形的两个角点，左下角 bottomleft 和右上角 upright。图 2-1 演示了 GISExtent 与空间对象实体之间的关系。

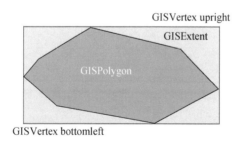

图 2-1　GISExtent 与空间对象之间的关系

基于父类 GISSpatial 重新定义三个空间对象实体类 GISPoint、GISLine 及 GISPolygon，代码如下。

### Lesson_2/BasicClasses.cs

```csharp
class GISPoint : GISSpatial
{
    public GISPoint(GISVertex onevertex)
    {
        centroid = onevertex;
        extent = new GISExtent(onevertex, onevertex);
    }

    public override void draw(Graphics graphics)
    {
        graphics.FillEllipse(new SolidBrush(Color.Red),
            new Rectangle((int)(centroid.x) - 3, (int)(centroid.y) - 3, 6, 6));
    }

    public double Distance(GISVertex anothervertex)
    {
        return centroid.Distance(anothervertex);
    }
}

class GISLine : GISSpatial
{
    List<GISVertex> AllVertexs;
    public override void draw(Graphics graphics)
    {
    }
}

class GISPolygon : GISSpatial
{
    List<GISVertex> AllVertexs;
    public override void draw(Graphics graphics)
    {
    }
}
```

与第 1 章的 GISPoint 类定义相比，这个新的类是继承自 GISSpatial 的。它竟然没有任何成员了，原有的成员 Location 实际上就等同于其父类的 centroid，因此，这里就可以省略了。在类的构造函数中，主要工作就是为父类的 centroid 和 extent 赋值，因为是点实体，所以赋值非常简单，而 extent 也是一个点，即两个角点是重合的。Distance 函数依然保留，而 draw 函数是实现父类中同名的抽象函数，因此，前面加了一个前缀 override，其函数内容与之前的是一样的。GISLine 及 GISPolygon 两类内容很简单，这里仅是增加了一个来自父类的 draw 函数，目前还是空的，将在以后章节补充。

现在也许已经看出来了一点"父类-子类"机制的价值，它有助于减少一些重复的代码，建立一些统一标准，让子类共享同样的类结构。如果读者仍然有所不解，也不必着急，在不断的实践中，相信会慢慢领悟。

此外，发现由于属性信息由 GISFeature 的 attributepart 负责了，因此在 GISSpatial 及其子类中不再涉及这方面内容。但 GISAttribute 确实也需要补充一下，如增加属性的方法、画属性的方法等，代码如下。

**Lesson_2/BasicClasses.cs**

```csharp
class GISAttribute
{
    ArrayList values = new ArrayList();

    public void AddValue(object o)
    {
        values.Add(o);
    }

    public object GetValue(int index)
    {
        return values[index];
    }

    public void draw(Graphics graphics, GISVertex location, int index)
    {
        graphics.DrawString(values[index].ToString(), new Font("宋体", 20),
            new SolidBrush(Color.Green), new PointF((int)(location.x), (int)(location.y)));
    }
}
```

上述的 GISAttribute 类增加了三种方法。AddValue 是向 values 这个可变数组中增加一种属性值，这个属性值的类型是什么事先是无法确定的，因此，用了一个比较高级别的类 object，它是 C#标准类库提供的。GetValue 是返回这个数组中指定序列位置的属性值，这个序列位置由整数 index 表示，同样的，由于不知道返回值的类型，所以用了 object 类。draw 函数稍有些复杂，其目的是用画图工具 graphics，在指定的位置 location，用写字符串的方式，画出指定序列位置 index 的属性值，用了绿色、宋体、20 个像素大小来画，这里的 ToString 函数可以把任何类型的属性值转成字符串形式。

现在再来丰富一下 GISFeature 类的功能，给它增加一些方法，代码如下。

**Lesson_2/BasicClasses.cs/GISFeature**

```csharp
public void draw(Graphics graphics, bool DrawAttributeOrNot, int index)
{
    spatialpart.draw(graphics);
    if (DrawAttributeOrNot)
        attributepart.draw(graphics, spatialpart.centroid, index);
}

public object getAttribute(int index)
{
    return attributepart.GetValue(index);
}
```

首先是 draw 函数，用于画空间和属性信息，它有三个参数，第一个 graphics 是画图工具；第二个 DrawAttributeOrNot 决定是否画属性信息；第三个 index 是需要画的属性信息的序列位置。另外一个函数是 getAttribute，它用于获取指定序列位置的属性值。

至此，已经定义了不少新的类，为了便于理解，用图 2-2 来说明它们之间的关系。从图中可以看出，GISFeature 是一个比较基本的类，它的成员里有空间类 GISSpatial 及属性类 GISAttribute 的实例。GISSpatial 是一个抽象类，也是父类，它有三个子类，分别是 GISLine、GISPolygon 及 GISPoint。GISVertex 及 GISExtent 是独立的类，用来构成其他类的成员。

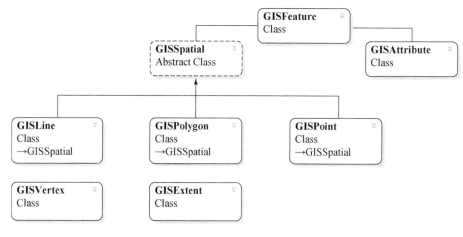

图 2-2　类关系图

## 2.3　重新实现迷你 GIS

基于上述的定义，来重新写一遍第 1 章的迷你 GIS，界面是一样的，就不重复了。但是要把 Lesson_1 中的 Form1.cs 复制到 Lesson_2 中来。方法同复制 BasicClasses.cs 是一样的，但 Lesson_2 中已经有一个 Form1.cs 了，所以先把它删掉，然后，按住 Ctrl 键，把 Lesson_1 中的 Form1.cs 拖到 Lesson_2 中来。接下来，把 Form1.cs 的代码文件打开，看到它的 namespace 仍然是 Lesson_1，现在把它改成 Lesson_2。实际上，Form1.cs 并不包含 Form1 这个类的全部代码，还有部分用于描述界面的代码，存在于 Form1.Designer.cs 文件里，可以通过点击解决方案管理器中 Lesson_2 项目下 Form1.cs 前面的小三角，然后读者就会看到 Form1.Designer.cs 及 Form1.resx 两个文件，后一个暂且不管，打开 Form1.Designer.cs，然后把它的 namespace 也改成 Lesson_2。同样地，这样的代码复制工作在以后的章节中可能还会遇到，注意修改 namespace，当然，如果原有文件利用价值不大，读者也可以不去复制，而是重写现在的 Form1.cs。

现在来修改 Form1.cs，以让它适应新的 MyGIS 类库。首先要把 points 这个成员函数替换成 GISFeature 类型的数组。代码如下。

**Lesson_2/Form1.cs/Form1**

```
List<GISFeature> features = new List<GISFeature>();
```

然后，重写 button1_click 事件处理函数。代码如下。

Lesson_2/Form1.cs/Form1

```csharp
private void button1_Click(object sender, EventArgs e)
{
    //获取空间信息
    double x = Convert.ToDouble(textBox1.Text);
    double y = Convert.ToDouble(textBox2.Text);
    GISVertex onevertex = new GISVertex(x, y);
    GISPoint onepoint = new GISPoint(onevertex);
    //获取属性信息
    string attribute = textBox3.Text;
    GISAttribute oneattribute = new GISAttribute();
    oneattribute.AddValue(attribute);
    //新建一个 GISFeature，并添加到数组"features"中
    GISFeature onefeature = new GISFeature(onepoint, oneattribute);
    features.Add(onefeature);
    //把这个新的 GISFeature 画出来
    Graphics graphics = this.CreateGraphics();
    onefeature.draw(graphics, true, 0);
}
```

为便于解释，在代码中添加了相应的注释。这个事件处理函数首先分别获得用于构造一个 GISFeature 实例的空间和属性信息，然后建立这个 GISFeature 实例，并把它添加到 features 数组中，进而把它画出来。其中，给每个 GISFeature 仅增加了一种属性信息。上述功能几乎与 Lesson_1 中原来的函数是一样的，只不过类成员定义发生了一些变化。

接下来，重写鼠标单击事件处理函数 Form1_MouseClick。代码如下。

Lesson_2/Form1.cs/Form1

```csharp
private void Form1_MouseClick(object sender, MouseEventArgs e)
{
    GISVertex onevertex = new GISVertex((double)e.X, (double)e.Y);
    double mindistance = Double.MaxValue;
    int findid = -1;
    //计算点击位置与 features 数组中哪个元素的中心点最近
    for (int i = 0; i < features.Count; i++)
    {
        double distance = features[i].spatialpart.centroid.Distance(onevertex);
        if (distance < mindistance)
        {
            mindistance = distance;
            findid = i;
        }
    }
    if (mindistance > 5 || findid == -1)
    {
        MessageBox.Show("没有点实体或者鼠标点击位置不准确！");
    }
    else
        MessageBox.Show(features[findid].getAttribute(0).ToString());
}
```

在上述处理函数中，通过计算点击位置与所有 GISFeature 中心点的位置，找到最近的那个 GISFeature，判断其距离是否在给定范围以内，然后据此返回该 GISFeature 实例指定序列位置的属性值，并显示出来，或者显示错误信息。

在上述程序中，涉及属性位置序列时，用的是 0，也就是第一个属性，这仅是演示方法的目的，如果有两个属性值，那么可以用 0 或 1。

运行一下程序，会发现，与第 1 章的结果没有什么差别，但实际上是有差别的，例如，如果空间实体是线或面，那么 From1.cs 这个文件几乎是不用修改的，尤其是 Form1_MouseClick 这个函数，它可以判断任何空间对象中心点与鼠标点击位置之间的关系。另外，属性信息丰富了，可以输入很多个属性值，只不过在界面中没有实现这项功能而已，读者可以自行丰富和补充迷你 GIS，让它变得更加强大。

## 2.4 总　　结

本章给出了很多类的定义，并且还使用了面向对象编程思想中的继承概念，涉及抽象类、父类、子类等。虽然，最终的演示程序没有出现更多的功能，但是类库 MyGIS 已经具备了可扩充的能力，而且也具有了较完善的框架。

GISExtent 这个类在本章没有过多的涉及，但它的作用是强大的，在稍后的章节中，即将看到。

# 第 3 章　屏幕坐标与地图坐标

能够在地图窗口中无极缩放及四处漫游以浏览各种空间对象实体是 GIS 的魅力所在，但是前两章所做的 GIS 是不能移动和缩放的，而且，当绘图坐标值超过窗口像素范围时，也是没有办法看到的，本章就是要解决这个问题的。

当然，在学习之前，还是要建立一个新的项目 Lesson_3，并且把项目 Lesson_2 中的 BasicClasses.cs 复制过来。

## 3.1　坐标系统

为了将一个空间对象实体显示到窗口中，需要知道它的坐标值，如经纬度或 X、Y 等，而每一组坐标值都是与给定的坐标系统相关的，只有在给定的坐标系统下，它的值才具有意义。由于地球是圆的，起源于地图学的地理或投影坐标系统通常比较复杂，包括投影方式、椭球体定义等，本章并不深入介绍这些艰深的知识（相关内容会在后续章节有所涉及），而是介绍两种独立于投影方法和椭球体的坐标系统，另一种是屏幕坐标；一种是地图坐标，其中地图坐标可以是地理坐标，也可以是经过某种方法投影后得到的投影坐标。

屏幕坐标也可以称作绘图窗口坐标，就是在屏幕上绘图涉及的那个窗口部分的坐标，如图 3-1 所示。

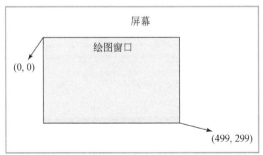

图 3-1　屏幕坐标示意图

由图 3-1 可知，大的矩形是一个电脑屏幕，小的矩形是一个绘图窗口。首先，绘图窗口通常是一个矩形。其次，它是由一系列的像素构成的。因此，坐标值肯定是整数，而且，坐标原点在左上角，横坐标是 0，纵坐标也是 0，坐标的最大值在右下角，以该图为例，其最大值分别是 499 和 299，这就表示这个绘图窗口的大小是 500×300 的，有 500×300 个像素。从屏幕坐标可以看出，其横坐标取值是从左到右递增的，纵坐标取值是从上到下递增的。

地图坐标则完全是另外一回事。首先，地图坐标有两种，一种是地理坐标；另一种是投影坐标。不管地理坐标还是投影坐标，坐标值都是实数，可能有正有负。其中，地理坐标是以经纬度为坐标值的，因此，其横坐标（经度）范围是 –180°～180°，纵坐标（纬度）范围是 –90°～90°，而投影坐标的取值范围可能很大，其单位通常不是角度或弧度，而是可度量的米、公里等。但不管如何，在此不限定地图坐标的取值范围，且假设它们都是投影到平面上的。在地图坐标中，通常纵坐标值是从下到上递增的，这与屏幕坐标是相反的，但横坐标取值是一样的，都是从左到右递增的。

了解了上述基本概念后，来看图 3-2。

图 3-2　整个地图与绘图窗口的关系

地图范围很大，而其中虚线框标出的小矩形就是绘图窗口，目前只能看到蓝色窗口中的地图部分，之后，可以通过缩放和平移来浏览地图其他部分。但是，需要时刻记录当前窗口到底显示的是地图的哪个部分，实际就是要记下当前显示出来的地图范围，以及绘图窗口范围，用一个类来记住它们的对应关系，这个类的名字可以是 GISView，把它放到 Lesson_3 项目下的 BasicClasses.cs 文件中，它的定义如下。

### Lesson_3/BasicClasses.cs

```
class GISView
{
    GISExtent CurrentMapExtent;
    Rectangle MapWindowSize;

    public GISView(GISExtent _extent, Rectangle _rectangle)
    {
        CurrentMapExtent = _extent;
        MapWindowSize = _rectangle;
    }
}
```

其中，CurrentMapExtent 记录的是当前绘图窗口中显示的地图范围，MapWindowSize 记录的是绘图窗口的大小，这里"范围"和"大小"是不一样的概念，"范围"代表的区域并不要求某一个角点必须是地图坐标原点，而"大小"代表的绘图窗口的左上角必定是坐标原点，因此其有意义的信息就是长、宽。如前所述，Rectangle 是 C#标准类库中提供的一个类，它通常包括四个成员，左上角 x 坐标、左上角 y 坐标、窗口高度 Height 和宽度 Width，这里，显然，x 和 y 永远等于 0。

CurrentMapExtent 与 MapWindowSize 在显示上是重叠的，已知 CurrentMapExtent 及 MapWindowSize，则可以实现地图坐标与屏幕坐标之间的转换，如图 3-3 所示。

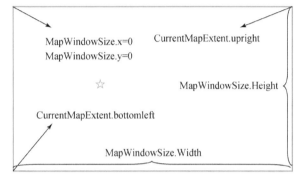

图 3-3　CurrentMapExtent 与 MapWindowSize 在显示上的重叠关系

## 3.2　两种坐标之间的转换

为简化描述，先定义以下变量。

MapMinX = CurrentMapExtent. bottomleft. x
MapMinY = CurrentMapExtent. bottomleft. y
WinW = MapWindowSize. Width
WinH = MapWindowSize. Height
MapW = (CurrentMapExtent. upright. x - CurrentMapExtent. bottomleft. x)
MapH = (CurrentMapExtent. upright. y - CurrentMapExtent. bottomleft. y)
ScaleX = MapW/WinW
ScaleY = MapH/WinH

其中，MapMinX 指的是当前屏幕显示地图范围的最小横坐标，而 MapMinY 是最小纵坐标；WinW 指的是绘图窗口宽度，WinH 指的是绘图窗口高度；MapW 是地图横坐标长度，MapH 是地图纵坐标长度；ScaleX、ScaleY 分别是横、纵坐标比例尺，即一个绘图窗口中的像素分别代表多少个横、纵地图坐标单位。上述这些变量对屏幕坐标与地图坐标之间的转换有重要的作用。

假设图 3-3 中五角星位置的屏幕坐标是（ScreenX，ScreenY），其对应的地图坐标是（MapX，MapY），则其相互之间转换公式如下

$$\frac{MapX - MapMinX}{ScreenX} = ScaleX$$

$$\frac{MapY - MapMinY}{WinH - ScreenY} = ScaleY$$

即

$$MapX = ScaleX \times ScreenX + MapMinX$$
$$MapY = ScaleY \times (WinH - ScreenY) + MapMinY$$
$$ScreenX = (MapX - MapMinX)/ScaleX$$
$$ScreenY = WinH - (MapY - MapMinY)/ScaleY$$

实现屏幕坐标与地图坐标之间的转换是 GISView 的主要工作，因此，需要把上述公式转化成代码。出于简化代码的考虑，先优化一下类 GISExtent 的定义。MapWindowSize 是 Rectangle 类型的数据，它可以直接提供宽度、高度等信息，好像比较方便，那么，GISExtent 是否也可以这样做呢？为此，可以通过丰富 GISExtent 的定义来实现，代码如下。

### Lesson_3/BasicClasses.cs

```
class GISExtent
{
    public GISVertex upright;
    public GISVertex bottomleft;

    public GISExtent(GISVertex _bottomleft, GISVertex _upright)
    {
        upright = _upright;
        bottomleft = _bottomleft;
    }

    public double getMinX()
    {
        return bottomleft.x;
    }

    public double getMaxX()
    {
        return upright.x;
    }

    public double getMinY()
    {
        return bottomleft.y;
    }

    public double getMaxY()
    {
        return upright.y;
    }

    public double getWidth()
    {
        return upright.x - bottomleft.x;
    }
```

```
    public double getHeight()
    {
        return upright.y - bottomleft.y;
    }
}
```

从新的 GISExtent 定义中看到，出现了一些带有 public 前缀的函数，通过这些函数可以直接获得地图范围的坐标极值及高、宽范围。也许读者感觉这样做的价值仅针对 GISView 来说似乎不大，但今后将大量使用 GISExtent，有了这些函数，就会方便很多。

现在，根据新的 GISExtent 类来完善 GISView。

**Lesson_3/BasicClasses.cs**

```
class GISView
{
    GISExtent CurrentMapExtent;
    Rectangle MapWindowSize;
    double MapMinX, MapMinY;
    int WinW, WinH;
    double MapW, MapH;
    double ScaleX, ScaleY;

    public GISView(GISExtent _extent, Rectangle _rectangle)
    {
        Update(_extent, _rectangle);
    }

    public void Update(GISExtent _extent, Rectangle _rectangle)
    {
        CurrentMapExtent = _extent;
        MapWindowSize = _rectangle;
        MapMinX = CurrentMapExtent.getMinX();
        MapMinY = CurrentMapExtent.getMinY();
        WinW = MapWindowSize.Width;
        WinH = MapWindowSize.Height;
        MapW = CurrentMapExtent.getWidth();
        MapH = CurrentMapExtent.getHeight();
        ScaleX = MapW / WinW;
        ScaleY = MapH / WinH;
    }

    public Point ToScreenPoint(GISVertex onevertex)
    {

        double ScreenX = (onevertex.x - MapMinX) / ScaleX;
        double ScreenY = WinH - (onevertex.y - MapMinY) / ScaleY;
        return new Point((int)ScreenX, (int)ScreenY);
    }

    public GISVertex ToMapVertex(Point point)
    {
```

```
            double MapX = ScaleX * point.X + MapMinX;
            double MapY = ScaleY * (WinH - point.Y) + MapMinY;
            return new GISVertex(MapX, MapY);
        }
    }
}
```

　　从上述代码看到，所有成员都没有 public 前缀，这是一个有效的保护机制，因为，很多成员之间都是相互关联的，必须通过小心的计算才能确保它们的一致性。为此，把对这些值的编辑限定在类的内部，并通过 Update 函数来保持更新，就连构造函数也是引用了 Update 函数。使用这个 Update 函数的另外一个好处就是，如果今后想更新 GISView，只要外部调用 Update 函数即可，而不需要建立一个新的类实例，减少了系统的开销。函数 ToScreenPoint 及 ToMapVertex 用于地图坐标与屏幕坐标之间的转换，它们就是简单实现了上述的公式。这里屏幕坐标的点用类 Point 记录，Point 是 C#提供的标准类，其有 X 和 Y 两个整数成员。

　　有了坐标转换的公式，就可以来更新 MyGIS 类库中涉及屏幕绘图的函数，包括 GISAttribute 中的 draw 函数，以及 GISSpatial 中的 draw 函数，目前，在这两个函数中，坐标转换实际上是用"（int）"执行强制类型转换，而本书用 GISView 中的函数来替代它。因为在不同的绘图窗口，针对不同的地图范围，坐标转换的结果肯定不同，所以，需要传递 GISVIew 的实例来记录这些信息，在 draw 函数中增加一个 GISView 类型的参数。此外，由于 GISSpatial 的 draw 函数实际上是在其子类里实现的，所以也要相应修改其子类的 draw 函数。更改如下。

### Lesson_3/BasicClasses.cs/GISAttribute

```
public void draw(Graphics graphics, GISView view, GISVertex location, int index)
{
    Point screenpoint = view.ToScreenPoint(location);
    graphics.DrawString(values[index].ToString(),
        new Font("宋体", 20),
        new SolidBrush(Color.Green),
        new PointF(screenpoint.X, screenpoint.Y));
}
```

### Lesson_3/BasicClasses.cs/GISSpatial

```
public abstract void draw(Graphics graphics, GISView view);
```

### Lesson_3/BasicClasses.cs/GISLine

```
public override void draw(Graphics graphics, GISView view)
{
}
```

### Lesson_3/BasicClasses.cs/GISPolygon

```
public override void draw(Graphics graphics, GISView view)
{
}
```

## Lesson_3/BasicClasses.cs/GISPoint

```
public override void draw(Graphics graphics, GISView view)
{
    Point screenpoint = view.ToScreenPoint(centroid);
    graphics.FillEllipse(new SolidBrush(Color.Red),
    new Rectangle(screenpoint.X - 3, screenpoint.Y - 3, 6, 6));
}
```

其中，在 GISSpatial 中只是声明了 draw 函数，在 GISLine 及 GISPolygon 中 draw 函数还是空的，以后再补充。在 GISAttribute 及 GISPoint 的 draw 函数中，用到了 GISView 的 ToScreenPoint 函数实现坐标转换。这时发现，在 MyGIS 中，GISFeature 中的 draw 函数出现了红色波浪线，因为它还是调用了以前的 GISAttribute 及 GISSpatial 的 draw 函数，所以需要进行修改，代码如下。

## Lesson_3/BasicClasses.cs/GISFeature

```
public void draw(Graphics graphics, GISView view, bool DrawAttributeOrNot, int index)
{
    spatialpart.draw(graphics, view);
    if (DrawAttributeOrNot)
    attributepart.draw(graphics, view, spatialpart.centroid, index);
}
```

GISFeature 的 draw 函数也增加了一个 GISView 类型的参数 view，并且传递给 GISSpatial 及 GISAttribute 的 draw 函数。这时，大家可能想到，这个 view 是如何赋值的？它来自哪里？下一节将会发现答案。

## 3.3 再次更新迷你 GIS

在更新之前，可以像第 2 章一样，把 Lesson_2 中的 Form1.cs 引入 Lesson_3 中，同时把 Form1.cs 及 Form1.designer.cs 的 namespace 改成 Lesson_3；当然也可以重写。

在原有的 Form1.cs 基础之上，需要一个新的程序界面，如图 3-4 所示，同样，增加的 TextBox 及 Button 仍然采用系统缺省的命名方式。

在这个更新的 GIS 界面中，用户除了可以像之前一样输入新的点实体之外，还可以输入要显示的地图范围，即最大、最小 X 和 Y 坐标值，然后点击【更新地图】以重绘地图窗口。

现在需要考虑如何将 GISView 融入程序当中，首先，在 Form1.cs 中声明一个 GISView 的全局变量 view，用于时刻记录当前绘图窗口的大小及地图显示范围，这个全局变量在 Form1 的构造函数中被初始化。代码如下。

图 3-4　更新的程序界面

## Lesson_3/Form1.cs

```csharp
GISView view = null;

public Form1()
{
    InitializeComponent();
    view = new GISView(new GISExtent(new GISVertex(0, 0), new GISVertex(100, 100)), ClientRectangle);
}
```

在初始化 view 时,用了(0,0)和(100,100)两个角点定义了一个地图范围,实际上随便用什么值都可以,反正之后是需要修改的,ClientRectangle 是一个 Form1 内置的 Rectangle 类型的成员,记载的是 Form1 的窗口范围。

在 button1_ Click 事件处理函数中,发现最后一行的 draw 函数调用被提示错误,这是因为缺少一个 GISView 类型的参数,把 view 参数增加进去,修改如下。

## Lesson_3/Form1.cs/button1_Click

```csharp
private void button1_Click(object sender, EventArgs e)
{
    ......
    onefeature.draw(graphics, view, true, 0);
}
```

鼠标点击处理函数 Form1_ MouseClick 要多做一些改动,代码如下。

## Lesson_3/Form1.cs

```csharp
public void Form1_MouseClick(object sender, MouseEventArgs e)
{
    //计算点击位置的地图坐标位置
    GISVertex mouselocation = view.ToMapVertex(new Point(e.X, e.Y));
    double mindistance = Double.MaxValue;
    int id = -1;
    //寻找据鼠标点击位置最近的空间对象实体
    for (int i = 0; i < features.Count; i++)
    {
        double onedistance = features[i].spatialpart.centroid.Distance(mouselocation);
        if (onedistance < mindistance)
        {
            id = i;
            mindistance = onedistance;
        }
    }
    //判断是否存在空间对象
    if (id == -1)
    {
        MessageBox.Show("没有任何空间对象!");
        return;
    }
```

```
Point nearestpoint = view.ToScreenPoint(features[id].spatialpart.centroid);
int screendistance = Math.Abs(nearestpoint.X - e.X) + Math.Abs(nearestpoint.Y - e.Y);
if (screendistance > 5)
{
    MessageBox.Show("请靠近空间对象点击!");
    return;
}
MessageBox.Show("该空间对象属性是 " + features[id].getAttribute(0));
}
```

这个事件处理函数首先将鼠标的点击位置转换成地图坐标,用的就是 view 参数的 ToMapVertex 函数,通过距离计算找到最近的空间对象。然后判断这个距离是否在 5 个像素以内,这时就有了一点问题,因为计算得到的距离是地图上的距离,它是不能与像素进行直接比较的。为此,把这个最近的空间对象的中心点用 ToScreenPoint 函数转成屏幕坐标,也就是以像素为单位的坐标 nearestpoint,然后计算一下 neartestpoint 与鼠标位置的距离。当然,最精确的计算方法是直线距离公式,但这样做涉及平方根计算,必须在实数域进行,而像素一定是整数,且结果又通常是很小的一个整数,否则就超出范围,意味着点击位置不准确,因此,计算成本和价值似乎不成比例。所以,这里用一个简单方法,就是直接计算两个坐标对之间的差值再求和,这样虽然不是非常精确,但效率很高。

现在,需要为程序界面中新出现的这个 Button "更新地图" 建立一个点击事件处理函数,如下。

## Lesson_3/Form1.cs

```
private void button2_Click(object sender, EventArgs e)
{
    //从文本框中获取新的地图范围
    double minx = Double.Parse(textBox4.Text);
    double miny = Double.Parse(textBox5.Text);
    double maxx = Double.Parse(textBox6.Text);
    double maxy = Double.Parse(textBox7.Text);
    //更新 view
    view.Update(new GISExtent(minx, maxx, miny, maxy), ClientRectangle);
    Graphics graphics = CreateGraphics();
    //用黑色填充整个窗口
    graphics.FillRectangle(new SolidBrush(Color.Black),
     ClientRectangle);
    //根据新的 view 在绘图窗口中画上数组中的每个空间对象
    for (int i = 0; i < features.Count; i++)
    {
        features[i].draw(graphics, view, true, 0);
    }
}
```

上述函数首先读出了描述新地图范围的 4 个 double 类型数字,这里 Double. Parse 是另一个将字符串转成 double 的函数。然后,根据新的地图范围,更新现有的 view。最后,用一种颜色(这里用了黑色)清空当前的绘图窗口,重新绘制所有的空间对象。在更新 view 时发现,定义新的地图范围 GISExtent 时,用了一个新的构造函数 GISExtent(double,

double, double, double), 其参数分别为 4 个坐标极值, 先在 GISExtent 类定义中补充一下这个函数, 如下。

**Lesson_3/BasicClasses.cs/GISExtent**

```
public GISExtent(double x1, double x2, double y1, double y2)
{
  upright = new GISVertex(Math.Max(x1, x2), Math.Max(y1, y2));
  bottomleft = new GISVertex(Math.Min(x1, x2), Math.Min(y1, y2));
}
```

看到上述函数的实现过程,相信读者领会了它的价值,其输入参数分别是两个横坐标和两个纵坐标,然后在初始化 upright 及 bottomleft 角点时,判断坐标值的大小,实现正确的赋值,显然这个构造函数比另外一个更强大,因为它保证了角点的有效性。函数使用者不必担心输入的坐标值到底谁大谁小、顺序如何,因为这些问题在函数内部都会自动判断和解决的。

运行程序,在以下位置新建几个点:(20,30),(300,100),(150,400),(500,200),看看窗口中能显示几个点。接下去,输入新的地图窗口范围(0,0),(1000,1000),看看现在窗口中能显示几个点,是否跟图 3-5 一样。当然,好像黑色的背景不太好看,试试修改一下。进一步调整地图范围,看看地图对象的显示是不是能够按照想象实现。

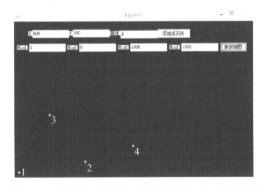

图 3-5　可控制地图显示范围的迷你 GIS 运行结果

## 3.4　总　　结

本章介绍了两种坐标系统,实际上都是平面坐标系统,只不过计量单位和原点的位置不同。并没有涉及复杂的投影知识,因为这并不影响地图的显示,如果投影问题被考虑进来,需要做的就是在存储坐标或显示坐标时,按照投影描述文件的信息,把读到的坐标转换成显示地图所需要的坐标即可。当然,如果显示地图所需要的坐标与空间对象本身的坐标是一致的,那么连这样的转换都可以省掉了。相关的知识会在后续章节介绍。

如果能够按照本书的步骤进行,会发现已经可以实现地图的自由浏览了。当然,方法还比较笨拙,但原理是一样的,只要调整 view 的取值即可,可见 GISView 的价值是相当大的。

# 第 4 章　制作可浏览的地图

当可以修改绘图窗口中地图的显示范围时，就已经可以自由地浏览地图了，但原理可能不是很清楚。此外，通过输入地图范围的四个坐标极值来确定地图范围实在是太麻烦了，而且也不知道输入值为多少才合适。那么这一章，将进一步建立一种更便捷的浏览机制。当然，请记住，在这之前还是要建立一个新的项目 Lesson_4，删掉其原有的 Form1.cs，把 Lesson_3 中的 BasicClasses.cs 及 Form1.cs 复制到 Lesson_4 中来，修改 Form1.cs 及 Form1.designer.cs 的命名空间为 Lesson_4。

## 4.1　地图缩放

先来看一下缩放的原理，如图 4-1 所示。

图 4-1　地图缩放示意图

在图 4-1 中，三个矩形框代表同一个大小相同的绘图窗口，只是显示的地图范围有大有小，当设置较小的地图范围宽、高时，显示的内容少，也就是放大操作；当设置较大的地图范围宽、高时，显示的内容多，也就是缩小操作。

不论放大或缩小，都需要有一个基点，假设放大和缩小的基点都是当前地图范围的中心点，每一次放大操作都是令新的地图范围的宽、高变为原来的一半，如图 4-2 所示，执行放大操作之前的地图范围宽、高分别是 $w$ 和 $h$，执行放大操作之后，地图范围的宽、高变为 $w/2$ 和 $h/2$，显示内容就变成了左图中的点填充部分。

下面来考虑更一般的情况，仍以地图范围中心为缩放的基点，令 $T$ 代表放大或缩小的倍数，它是一个大于 1 的实数。如图 4-3 所示，由点 $(X_1, Y_1)$ 和点 $(X_2, Y_2)$ 可以定义一个大的地图范围，由点 $(X_3, Y_3)$ 和点 $(X_4, Y_4)$ 可以定义一个小的地图范围，而这两个地

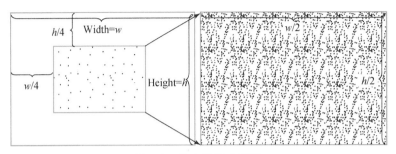

图 4-2　放大操作示意图

图范围的中心是一样的。据此,可以得到以下等式。

$$(X_2 - X_1) = (X_4 - X_3) \times T;\quad (Y_2 - Y_1) = (Y_4 - Y_3) \times T$$
$$(X_2 + X_1) = (X_4 + X_3);\quad (Y_2 + Y_1) = (Y_4 + Y_3)$$

即

$$X_1 = [(X_4 + X_3) - (X_4 - X_3) \times T]/2;\quad X_2 = [(X_4 + X_3) + (X_4 - X_3) \times T]/2$$
$$Y_1 = [(Y_4 + Y_3) - (Y_4 - Y_3) \times T]/2;\quad Y_2 = [(Y_4 + Y_3) + (Y_4 - Y_3) \times T]/2$$
$$X_3 = [(X_2 + X_1) - (X_2 - X_1)/T]/2;\quad X_4 = [(X_2 + X_1) + (X_2 - X_1)/T]/2$$
$$Y_3 = [(Y_2 + Y_1) - (Y_2 - Y_1)/T]/2;\quad Y_4 = [(Y_2 + Y_1) + (Y_2 - Y_1)/T]/2$$

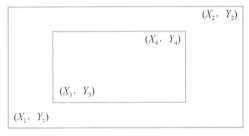

图 4-3　缩放变换示意图

由点 $(X_1, Y_1)$ 和点 $(X_2, Y_2)$ 定义的地图范围是当前绘图窗口中的地图范围,则通过点 $(X_1, Y_1)$ 和点 $(X_2, Y_2)$ 计算点 $(X_3, Y_3)$ 和点 $(X_4, Y_4)$,并且将这两个点定义的地图范围设为当前绘图窗口中的地图范围,这就是放大操作。而如果当前绘图窗口中的地图范围是由点 $(X_3, Y_3)$ 和点 $(X_4, Y_4)$ 定义的,则通过点 $(X_3, Y_3)$ 和点 $(X_4, Y_4)$ 计算点 $(X_1, Y_1)$ 和点 $(X_2, Y_2)$,并且将这两个点定义的地图范围设为当前绘图窗口中的地图范围,这就是缩小操作。

除了缩放操作,稍后还要处理平移操作,为了更有效地管理这些操作,在 MyGIS 类库中定义了一个枚举类型用来记录各种地图浏览操作,如下。

Lesson_4/BasicClasses.cs

```
enum GISMapActions
{
    zoomin, zoomout,
    moveup, movedown, moveleft, moveright
};
```

在 GISMapAction 定义中，zoomin 和 zoomout 分别指的是放大和缩小操作，moveup 和 movedown 指的是上移和下移操作，moveleft 和 moveright 指的是左移和右移操作。上述操作实际上就是修改 GISView 类中的 CurrentMapExtent，将这个修改的过程交给 CurrentMapExtent 所属的 GISExtent 类来完成。

在 GISExtent 类的定义中添加一个方法，叫做 ChangeExtent，专门用来根据操作要求修改当前的地图范围。本节先来实现放大和缩小操作。在实现这个方法之前，需要定义一个记载缩放倍数的属性成员，即前文公式中的 $T$，为了令其名称更具含义，命名为 ZoomingFactor，并令其值为 2，代码如下。

**Lesson_4/BasicClasses.cs/GISExtent**

```
double ZoomingFactor = 2;

public void ChangeExtent(GISMapActions action)
{
    double newminx = bottomleft.x, newminy = bottomleft.y,
    newmaxx = upright.x, newmaxy = upright.y;
    switch (action)
    {
    case GISMapActions.zoomin:
        newminx = ((getMinX() + getMaxX()) - getWidth() / ZoomingFactor) / 2;
        newminy = ((getMinY() + getMaxY()) - getHeight() / ZoomingFactor) / 2;
        newmaxx = ((getMinX() + getMaxX()) + getWidth() / ZoomingFactor) / 2;
        newmaxy = ((getMinY() + getMaxY()) + getHeight() / ZoomingFactor) / 2;
        break;
    case GISMapActions.zoomout:
        newminx = ((getMinX() + getMaxX()) - getWidth() * ZoomingFactor) / 2;
        newminy = ((getMinY() + getMaxY()) - getHeight() * ZoomingFactor) / 2;
        newmaxx = ((getMinX() + getMaxX()) + getWidth() * ZoomingFactor) / 2;
        newmaxy = ((getMinY() + getMaxY()) + getHeight() * ZoomingFactor) / 2;
        break;
    case GISMapActions.moveup:
        break;
    case GISMapActions.movedown:
        break;
    case GISMapActions.moveleft:
        break;
    case GISMapActions.moveright:
        break;
    }
    upright.x = newmaxx;
    upright.y = newmaxy;
    bottomleft.x = newminx;
    bottomleft.y = newminy;
}
```

上述函数就是计算并更新了当前地图范围两个角点（左下角点和右上角点）的新坐标。结合图 4-3 及前文的公式，很容易理解代码含义。对放大操作（zoomin）来说，（newminx，newminy）即 $(X_3, Y_3)$，（newmaxx，newmaxy）即 $(X_4, Y_4)$；对缩小操作（zoomin）来说，（newminx，newminy）即 $(X_1, Y_1)$，（newmaxx，newmaxy）即 $(X_2,$

$Y_2$）。这里 ZoomingFactor 为 2，也可以把它换成任意大于 1 的其他实数，以实现不同程度的缩放。此外，看到这个函数时，有些读者会认为，不需要定义四个临时变量，直接把新的坐标值赋给角点的坐标就好了，例如，"bottomleft.x =（（getMinX（）+getMaxX（））-getWidth（）/ZoomingFactor）/2；upright.x =（（getMinX（）+getMaxX（））+getWidth（）/ZoomingFactor）/2；"。但是，这样是不对的，因为函数 getMinX、getMaxX 和 getWidth 都是需要调用原来的角点坐标的，现在 bottomleft.x 变了，在执行接下来的语句时，getWidth（）返回的就不是原来的宽度，所以 upright.x 的赋值就是错误的。

目前，这个 ChangeExtent 函数只处理了放大和缩小操作，针对其他四种地图移动操作，还未实现，这将在下节补充。

## 4.2 地图平移

本节将分析移动地图的操作是如何实现的，如向上移动地图，实际是地图范围下移，如图 4-4 所示，也就是纵坐标减去一个固定值，如现有高度的 1/4。如同缩放操作，也可定义一个移动因子 MovingFactor，它是一个大于 0 小于 1 的实数，代表被移出的部分占全部地图范围的比例。

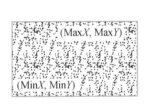 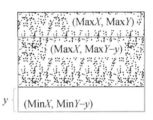

图 4-4　地图上移操作示意图

现在，在 ChangeExtent 函数中增加处理上移（moveup）的实现代码，如下，其中，为节省空间，未修改部分代码用省略号代替。

**Lesson_4/BasicClasses.cs/GISExtent**

```
double MovingFactor = 0.25;

public void ChangeExtent(GISMapActions action)
{
    ......
    case GISMapActions.moveup:
      newminy = getMinY() - getHeight() * MovingFactor;
      newmaxy = getMaxY() - getHeight() * MovingFactor;
      break;
    case GISMapActions.movedown:
      ......
}
```

上述函数中 MovingFactor 为 0.25，即每次上移操作，都会令地图中 1/4 的内容从绘图窗口上方移出。

第 4 章 制作可浏览的地图

同理，来完成下移（movedown）操作的代码，向下移动就是令地图范围上移，纵坐标增加，如下。

**Lesson_4/BasicClasses.cs/GISExtent**

```
public void ChangeExtent(GISMapActions action)
{
  ……
  case GISMapActions.movedown:
    newminy = getMinY() + getHeight() * MovingFactor;
    newmaxy = getMaxY() + getHeight() * MovingFactor;
    break;
  case GISMapActions.moveleft:
    ……
}
```

向左移动的操作就是令地图范围右移，即给横坐标增加一个给定的值，而向右移动，就是横坐标减去给定的值。据此，在 ChangeExtent 函数中增加相应代码如下。

**Lesson_4/BasicClasses.cs/GISExtent**

```
public void ChangeExtent(GISMapActions action)
{
  ……
  case GISMapActions.moveleft:
    newminx = getMinX() + getWidth() * MovingFactor;
    newmaxx = getMaxX() + getWidth() * MovingFactor;
    break;
  case GISMapActions.moveright:
    newminx = getMinX() - getWidth() * MovingFactor;
    newmaxx = getMaxX() - getWidth() * MovingFactor;
    break;
  ……
}
```

至此，在 GISExtent 中需要补充的工作已经基本完成了。现在，在 GISView 中增加如下函数，这个函数根据输入的地图浏览动作，调用 CurrentMapExtent 的 ChangeExtent 函数修改地图范围，最后更新 GISView 自身，代码如下。

**Lesson_4/BasicClasses.cs/GISView**

```
public void ChangeView(GISMapActions action)
{
  CurrentMapExtent.ChangeExtent(action);
  Update(CurrentMapExtent, MapWindowSize);
}
```

## 4.3 更丰富的迷你 GIS

现在来更新迷你 GIS 的界面，增加六个按钮，分别是【放大】【缩小】【上移】【下移】【左移】和【右移】，新的界面如图 4-5 所示。

图 4-5　Lesson_4 的迷你 GIS 界面

新增加的六个按钮仍然使用缺省的名称，从左到右分别是【button3】【button4】,…,【button8】。目的是让它们共享同一个事件处理函数，这样可以集中处理。该事件处理函数如下。

**Lesson_4/Form1.cs**

```csharp
private void MapButtonClick(object sender, EventArgs e)
{
    GISMapActions action=GISMapActions.zoomin;
    if ((Button)sender == button3) action = GISMapActions.zoomin;
    else if ((Button)sender == button4) action = GISMapActions.zoomout;
    else if ((Button)sender == button5) action = GISMapActions.moveup;
    else if ((Button)sender == button6) action = GISMapActions.movedown;
    else if ((Button)sender == button7) action = GISMapActions.moveleft;
    else if ((Button)sender == button8) action = GISMapActions.moveright;
    view.ChangeView(action);
    UpdateMap();
}
```

这个函数就是根据按钮的不同来确定 GISMapActions 的类型，然后调用 ChangeView 来更新当前的 view，最后调用 UpdateMap 来重新绘图。UpdateMap 函数还没写，它其实是原来【更新地图】按钮事件处理函数的一部分，现在把它提取出来，这样 UpdateMap 函数就可以被不同函数共享，修改如下。

**Lesson_4/Form1.cs**

```csharp
private void button2_Click(object sender, EventArgs e)
{
    //从文本框中获取新的地图范围
    double minx = Double.Parse(textBox4.Text);
    double miny = Double.Parse(textBox5.Text);
    double maxx = Double.Parse(textBox6.Text);
    double maxy = Double.Parse(textBox7.Text);
    //更新 view
    view.Update(new GISExtent(minx, maxx, miny, maxy), ClientRectangle);
```

```
    UpdateMap();
}
private void UpdateMap()
{
    Graphics graphics = CreateGraphics();
    //用黑色填充整个窗口
    graphics.FillRectangle(new SolidBrush(Color.Black),
      ClientRectangle);
    //根据新的 view 在绘图窗口中画上数组中的每个空间对象
    for (int i = 0; i < features.Count; i++)
    {
            features[i].draw(graphics, view, true, 0);
    }
}
```

现在将【button3】等六个按钮的事件处理函数指向 MapButtonClick，其做法是分别选择每个按钮，如图 4-6 所示，在其 Click 事件处理下拉列表中选中 MapButtonClick 即可。

图 4-6  指定事件处理函数

运行一下，添加几个点，点击【放大】【缩小】等按钮，看看是不是可以自由浏览地图了。

## 4.4 总　　结

经过这几章的学习，发现一个点一个点地输入数据非常麻烦，而且程序结束后，输入的点也就没有了，这是因为还缺乏一个文件管理的机制，而且，现在很多空间数据已经数字化了，并且能够以某种形式存储起来，如果能够直接从这些文件中把数据读过来，那岂不是更好。在接下来的几章，将集中介绍这方面的实现方法。

# 第 5 章 从 Shapefile 中读取点实体

目前很多空间信息已经数字化，不再需要一个点一个点地输入电脑中。这些数字化的信息存储于各种数据库或文件中，需要从这些数据源中读取数据，其中，很多数据都以 ESRI 的 Shapefile 形式存储，或者可以转化成 Shapefile。因此，这一章就学习如何从 Shapefile 中读取数据。学会读取 Shapefile 文件的意义很大，首先，可以使这个 GIS 成为一个开放的系统，可以获得更多的已有数据。其次，可以学习空间数据是如何存储到电脑中的。这样，可以设计自己的数据存储方式。

同样，在开始之前，请建立新项目 Lesson_5，并把项目 Lesson_4 中的 BasicClasses.cs 复制过来。

## 5.1 获得 Shapefile 白皮书

Shapefile 白皮书是描述 Shapefile 数据存储格式的说明性文件，对正确读取文件有很大帮助，所以先从 ESRI 网站上下载 Shapefile 的白皮书。在网络搜索引擎（如 Google）中搜索关键词 "Shapefile white paper"，通常找到的第一项就是这个白皮书，当然，也可直接前往以下网址下载：http://www.esri.com/library/whitepapers/pdfs/Shapefile.pdf。

在 Shapefile 白皮书中，详细介绍了 Shapfile 的文件格式，建议读者能够认真阅读。在此，仅把其中的关键信息摘录如下。一个完整的 Shapefile 文件实际上是由多个文件组成的，其中必不可少的两个文件如下。

(1) *.shp 文件：记录了每一个对象的空间数据，即 GISFeature 中的 spatialpart。
(2) *.dbf 文件：记录了每一个对象的属性数据，即 GISFeature 中的 attributepart。

本章中，将仅介绍 shp 文件的读取方法，dbf 文件的读取放在以后章节介绍。shp 文件是一个二进制文件，也就是说，每一个字节都代表的是一个数值，而不是 ASCII 码，如果在文本处理软件中打开，见到的只会是乱码。在这样的二进制文件中，通常是由一个或多个字节构成一个完整的有意义的数字，每个数字根据所在位置不同具有不同的含义。在 shp 文件中只包括三种数字，如下。

(1) Big Integer：由 4 个字节构成的整数，高位数字存储于前面，例如，整数

287454020 用十六进制表示就是 0x11223344，其中"0x"指的是后面的数字是十六进制的，这个数字由 4 个字节构成，字节值分别为 0x11，0x22，0x33，0x44。在文件中，如果按照 Big Integer 的形式存储，那么在文件中的存储顺序也是这样的，即 0x11，0x22，0x33，0x44。

（2）Little Integer：同样由 4 个字节构成的整数，但高位数字存储于后面。同样以上面的数字为例，0x11223344，如果按照 Little Integer 的形式存储，那么在文件中的存储顺序是这样的，即 0x44，0x33，0x22，0x11。

（3）Little Double：由 8 个字节构成的双精度浮点数，高位数字存储于后面，Double 型的数字十六进制表示法比较复杂，这里就不举例说明了，但要记住的一点就是，它在文件中是由连续 8 个字节组成的。

为什么要有 Big 和 Little 的区别？这其实与计算环境或 CPU 有关。对于大部分 CPU 来说，字节都是按照 Little 形式存储的，在 C#中也是这样处理的。但在一些情况下，可能是按照 Big 形式存储的，如在网络上传输数字时。然而，为何要在一个文件中出现 Big 和 Little 两种字节顺序，这个答案只能由几十年前 Shapefile 的设计者回答了。如果利用 C#来读取上述文件，则可以正确地读取 Little Integer 和 Little Double 型的数字，但读到的 Big Integer 就是错误的，需要转换字节顺序才行。读取方法和转换方法会在后面介绍。

每一个 shp 文件的结构都是一样的，包括一个文件头和一系列的记录，每条记录就是一个空间对象实体，包括一个记录头和记录内容。文件头的大小是固定的，一共有 100 个字节，由如下信息顺序构成。

（1）7 个 Big Integer 数字，目前没有实际意义，共计 28 个字节。

（2）1 个 Little Integer 数字，版本号，没有实际意义，4 个字节。

（3）1 个 Little Integer 数字，代表的是空间对象类型（Shape Type），4 个字节，关于其代表的具体空间对象类型稍后介绍。

（4）4 个 Little Double 数字，分别记录这个文件中所有空间对象的坐标中最小横坐标、纵坐标和最大横坐标、纵坐标，即空间范围，也就是定义的 GISExtent，共计 32 个字节。

（5）4 个 Little Double 数字，如果不涉及三维空间对象，没有实际意义，共计 32 个字节。

从上面的信息中可以看到，实际从文件头中需要读到的信息就是空间对象类型和空间范围，接下来就是如何读取这些信息。

## 5.2 读取 shp 文件

读取 shp 文件，需要定义一个新的类，叫做 GISShapefile，专门负责 Shapefile 的读取。本章，先读取 Shapefile 中的 shp 文件。在这个类中，先定义一个叫做 ShapefileHeader 的结构体，它记录了 shp 文件的文件头，当然，记得把这个类及结构体放到新建项目 Lesson_5 的 BasicClasses.cs 中，代码如下。

### Lesson_5/BasicClasses.cs

```
class GISShapefile
{
    [StructLayout(LayoutKind.Sequential, Pack = 4)]
    struct ShapefileHeader
    {
        public int Unused1, Unused2, Unused3, Unused4;
        public int Unused5, Unused6, Unused7, Unused8;
        public int ShapeType;
        public double Xmin;
        public double Ymin;
        public double Xmax;
        public double Ymax;
        public double Unused9, Unused10, Unused11, Unused12;
    };
}
```

  struct 是结构体的关键词前缀。结构体与类很相似，但结构体只能有成员，没有方法或函数，而且，结构体成员在内存中的字节存储顺序是可以按照定义的顺序存储的。这样，就可以一次性把文件头读进来了，效率比较高。为此，在这个结构体定义前面，加了一行字"[StructLayout（LayoutKind. Sequential，Pack=4)]"，它是一种说明，目的是告诉 C# 在编译或运行程序的时候，记住严格按照定义的字节顺序和字节数存储数据，如果不加这句话，有时候 C#为了提高运行效率，可能会在结构体中擅自增加一些空的字节，以补齐字节的长度，或者调整成员的存储顺序，这样，读文件的时候就错位了，所以一定要记得加这句话。这句说明涉及的一些关键词、类和方法是来自 System. Runtime. InteropServices 这个类库的，所以记得在 using 中添加。

  结构体定义好之后，定义一个新的函数 ReadFileHeader，用来读取文件头。因为它目前可能不会是一个在 GISShapefile 类之外被使用的函数，所以没有给它增加 public 的前缀，函数定义如下。

### Lesson_5/BasicClasses.cs/GISShapefile

```
ShapefileHeader ReadFileHeader(BinaryReader br)
{
    byte[] buff = br.ReadBytes(Marshal.SizeOf(typeof(ShapefileHeader)));
    GCHandle handle = GCHandle.Alloc(buff, GCHandleType.Pinned);
    ShapefileHeader header = (ShapefileHeader)Marshal.PtrToStructure
        (handle.AddrOfPinnedObject(), typeof(ShapefileHeader));
    handle.Free();
    return header;
}
```

  这个函数中涉及的文件读取是一种超越 C#常规操作的方式，类似于将内存中的一块东西直接映射到一个结构体上。第一，函数的输入参数是一个二进制文件读取类 BinaryReader 的实例，它是 System. IO 类库中的，所以记得在 using 中添加，打开一个 shp 文件后，就可以获得一个 BinaryReader 的实例，这个在讲解如何调用 ReadFileHeader 方法时会涉及。第二，buff 字符串数组从文件中读取了与 ShapefileHeader 同样大小的一系列字节。第三，handle 获得了这个 buff 数组在内存中的指针。第四，这个指针指向的内存就被映射给一个 ShapefileHeader 的结构体实例 header。第五，将 handle 释放，就是说这块内存还给 C#管理了，接着，返回获得的值 header。整个过程如图 5-1 所示。

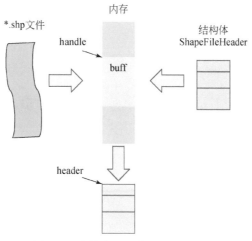

图 5-1　成块读取文件的过程示意图

获得 header 之后，就可以直接读取其中的成员了。下面来尝试编写读取 shp 文件的函数。代码如下。

### Lesson_5/BasicClasses.cs/GISShapefile

```csharp
public void ReadShapefile(string shpfilename)
{
    FileStream fsr = new FileStream(shpfilename, FileMode.Open);
    BinaryReader br = new BinaryReader(fsr);
    ShapefileHeader sfh = ReadFileHeader(br);
    int ShapeType = sfh.ShapeType;
    GISExtent extent = new GISExtent(sfh.Xmax, sfh.Xmin, sfh.Ymax, sfh.Ymin);
    //其他代码
    br.Close();
    fsr.Close();
}
```

上述函数首先打开一个名为 shpfilename 的 shp 磁盘文件，获得 FileStream 及 BinaryReader，前者是对应于这个磁盘文件的文件流，后者是读这个文件流的工具。这两个类都是 System.IO 类库中的。之后调用 ReadFileHeader 函数，获得一个 ShapefileHeader 的实例 sfh，接着获得这个文件中存储的空间实体的空间类型 ShapeType，最后记得关闭 fsr 和 br，就是把操作这个文件的权限返还给操作系统，否则可能文件无法被再次打开了。

关于 Shapefile 的空间类型 ShapeType，可能有多个取值，其中要用到三种类型，如下。

（1）ShapeType=1：点实体，就是 GISPoint。

（2）ShapeType=3：线实体，就是 GISLine。

（3）ShapeType=5：面实体，就是 GISPolygon。

为此，在 BasicClasses.cs 中定义一个新的枚举类型 SHAPETYPE 来存储这些常量，代码如下。

### Lesson_5/BasicClasses.cs

```
enum SHAPETYPE
{
    point = 1,
    line = 3,
    polygon = 5
};
```

用一个枚举类型来记录 1，3，5 这三个数字似乎显得有点大动干戈了，而实际上这是有好处的，它比较容易扩充和修改，如果不用这种方式，直接用 1，3，5 数字，很容易出错，而且错了还不容易纠正。在今后的程序设计中，也要避免常量数值的直接出现，需要找个变量名代替它。由于 SHAPETYPE 这个枚举类型在整个 MyGIS 类库中都可能被用到，所以把它的定义放到了 GISShapefile 类的外面，也就是说，在 MyGIS 类库中，GISShapefile 与 SHAPETYPE 是平级的。

在函数 ReadShapefile 中，读完 ShapeType 后，又读取了这个文件头中另一组有用的参数，即该文件中所有空间对象实体的坐标极值，并利用它们生成了一个 GISExtent 类型的实例 extent。

这里还要注意的是，由于 ShapeType 及坐标极值都是 Little Integer 或 Little Double 的，其字节存储顺序与 C#的 int 及 double 类型是一样的，所以直接用 "int ShapeType = sfh.ShapeType" 等就能正确获得其实际值。

文件头之后就是逐条的记录，每条记录都包括一个记录头和记录内容，记录头的构成如下。

（1）1 个 Big Integer 数字，4 个字节，代表记录的序号，是顺序生成的，也就是 1，2，3，…，实际上并不需要读取。

（2）1 个 Big Integer 数字，4 个字节，代表记录内容的"字"数，一个字指的是一个双字节，而且这里还包括了接下去的这个 Little Integer，因此，假设读到的数字是 a，则实际的记录内容字节数应该是 a×2-4。

（3）1 个 Little Integer 数字，4 个字节，代表记录的空间类型，实际是重复了文件头中的 ShapeType。

具此，定义记录头的结构体，如下。

### Lesson_5/BasicClasses.cs/GISShapefile

```
[StructLayout(LayoutKind.Sequential, Pack = 4)]
struct RecordHeader
{
    public int RecordNumber;
    public int RecordLength;
    public int ShapeType;
};
```

读记录头的函数如下，其几乎与读文件头的函数是一样的，只不过将 ShapefileHeader 替换成 RecordHeader。

**Lesson_5/BasicClasses.cs/GISShapefile**

```
RecordHeader ReadRecordHeader(BinaryReader br)
{
    byte[] buff = br.ReadBytes(Marshal.SizeOf(typeof(RecordHeader)));
    GCHandle handle = GCHandle.Alloc(buff, GCHandleType.Pinned);
    RecordHeader header = (RecordHeader)Marshal.PtrToStructure
        (handle.AddrOfPinnedObject(), typeof(RecordHeader));

    handle.Free();
    return header;
}
```

在记录头中，RecordLength 是一个有用的参数，需要正确读取，但由于它是一个 Big Integer，因此需要颠倒其字节顺序重新构造正确数值才行。可先定义一个通用的转换函数，如下。

**Lesson_5/BasicClasses.cs/GISShapefile**

```
int FromBigToLittle(int bigvalue)
{
    byte[] bigbytes = new byte[4];
    GCHandle handle = GCHandle.Alloc(bigbytes, GCHandleType.Pinned);
    Marshal.StructureToPtr(bigvalue, handle.AddrOfPinnedObject(), false);
    handle.Free();
    byte b2 = bigbytes[2];
    byte b3 = bigbytes[3];
    bigbytes[3] = bigbytes[0];
    bigbytes[2] = bigbytes[1];
    bigbytes[1] = b2;
    bigbytes[0] = b3;
    return BitConverter.ToInt32(bigbytes, 0);
}
```

这个函数用了类似于读文件头的方法，但调用了反向的函数 StructureToPtr，首先把一个 Big Integer 值映射到内存中一个长度为 4 的字节数组，然后将这个数组中的顺序颠倒，最后再用 BitConverter.ToInt32 函数把字节数组转换成整数，获得一个 Little Integer。

相应地，可以丰富 ReadShapefile 函数，以完成读取整个 Shapefile 的过程，如下。

**Lesson_5/BasicClasses.cs/GISShapefile**

```
public void ReadShapefile(string shpfilename)
{
    FileStream fsr = new FileStream(shpfilename, FileMode.Open);
    BinaryReader br = new BinaryReader(fsr);
    ShapefileHeader sfh = ReadFileHeader(br);
    SHAPETYPE ShapeType = (SHAPETYPE) Enum.Parse(
                    typeof(SHAPETYPE), sfh.ShapeType.ToString());
```

```
GISExtent extent = new GISExtent
        (sfh.Xmax, sfh.Xmin, sfh.Ymax, sfh.Ymin);
while (br.PeekChar() != -1)
{
    RecordHeader rh = ReadRecordHeader(br);
    int RecordLength = FromBigToLittle(rh.RecordLength) * 2 - 4;
    byte[] RecordContent = br.ReadBytes(RecordLength);
    if (ShapeType == SHAPETYPE.point)
    {
        GISPoint onepoint = ReadPoint(RecordContent);

    }
    //其他代码
}
br.Close();
fsr.Close();
}
```

发现变量 Shapefile 的类型已经从 int 变成了枚举类型 SHAPETYPE，可以通过 Enum. Parse 函数把一个整数变成对应的枚举值。br. PeekChar（）！=-1 用于判断是否读到了文件末端，实际的每条记录内容长度 RecordLength 是读到的数字乘以 2 减去 4，其原因是读到的数字代表记录的双字节数长度，而且还包括了一个 4 字节的整数（即空间对象实体类型），因此要做上述处理。获得实际的记录内容长度后，就一次性把这条记录的所有内容读入字节数组 RecordContent。接下来，就可以针对 RecordContent 字节数组根据不同的 ShapeType 进行处理。本章先完成点实体的读取，这里有一个函数 ReadPoint，就是用来读一条点实体的记录，并返回一个 GISPoint 类型的结果，一个点实体的记录内容结构非常简单，只有两个 Little Double 型的数字，如下。

（1）1 个 Little Double 数字，记录点实体的横坐标。

（2）1 个 Little Double 数字，记录点实体的纵坐标。

结合 RecordContent，读取代码如下。

**Lesson_5/BasicClasses.cs/GISShapefile**

```
GISPoint ReadPoint(byte[] RecordContent)
{
    double x = BitConverter.ToDouble(RecordContent, 0);
    double y = BitConverter.ToDouble(RecordContent, 8);
    return new GISPoint(new GISVertex(x, y));
}
```

到此为止，已经完成了针对一个点实体 shp 文件的读取，但问题出现了，虽然每一个字节都读到了，但它们需要被存放到哪里呢？看来需要一个新的类了，也就是图层类。

## 5.3 图层的引入

来定义一个新的类 GISLayer，它是具有相同类型的空间实体的集合，也就是 GIS 中常见的图层，定义如下。

### Lesson_5/BasicClasses.cs

```
class GISLayer
{
    public string Name;
    public GISExtent Extent;
    public bool DrawAttributeOrNot;
    public int LabelIndex;
    public SHAPETYPE ShapeType;
    List<GISFeature> Features = new List<GISFeature>();
    public GISLayer(string _name, SHAPETYPE _shapetype, GISExtent _extent)
    {
        Name = _name;
        ShapeType = _shapetype;
        Extent = _extent;
    }
    public void draw(Graphics graphics, GISView view)
    {
        for (int i = 0; i < Features.Count; i++)
        {
            Features[i].draw(graphics, view, DrawAttributeOrNot, LabelIndex);
        }
    }
    public void AddFeature(GISFeature feature)
    {
        Features.Add(feature);
    }
    public int FeatureCount()
    {
        return Features.Count;
    }
}
```

其中，包括六个成员，Name 是图层的名称；Extent 是地图范围；DrawAttributeOrNot 决定在绘制图层时是否需要标注属性信息；LabelIndex 记录需要标注的属性序列号；ShapeType 是空间对象类型，是 SHAPETYPE 枚举类的一个实例；Features 是记录这个图层中包含的所有空间对象实体。这些成员中，Features 是私有的，无法在类之外进行修改，其他都可以在类之外进行读取和修改。当然，修改时也是要非常当心的，如 ShapeType 就不能随便修改。Features 被私有是因为与它相关的操作通常需要类内其他成员配合，因此还是不要被类之外的函数操作为妙。

GISLayer 类定义还包括一个构造函数，它需要初始化图层空间范围 Extent、空间对象类型 ShapeType 及图层名称 Name。draw 函数用于绘制对象，在这个函数中，就是调用图层中每个 GISFeature 的 draw 函数，其中引用了 DrawAttributeOrNot 和 LabelIndex 的属性值。由此可以看出，一个图层中是否需要标注属性及标注哪个属性可以通过这两个成员属性值控制。AddFeature 就是给 Features 增加一个元素，这个函数目前非常简单，之后还需要完善。FeatureCount 用来获得 Features 中元素的数量。

有了上述定义，就可以完成点实体 GIS 对象的读取了，更新的 GISShapefile 类中 ReadShapefile 函数如下。

### Lesson_5/BasicClasses.cs/GISShapefile

```
public GISLayer ReadShapefile(string shpfilename)
{
    FileStream fsr = new FileStream(shpfilename, FileMode.Open);
    BinaryReader br = new BinaryReader(fsr);
    ShapefileHeader sfh = ReadFileHeader(br);
    SHAPETYPE ShapeType = (SHAPETYPE) Enum.Parse(typeof(SHAPETYPE), sfh.ShapeType.ToString());
    GISExtent extent = new GISExtent(sfh.Xmax, sfh.Xmin, sfh.Ymax, sfh.Ymin);
    GISLayer layer = new GISLayer(shpfilename, ShapeType, extent);
    while (br.PeekChar() != -1)
    {
        RecordHeader rh = ReadRecordHeader(br);
        int RecordLength = FromBigToLittle(rh.RecordLength) * 2 - 4;
        byte[] RecordContent = br.ReadBytes(RecordLength);
        if (ShapeType == SHAPETYPE.point)
        {
            GISPoint onepoint = ReadPoint(RecordContent);
            GISFeature onefeature = new GISFeature(onepoint, new GISAttribute());
            layer.AddFeature(onefeature);
        }
    }
    br.Close();
    fsr.Close();
    return layer;
}
```

在这个更新的函数中，返回值变成了一个 GISLayer 的实例。首先，根据文件头中的信息获得了图层的 ShapeType 值和地图范围 extent，生成一个新的图层对象，其中图层名就利用了该 shp 文件的文件名。在读取记录的循环中，判断如果 ShapeType 是点实体，就调用 ReadPoint 函数获得一个 GISFeature 实例的空间部分，即点实体 onepoint，而属性部分还是空的，先用一个空的 GISAttribute 类实例填充，然后就可构造一个新的 GISFeature 实例，接着把这个实例添加到图层的对象列表中。循环结束后，返回这个图层。

## 5.4 更新的 GIS

现在可以读一个点实体的 shp 文件了，那么来更新一下 GIS。现在已经不用称它为"迷你"了，因为它已经有了不少功能。这次不用把项目 Lesson_4 中的 Form1 引入，因为可用的代码不多，直接针对 Lesson_5 中的 Form1 开始工作，设计一个如图 5-2 所示一样的界面，同样，用缺省的控件命名方式，从左到右依次是 button1 ~ button8。

接着，在 Form1.cs 中添加 using MyGIS 的类库引用，增加两个全局变量，分别是一个图层 GISLayer 和一个 GISView，然后，要在 Form1 的构造函数中为 GISView 的实例进行初始化，与第 4 章是一样的。代码如下。

# 第 5 章 从 Shapefile 中读取点实体

图 5-2 可以读点实体 shp 文件的 GIS 界面

### Lesson_5/Form1.cs

```
GISLayer layer = null;
GISView view = null;
public Form1()
{
    InitializeComponent();
    view = new GISView(new GISExtent(new GISVertex(0, 0), new GISVertex(100, 100)), ClientRectangle);
}
```

下面,来为每个按钮添加一个点击事件,但首先要有一个点实体的 shp 文件才行,互联网上有很多免费的数据可以尝试下载,本书附件中也包含几个实例文件。其中,有一个叫"cities. shp"的文件就是点实体 shp 文件,假设它存放在"D:\data\Shapefile"文件夹下。现在来写"打开点文件"的事件处理函数,如下。

### Lesson_5/Form1.cs

```
private void button1_Click(object sender, EventArgs e)
{
    GISShapefile sf = new GISShapefile();
    layer = sf.ReadShapefile(@"D:\data\Shapefile\cities.shp");
    layer.DrawAttributeOrNot = false;
    MessageBox.Show("read " + layer.FeatureCount() + " point objects.");
}
```

上述函数打开"cities. shp"文件,返回一个 GISLayer 实例图层 layer,由于这个 layer 中空间对象尚无任何属性信息,因此其 DrawAttributeOrNot 属性置为 false。最后,打开一个信息提示,说明读到的点实体数量是多少。

尽管其他按钮的事件处理函数还没有写,但现在就可以运行一下程序。点击【打开点文件】按钮,将会看到如图 5-3 所示的结果,读到了 36 个点实体,说明该 shp 文件已经被成功读取了。

地理信息系统底层开发教程

图 5-3　成功读到点实体的 shp 文件

接下去就是把这些读到的点画出来。针对【显示全图】按钮，点击事件定义如下。

**Lesson_5/Form1.cs**

```
private void button2_Click(object sender, EventArgs e)
{
    view.UpdateExtent(layer.Extent);
    UpdateMap();
}
```

这个函数的作用就是让绘图窗口显示该图层的所有空间对象，其调用的两个函数现在都还没有实现，稍后补充。view.UpdateExtent 的作用是用参数 layer.Extent 来更新这个 view 的当前地图范围 CurrentMapExtent，这样就能实现全图显示了。UpdateMap 类似 Lesson_4 中的同名函数，就是画图层中的所有空间对象。首先在 BasicClasses.cs 中的 GISView 中补充 UpdateExtent 这个函数。

**Lesson_5/BasicClasses.cs/GISView**

```
public void UpdateExtent(GISExtent extent)
{
    CurrentMapExtent.CopyFrom(extent);
    Update(CurrentMapExtent, MapWindowSize);
}
```

这个函数又调用了 GISExtent 的 CopyFrom 函数，意味着用函数参数 extent 替换当前值。定义如下。

**Lesson_5/BasicClasses.cs/GISExtent**

```
public void CopyFrom(GISExtent extent)
{
    upright.CopyFrom(extent.upright);
    bottomleft.CopyFrom(extent.bottomleft);
}
```

接着，上述函数又调用了 GISVertex 的 CopyFrom 函数，再次补充如下。

**Lesson_5/BasicClasses.cs/GISVertex**

```
public void CopyFrom(GISVertex v)
{
    x = v.x;
    y = v.y;
}
```

终于一环套一环结束了，也许有点啰唆，但这其实是面向对象的封装思想，简单地说，就是让每个类尽量负责它自己的事，外部插手不要太多，把修改和错误限制在最小范围内。如上述几个函数，如果今后系统升级了，支持三维数据了，则只需要在 GISVertex 中修改，其他函数无需任何修改。

现在继续在 Form1.cs 中补充 UpdateMap 函数。如下。

**Lesson_5/Form1.cs**

```
private void UpdateMap()
{
    Graphics graphics = CreateGraphics();
    graphics.FillRectangle(new SolidBrush(Color.Black), ClientRectangle);
    layer.draw(graphics, view);
}
```

与 Lesson_4 中 Form1.cs 的 UpdateMap 相比，这个函数相当简单，因为绘图的操作已经封装到 layer 中了。现在可以再次运行程序，先后点击【打开点文件】和【显示全图】，将会看到如图 5-4 所示的显示结果。

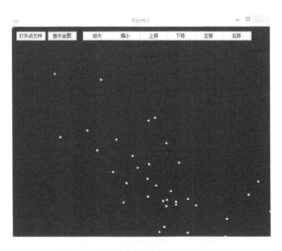

图 5-4　所有点实体显示后的结果

剩下的 6 个按钮是用于地图浏览的，其处理过程与第 4 章一样，先建立一个统一的事件处理函数，如下。

**Lesson_5/Form1.cs**

```
private void MapButtonClick(object sender, EventArgs e)
{
    GISMapActions action = GISMapActions.zoomin;
    if ((Button)sender == button3) action = GISMapActions.zoomin;
    else if ((Button)sender == button4) action = GISMapActions.zoomout;
    else if ((Button)sender == button5) action = GISMapActions.moveup;
    else if ((Button)sender == button6) action = GISMapActions.movedown;
    else if ((Button)sender == button7) action = GISMapActions.moveleft;
    else if ((Button)sender == button8) action = GISMapActions.moveright;
    view.ChangeView(action);
    UpdateMap();
}
```

然后，将【button3】等六个按钮的事件处理函数指向 MapButtonClick，方法在第 4 章中已经介绍，这里不再赘述。再次运行程序，看看是否可以自由浏览地图了。至此，似乎一个点实体 shp 文件的查看工具已经完成，试试看是否可用。

## 5.5 总　　结

这一章的内容较多，介绍了 Shapefile 的基本概念，重点读取了点实体的 shp 文件。定义了一个重要的图层类 GISLayer。在编程过程中，还应用了一些相对少用的功能，如内存成块读取、带索引值的枚举类型等。此外，面向对象的思想也有所体现，希望读者能很好地理解和吸收。

本章设计完成的 GIS 已经是一个可用的点实体 shp 文件地图显示和浏览工具，读者可以在此基础上做很多的改进。例如，打开文件的形式可以用对话框方式，不必在程序中写死，地图缩放移动比例可以调整等。

本章只介绍了点实体 shp 文件的读取，接下去的章节将介绍其他空间对象类型 shp 文件的读取。

# 第 6 章 从 Shapefile 中读取线和面实体

前 5 章的内容都是以点为学习对象，本章将拓展到线和面，给出它们的类定义，并且看看如何从 Shapefile 中读取线和面。线和面实体虽然比点要复杂得多，但是因为已经定义了一个比较好的类库框架，所以，接下来的学习应该会轻车熟路。同样，新建一个项目 Lesson_6，并引入 Lesson_5 的 BasicClasses.cs。

## 6.1 更完善的 GISLine 及 GISPolygon

目前的 GISLine 和 GISPolygon 类定义中都只有一行，就是"List〈GISVertex〉Vertexes"。这显然是不够的，至少它们的父类 GISSpatial 还有 centroid 及 extent 需要初始化。在学习读取线与面实体之前，首先需要完善对线实体和面实体的定义。

首先，centroid 指的是空间对象实体的中心点，对于点实体对象来说非常简单，就是点本身，而对于线和面实体来说，就会有不同的定义。针对线实体，可以选择这个线的中点或者其重心，即所有坐标求和平均后的坐标。针对面实体，也可以是重心，但有时重心不在面实体的内部，如凹多边形，所以还有各种不同方法计算在面实体内部的一个中心（不一定是重心）（如果读者对此感兴趣，可在 wikipedia 中搜索 centroid 了解更多内容）。本书中，简单地采用重心来作为面实体和线实体的中心。对于具有 $n$ 个节点的线实体或面实体来说，中心点坐标 $(\bar{x}, \bar{y})$ 的计算公式如下

$$\bar{x} = \frac{1}{n}\sum x$$

$$\bar{y} = \frac{1}{n}\sum y$$

这里，要记住的是，面实体的节点不要重复记录起止节点，也就是说，一个 $n$ 边形的面实体只要记录 $n$ 个节点即可。

针对 extent 来说，概念比较清晰和简单，就是计算所有节点的坐标极值即可。

由于上述两个参数的计算方法对线实体和面实体来说都是一样的，所以可以共享代码。那如何实现共享呢？让它们以静态函数的形式存在于一个独立的类中，静态函数就是

不需要声明一个实例就可直接使用的函数,类似传统程序设计中的标准函数,其前缀增加一个 static 关键词。这个独立的类命名为 GISTools,代码定义如下。

**Lesson_6/BasicClasses.cs**

```
class GISTools
{
    public static GISVertex CalculateCentroid(List<GISVertex> _vertexes)
    {
        if (_vertexes.Count == 0) return null;
        double x = 0;
        double y = 0;
        for (int i = 0; i < _vertexes.Count; i++)
        {
            x += _vertexes[i].x;
            y += _vertexes[i].y;
        }
        return new GISVertex(x / _vertexes.Count, y / _vertexes.Count);
    }

    public static GISExtent CalculateExtent(List<GISVertex> _vertexes)
    {
        if (_vertexes.Count == 0) return null;
        double minx = Double.MaxValue;
        double miny = Double.MaxValue;
        double maxx = Double.MinValue;
        double maxy = Double.MinValue;
        for (int i = 0; i < _vertexes.Count; i++)
        {
            if (_vertexes[i].x < minx) minx = _vertexes[i].x;
            if (_vertexes[i].x > maxx) maxx = _vertexes[i].x;
            if (_vertexes[i].y < miny) miny = _vertexes[i].y;
            if (_vertexes[i].y > maxy) maxy = _vertexes[i].y;
        }
        return new GISExtent(minx, maxx, miny, maxy);
    }
}
```

CalculateCentroid 逐个把横坐标和纵坐标分别累加起来,然后计算平均值构成新的 GISVertex 就是中心点。CalculateExtent 逐个比较每个节点的横纵坐标,找到最小值和最大值,构成一个 GISExtent。函数中的第一句话都是检测输入的节点数组是否为空,如果为空就返回空值,这是一个很好的习惯,负责处理可能出现的程序崩溃,如在 CalculateCentroid 中就可能发生以 0 为分母的错误。当然,程序编写过程中还会出现各种情况,因此,完善的错误捕捉机制是必要的,有兴趣的读者可进一步了解 C#的 try-catch 错误捕捉方法。

上述两个函数在 GISLine 和 GISPolygon 中是可以共享的,此外,针对线实体和面实体可能会有一些特殊的属性,如线实体的长度和面实体的面积。长度计算非常简单,就是逐个计算线段的长度,然后累加起来。而面积计算稍微有些复杂,计算任意一个多边形的面积可用以下的方法。假设多边形由 $n$ 个节点构成,即 $(x_i, y_i)$,$i = 1, \cdots, n$,定义第 $i$ 点与第 $i+1$ 点之间矢量积的计算公式为

$$p_i = x_i \times y_{i+1} - x_{i+1} \times y_i$$

则面积公式为

$$\text{Area} = (p_1 + p_2 + p_3 + \cdots + p_n)/2$$

其中，

$$p_n = x_n \times y_1 - x_1 \times y_n$$

这里，多边形的首节点和尾节点不管是否重叠，都不影响计算结果，因为重叠的一对节点其矢量积是0。当然，为了统一考虑，可以规定，首节点和尾节点不必重叠，即默认首尾节点之间还有一条边。此外，如果多边形节点是按照顺时针记录的，则面积的计算结果是负值，反之则为正值，如图6-1所示。当然，如果仅仅想计算面积，可以取绝对值，但这种计算面积的方法也识别了一个多边形的节点构成方向，这在一些应用中可能是有用的。

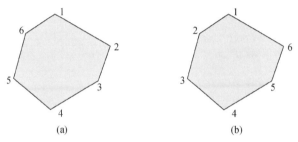

图6-1　多边形节点构成方向
(a) 为顺时针；(b) 为逆时针

把上述计算长度和面积的方法也放到GISTools中，代码如下。

**Lesson_6/BasicClasses.cs/GISTools**

```csharp
public static double CalculateLength(List<GISVertex> _vertexes)
{
    double length = 0;
    for (int i = 0; i < _vertexes.Count - 1; i++)
    {
        length += _vertexes[i].Distance(_vertexes[i + 1]);
    }
    return length;
}

public static double CalculateArea(List<GISVertex> _vertexes)
{
    double area = 0;
    for (int i = 0; i < _vertexes.Count - 1; i++)
    {
        area += VectorProduct(_vertexes[i], _vertexes[i + 1]);
    }
    area += VectorProduct(_vertexes[_vertexes.Count - 1], _vertexes[0]);
    return area / 2;
}

public static double VectorProduct(GISVertex v1, GISVertex v2)
{
    return v1.x * v2.y - v1.y * v2.x;
}
```

上述函数中 CalculateLength 计算节点序列构成的折线长度，CalculateArea 计算由多个节点构成的多边形面积，其中矢量积的计算交由 VectorProduct 完成。

现在来完善 GISLine 及 GISPolygon 的定义代码。

**Lesson_6/BasicClasses.cs**

```csharp
class GISLine : GISSpatial
{
    List<GISVertex> Vertexes;
    public double Length;
    public GISLine(List<GISVertex> _vertexes)
    {
        Vertexes = _vertexes;
        centroid = GISTools.CalculateCentroid(_vertexes);
        extent = GISTools.CalculateExtent(_vertexes);
        Length = GISTools.CalculateLength(_vertexes);
    }
    public override void draw(Graphics graphics, GISView view)
    {
        Point[] points = GISTools.GetScreenPoints(Vertexes, view);
        graphics.DrawLines(new Pen(Color.Red, 2), points);
    }
    public GISVertex FromNode()
    {
        return Vertexes[0];
    }
    public GISVertex ToNode()
    {
        return Vertexes[Vertexes.Count - 1];
    }
}
class GISPolygon : GISSpatial
{
    List<GISVertex> Vertexes;
    public double Area;
    public GISPolygon(List<GISVertex> _vertexes)
    {
        Vertexes = _vertexes;
        centroid = GISTools.CalculateCentroid(_vertexes);
        extent = GISTools.CalculateExtent(_vertexes);
        Area = GISTools.CalculateArea(_vertexes);
    }
    public override void draw(Graphics graphics, GISView view)
    {
        Point[] points = GISTools.GetScreenPoints(Vertexes, view);
        graphics.FillPolygon(new SolidBrush(Color.Yellow), points);
        graphics.DrawPolygon(new Pen(Color.White, 2), points);
    }
}
```

GISLine 与 GISPolygon 代码结构非常相似。在构造函数中实现了对 centroid 及 extent 的初始化，计算了长度 Length 或面积 Area。在 draw 函数实现上有些区别，GISLine 的 draw 函数就是调用 Graphics 的 DrawLines 函数画折线，GISPolygon 的 draw 函数先调用

FillPolygon 画一个填充的多边形，然后调用 DrawPolygon 画这个多边形的边界。此外，这两个函数都调用了 GISTools.GetScreenPoints 函数（还没来得及写），它用于实现将一系列节点在当前的 GISView 下从地图坐标转到屏幕坐标，其代码定义如下。

#### Lesson_6/BasicClasses.cs/GISTools

```
public static Point[] GetScreenPoints(List<GISVertex> _vertexes, GISView view)
{
    Point[] points = new Point[_vertexes.Count];
    for (int i = 0; i < points.Length; i++)
    {
        points[i] = view.ToScreenPoint(_vertexes[i]);
    }
    return points;
}
```

上述函数把节点逐个按照当前的 GISView 转成屏幕坐标，这里之所以用 Point[ ] 而不用 List<Point>是因为在画图过程中函数的输入参数是前者。

此外，在 GISLine 类中还有两个函数 FromNode 和 ToNode，分别返回这条线的起始结点和终止结点，其具体应用将在本书后续章节涉及网络数据结构时再加以介绍。

## 6.2 读取线与面 shp 文件

当 GISLine 及 GISPolygon 都定义好以后，可以完成对 Shapefile 的线 shp 文件和面 shp 文件的读取了。在 shp 文件中，线和面的结构与点相比复杂一些，这主要是因为 shp 文件中的一条线记录可能包括多个独立的线实体，而面记录也可能包括多个独立的面实体。但在记录内容上，线和面的结构是相同的，如下。

● 4 个 Little Double 数字，分别代表这条记录中所有线或面实体的坐标中最小横坐标纵坐标和最大横坐标纵坐标，即空间范围，也就是定义的 GISExtent，共计 32 个字节。

● 1 个 Little Integer 数字，代表这条记录包含独立的面实体或线实体的数量，假设这个数量是 $N$。

● 1 个 Little Integer 数字，代表这条记录构成所有面实体或线实体的节点的数量，假设这个数量是 $M$。

● $N$ 个 Little Integer 数字，代表每个独立的面实体或线实体在节点坐标对数组中的起始位置。

● $2 \times M$ 个 Little Double 数字，顺序地记载着所有 $M$ 个节点的横坐标和纵坐标值。

在上述结构中，对 $N$ 和 $M$ 的理解可以参照图 6-2。假设目前处理的是一个线实体的记录，包含两个独立的线实体，共有 8 个节点，第一个实体由 2 个节点构成，第二个实体由 6 个节点构成，则其在文件中的记录方式如图 6-2 所示。

图 6-2　多组线实体或面实体的存储结构

根据上面的介绍，可以读取线或面的 shp 文件了，来模仿 GISShapefile 类中的 ReadPoint 函数。先写一个 ReadLines 函数，由于一条记录可能包含多个线实体，而 GISLine 只包含一个独立的线实体，所以这个函数的返回值应该是 List〈GISLine〉，函数定义如下。

**Lesson_6/BasicClasses.cs/GISShapefile**

```
List<GISLine> ReadLines(byte[] RecordContent)
{
    int N = BitConverter.ToInt32(RecordContent, 32);
    int M = BitConverter.ToInt32(RecordContent, 36);
    int[] parts = new int[N + 1];

    for (int i = 0; i < N; i++)
    {
        parts[i] = BitConverter.ToInt32(RecordContent, 40 + i * 4);
    }
    parts[N] = M;
    List<GISLine> lines = new List<GISLine>();
    for (int i = 0; i < N; i++)
    {
        List<GISVertex> vertexs = new List<GISVertex>();
        for (int j = parts[i]; j < parts[i + 1]; j++)
        {
            double x = BitConverter.ToDouble(RecordContent, 40 + N * 4 + j * 16);
            double y = BitConverter.ToDouble(RecordContent, 40 + N * 4 + j * 16 + 8);
            vertexs.Add(new GISVertex(x, y));
        }
        lines.Add(new GISLine(vertexs));
    }
    return lines;
}
```

上述函数首先跳过了前 32 个字节，直接读取独立的空间实体的数量 N 和总的节点数 M，这是因为前 32 个字节记载的是本条记录中所有线实体的横纵坐标极值，而如果它包含多个实体，那么这个范围对于单个实体来说就不对了，也就是不能直接赋值给 GISLine 中的 extent 属性，因此没有读这四个 Little Double。根据 N，构造了一个包含 N+1 个元素的数组 parts，其中前 N 个元素记载的是每个独立实体的起始点位置，而最后一个元素值为 M，这样做的目的是方便记载每一个独立实体的点簇的起始和终止位置。例如，第 j 个实体的点序号就是从 parts[j] 到 parts[j+1]，但不包括 parts[j+1]。接着，可以分别为每个独立的实体完成其节点的读取，生成 GISLine，增加到 lines，然后返回函数即可。

读取面实体的函数 ReadPolygons 几乎与上述函数是一样的，除了将 GISLine 换成 GISPolygon，代码定义如下。

**Lesson_6/BasicClasses.cs/GISShapefile**

```
List<GISPolygon> ReadPolygons(byte[] RecordContent)
{
    int N = BitConverter.ToInt32(RecordContent, 32);
```

```
    int M = BitConverter.ToInt32(RecordContent, 36);
    int[] parts = new int[N + 1];
    for (int i = 0; i < N; i++)
    {
        parts[i] = BitConverter.ToInt32(RecordContent, 40 + i * 4);
    }
    parts[N] = M;
    List<GISPolygon> polygons = new List<GISPolygon>();
    for (int i = 0; i < N; i++)
    {
       List<GISVertex> vertexs = new List<GISVertex>();
       for (int j = parts[i]; j < parts[i + 1]; j++)
       {
         double x = BitConverter.ToDouble(RecordContent, 40 + N * 4 + j * 16);
         double y = BitConverter.ToDouble(RecordContent, 40 + N * 4 + j * 16 + 8);
         vertexs.Add(new GISVertex(x, y));
       }
       polygons.Add(new GISPolygon(vertexs));
    }
    return polygons;
}
```

接下来，完成 ReadShapefile 函数，把线和面的读取过程添加进去，其中更新的部分用黑体字着重突出，代码如下。

### Lesson_6/BasicClasses.cs/GISShapefile

```
public GISLayer ReadShapefile(string shpfilename)
{
  FileStream fsr = new FileStream(shpfilename, FileMode.Open);
  BinaryReader br = new BinaryReader(fsr);
  ShapefileHeader sfh = ReadFileHeader(br);
  SHAPETYPE ShapeType = (SHAPETYPE) Enum.Parse(typeof(SHAPETYPE), sfh.ShapeType.ToString());
  GISExtent extent = new GISExtent(sfh.Xmax, sfh.Xmin, sfh.Ymax, sfh.Ymin);
  GISLayer layer = new GISLayer(shpfilename, ShapeType, extent);
  while (br.PeekChar() != -1)
  {
      RecordHeader rh = ReadRecordHeader(br);
      int RecordLength = FromBigToLittle(rh.RecordLength) * 2 - 4;
      byte[] RecordContent = br.ReadBytes(RecordLength);
      if (ShapeType == SHAPETYPE.point)
      {
        GISPoint onepoint = ReadPoint(RecordContent);
        GISFeature onefeature = new GISFeature(onepoint, new GISAttribute());
        layer.AddFeature(onefeature);
      }
      if (ShapeType == SHAPETYPE.line)
      {
        List<GISLine> lines = ReadLines(RecordContent);
        for (int i = 0; i < lines.Count; i++)
        {
          GISFeature onefeature = new GISFeature(lines[i], new GISAttribute());
          layer.AddFeature(onefeature);
        }
```

```
      }
      if (ShapeType == SHAPETYPE.polygon)
      {
        List<GISPolygon> polygons = ReadPolygons(RecordContent);
        for (int i = 0; i < polygons.Count; i++)
        {
          GISFeature onefeature = new GISFeature(polygons[i], new GISAttribute());
          layer.AddFeature(onefeature);
        }
      }
    }
    br.Close();
    fsr.Close();
    return layer;
}
```

## 6.3  功能更加完善的 GIS

现在就可以运行程序来尝试读取线文件或面文件了。GISShapefile 是一个比较特殊的类，它实际上是一些函数的组合，通常不需要一个实例化的 GISShapefile。因此，可以在 GISShapefile 类中每个函数前都增加一个 static 前缀，如 public static GISLayer ReadShapefile (string shpfilename)。这样，在引用这个函数时，可以不用生成实例，直接用 GISShapefile.ReadShapefile 的方式引用。

把 Lesson_5 中的 Form1 引入进来，修改它的命名空间为 Lesson_6，把"读取点文件"函数改写成如下方式。

### Lesson_6/Form1.cs

```
private void button1_Click(object sender, EventArgs e)
{
  OpenFileDialog openFileDialog = new OpenFileDialog();
  openFileDialog.Filter = "Shapefile 文件|*.shp";
  openFileDialog.RestoreDirectory = false;
  openFileDialog.FilterIndex = 1;
  openFileDialog.Multiselect = false;
  if (openFileDialog.ShowDialog() != DialogResult.OK) return;
  layer = GISShapefile.ReadShapefile(openFileDialog.FileName);
  layer.DrawAttributeOrNot = false;
  MessageBox.Show("read " + layer.FeatureCount() + " objects.");
  view.UpdateExtent(layer.Extent);
  UpdateMap();
}
```

现在，这个函数更加友好了，它可以打开一个文件选择对话框，让用户找到一个 shp 文件并打开它。当读取完成、并显示读到的空间对象数量后，地图就可以自动显示出来了。在本书附带的样本数据中包括面实体文件"states.shp"和线实体文件"roads.shp"，打开来试试。当然，它现在已经不只能读取点文件了，所以读者应该把这个按钮的名字改成【打开 shp 文件】，尽管这样的修改并不影响程序的实际运行。图 6-3 就是打开

"states. shp"后的显示结果。

图 6-3 可以读取线及面 shp 文件的 GIS 运行界面

## 6.4 总　　结

本章完成了 Shapefile 文件中空间数据 shp 文件的读取,当然,shp 文件还包括很多种不同的空间实体类型,本章只是读了其中的点、线、面三种。显然,这是触类旁通的,只要能够根据 Shapefile 白皮书理解其文件结构,就可很容易地读取各种其他空间对象类型。

学会读取并不是最终的目的,设计自己的、更好的文件结构才是本书的目的。这样,才可能有创新的基础,才可能为特定的、更复杂和专门的应用提供更加有效的空间数据支撑。

# 第 7 章　读取 Shapefile 中的属性数据

GIS 区别于传统 CAD（计算机辅助设计）系统的主要特点就是 GIS 既包含空间数据也包含属性数据。在数据库管理系统中，属性数据的出现比空间数据早很多，其类型也比较多，多采用关系型数据结构存储，也就是二维表。Shapefile 的属性数据也是这样存储的，而且它采用了一种相当古老的数据库文件 dbf，这种文件的兼容性比较好，因此只要配合适当的数据库驱动程序，就可在高级程序语言中读取。

本章不仅会介绍 dbf 文件的读取，还会介绍属性数据在 GIS 中的管理和使用。当然，在此之前，记得建立 Lesson_7 新项目，引入 Lesson_6 中的 BasicClasses.cs 和 Form1.cs。

## 7.1　建立属性数据的字段结构

属性数据的读取是针对 dbf 文件的，dbf 文件既包括这个 Shapefile 的全部属性值，也包括属性字段信息，如字段名称、字段类型等。通常一个图层中每个对象的属性字段信息是相同的，也就是说字段构成是相同的，为此需要先定义一个字段类。定义如下。

**Lesson_7/BasicClasses.cs**

```csharp
class GISField
{
    public Type datatype;
    public string name;
    public GISField(Type _dt, string _name)
    {
        datatype = _dt;
        name = _name;
    }
}
```

这个 GISField 类主要是记录一个字段的数据类型和名称。如前所述，同一图层的空间对象具有相同的字段结构，而这个字段结构就需要记载在图层类中，包括增加一个 GISField 的数组，并且在构造函数中给其赋值，如下。

## 第 7 章 读取 Shapefile 中的属性数据

Lesson_7/BasicClasses.cs/GISLayer

```
public List<GISField> Fields;
public GISLayer(string _name, SHAPETYPE _shapetype, GISExtent _extent, List<GISField> _fields)
{
    Name = _name;
    ShapeType = _shapetype;
    Extent = _extent;
    Fields = _fields;
}
public GISLayer(string _name, SHAPETYPE _shapetype, GISExtent _extent)
{
    Name = _name;
    ShapeType = _shapetype;
    Extent = _extent;
    Fields = new List<GISField>();
}
```

上述代码中,属性结构或字段结构指的就是一个 GISField 类型的数组而已,此外,它还包含了两个构造函数,这两个函数的参数是不一样的,有时候,可能不知道一个图层的属性字段是些什么,这时,就可以调用第二个构造函数,因为它会在函数中生成一个空的字段结构,而且,保留第二个构造函数的价值在于,它不会令现有的代码出错,因为它兼容了之前的构造函数。

## 7.2 dbf 文件驱动程序及读取

针对 dbf 文件的读取有很多方法,本书采用基于 OLEDB 的方式,这是一种比较有历史的数据库读取方式,而 dbf 文件也恰恰是一种比较古老的数据库格式。C#对 OLEDB 的支持很好,为了使用 OLEDB,需要增加对类库 System. Data. OleDb 的引用(using)。读入的 dbf 文件被保存到一个叫做 DataTable 类的实例中,DataTable 类属于类库 System. Data。依照上述原理,可以开始读取 dbf 文件了,其实现函数也被放到 GISShapefile 类中。代码如下。

Lesson_7/BasicClasses.cs/GISShapefile

```
static DataTable ReadDBF(string dbffilename)
{
    System.IO.FileInfo f = new FileInfo(dbffilename);
    DataSet ds = null;
    string constr = "Provider=Microsoft.Jet.OLEDB.4.0;Data Source=" +
        f.DirectoryName + ";Extended Properties=DBASE III";
    using (OleDbConnection con = new OleDbConnection(constr))
    {
        var sql = "select * from " + f.Name;
        OleDbCommand cmd = new OleDbCommand(sql, con);
        con.Open();
        ds = new DataSet(); ;
        OleDbDataAdapter da = new OleDbDataAdapter(cmd);
        da.Fill(ds);
    }
    return ds.Tables[0];
}
```

同其他在 GISShapefile 类中的函数一样，这个函数也是一个静态函数，有 static 前缀。它的输入参数是 dbf 文件的完整文件名（含磁盘路径）。首先，它建立并打开一个指向这个 dbf 文件的 OLEDB 链接，其中需要获知该文件所在的路径及文件名，通过构建一个系统自带的 FileInfo 对象可以得到这些信息。然后，执行一条 SQL 语句把所有数据选择出来并加载到一个 DataSet 的实例中，它是一个包含多个 DataTable 的数据集，其中第一个 DataTable 就是返回值。SQL 是一种数据库操作语言，最简单的就是选择语句"Select some fields from some tables where meeting some conditions"，上述函数中实际上是全部选择一个表中的所有数据，通过定制 SQL 语句，可以实现特定的选择，如只选其中个别字段的属性值。

这里，有一点需要特别注意，利用 OLEDB 读取 dbf 文件有一个限制，就是文件名（不含扩展名）的字符长度不能超过 8，否则，程序就会出错，提示找不到这个文件。其源于早期 DOS 操作系统，在那个年代，所有文件的名称都受此限制。但时代发展到如今，此限制显然已经过时了，解决这个问题的思路很简单，修改文件名，确保其在长度限制以内，修改的方式有两种，手工的或自动的。自动修改文件名的方法会在第 22 章讲解。

DataTable 类包含一系列的 DataColumn，每个 DataColumn 就是一个字段，有字段类型、字段名称。另外，这个类还包括一系列的 DataRow，每个 DataRow 就是一条记录，也就是二维表中的一行，包含每个 DataColumn 的字段值。从 DataColumn 中，可以获知所有的字段结构，因此，在读取每条记录的字段值之前，先可以写一个读取字段结构 GISField 数组的函数，如下。

**Lesson_7/BasicClasses.cs/GISShapefile**

```
static List<GISField> ReadFields(DataTable table)
{
    List<GISField> fields = new List<GISField>();
    foreach (DataColumn column in table.Columns)
    {
        fields.Add(new GISField(column.DataType, column.ColumnName));
    }
    return fields;
}
```

上述函数的输入参数就是一个 DataTable 的实例，然后，逐个获得每个 column 的数据类型和字段名称，其返回值恰好就是 GISLayer 需要的字段结构。接着来写读取每一条记录的函数，如下。

**Lesson_7/BasicClasses.cs/GISShapefile**

```
static GISAttribute ReadAttribute(DataTable table, int RowIndex)
{
    GISAttribute attribute = new GISAttribute();
    DataRow row = table.Rows[RowIndex];
    for (int i = 0; i < table.Columns.Count; i++)
    {
        attribute.AddValue(row[i]);
    }
    return attribute;
}
```

这个函数可以从 table 中读取给定序号 RowIndex 的一行数据，包括个数为 table.Columns.Count 的一些属性值，这些属性值构成了 GISAttribute 的一个实例，并作为函数值返回。上述三个函数整合进 ReadShapefile 函数就几乎完成了读取整个 Shapefile 的工作，整合后的代码如下。同样，由于函数较长，把其中本次修改的代码加粗显示。

**Lesson_7/BasicClasses.cs/GISShapefile**

```
public static GISLayer ReadShapefile(string shpfilename)
{
    FileStream fsr = new FileStream(shpfilename, FileMode.Open);
    BinaryReader br = new BinaryReader(fsr);
    ShapefileHeader sfh = ReadFileHeader(br);
    SHAPETYPE ShapeType = (SHAPETYPE) Enum.Parse(typeof(SHAPETYPE), sfh.ShapeType.ToString());
    GISExtent extent = new GISExtent(sfh.Xmax, sfh.Xmin, sfh.Ymax, sfh.Ymin);
    string dbffilename = shpfilename.Replace(".shp", ".dbf");
    DataTable table = ReadDBF(dbffilename);
    GISLayer layer = new GISLayer(shpfilename, ShapeType, extent, ReadFields(table));
    int rowindex = 0;

    while (br.PeekChar() != -1)
    {
        RecordHeader rh = ReadRecordHeader(br);
        int RecordLength = FromBigToLittle(rh.RecordLength) * 2 - 4;
        byte[] RecordContent = br.ReadBytes(RecordLength);
        if (ShapeType == SHAPETYPE.point)
        {
            GISPoint onepoint = ReadPoint(RecordContent);
            GISFeature onefeature = new GISFeature(onepoint, ReadAttribute(table, rowindex));
            layer.AddFeature(onefeature);
        }
        if (ShapeType == SHAPETYPE.line)
        {
            List<GISLine> lines = ReadLines(RecordContent);
            for (int i = 0; i < lines.Count; i++)
            {
                GISFeature onefeature = new GISFeature(lines[i], ReadAttribute(table, rowindex));
                layer.AddFeature(onefeature);
            }
        }
        if (ShapeType == SHAPETYPE.polygon)
        {
            List<GISPolygon> polygons = ReadPolygons(RecordContent);
            for (int i = 0; i < polygons.Count; i++)
            {
                GISFeature onefeature = new GISFeature(polygons[i], ReadAttribute(table, rowindex));
                layer.AddFeature(onefeature);
            }
        }
        rowindex++;
    }
    br.Close();
    fsr.Close();
    return layer;
}
```

可以看到，要生成 dbf 文件名，就是把原来 shp 文件名中的 ".shp" 替换成 ".dbf"，但是要注意这两个文件一定要在同一个文件夹内，而且除扩展名外，文件名一定要是相同的。接着，所有的 dbf 数据被一次性读入 table 中，然后读取 table 中的字段信息用于构造 layer。在读取每个记录时，用 ReadAttribute 为每个对象生成属性值，其中 rowindex 用来记录当前读取的记录位置。需要注意的是，由于一条线或面记录可能包含多个独立的实体，为每个实体建立一个 GISFeature，而它们的属性信息都是一样的。

## 7.3 再次完善 GIS

完成属性信息的读取后，来验证一下读的是否正确。在项目 Lesson_7 中，可添加一个窗体，用缺省名 From2，这个窗体的作用是显示某个图层所有对象的属性值。为此，给这个窗体增加一个控件类 DataGridView 的实例，缺省名是 dataGridView1，DataGridView 实际上就是一个带表头的二维表格，接下来，修改 dataGridView1 的 Dock 属性值为 Fill，其目的是让这个控件填满整个窗体，然后打开 Form2.cs，修改它的构造函数，如下。

**Lesson_7/Form2.cs**

```
public Form2(GISLayer layer)
{
    InitializeComponent();
    for (int i = 0; i < layer.Fields.Count; i++)
    {
        dataGridView1.Columns.Add(layer.Fields[i].name, layer.Fields[i].name);
    }
    for (int i = 0; i < layer.FeatureCount(); i++)
    {
        dataGridView1.Rows.Add();
        for (int j = 0; j < layer.Fields.Count; j++)
        {
            dataGridView1.Rows[i].Cells[j].Value = layer.GetFeature(i).getAttribute(j);
        }
    }
}
```

显然，这个构造函数引用了 MyGIS 的 GISLayer，所以，需要在 using 里添加 MyGIS，此外，构造函数的前缀是 public，而 GISLayer 在 MyGIS 类库内并无 public 前缀，所以目前这样写，在运行时会出现"可访问性不一致"的问题，也就是说，这个构造函数的可访问性比 GISLayer 这个类的可访问性高。这样，在外部引用 Form2 的构造函数时，就会出现错误。之所以之前在 Form1 中没发生错误，是因为 Form1 中所有涉及 MyGIS 的函数都是私有的，没有 public 前缀。为此，需要在 MyGIS 类库内为 GISLayer 类增加 public 前缀，但这样又会产生 GISLayer 涉及的其他非 public 类的"可访问性不一致"的问题，所以，一个简单的办法就是为 MyGIS 类库内所有类增加 public 前缀，包括两个枚举类型的 GISMapActions 及 SHAPETYPE。

在 Form2 的这个构造函数中，InitializeComponent（）是缺省语句，用来初始化控件，然后根据 layer 的字段信息为 dataGridView1 添加一系列的列，在添加函数 Columns. Add 中，需要两个参数，一个是这个字段的名字，另一个是要显示在表头上的文字，这里是一样的字符串，当然也可以不一样，例如，字段名是英文的，但希望显示在表头上时用中文的，这样，就可以给不同的值。

表头增加好以后，就需要给表中的每个元素赋值，需要一行一行地增加，每一行对应于 layer 中的一条记录，即一个 GISFeature，增加一行后，再调用 GISFeature 的 getAttribute 函数取得属性值赋给表中的每个元素。其中，从一个图层中获得一个 GISFeature 的函数是 GetFeature，需要在 GISLayer 中添加这个函数，如下。

### Lesson_7/BasicClasses.cs/GISLayer

```
public GISFeature GetFeature(int i)
{
    return Features[i];
}
```

接下来，在 Form1 中添加一个【打开属性表】的按钮，这样，当读取一个 Shapefile 时，点击它就可以看到属性表了，这个【打开属性表】的按钮点击事件定义如下。

### Lesson_7/Form1.cs

```
private void button9_Click(object sender, EventArgs e)
{
    Form2 form2 = new Form2(layer);
    form2.Show();
}
```

然后试着运行，图 7-1 就是打开 states. shp 及 states. dbf 后的运行结果。

图 7-1　打开 states 后显示的空间实体和属性信息

如果读者会用 ESRI 的 ArcMap，也可以同样打开 states 这个 Shapefile 文件，看看打开的空间实体及其属性信息的内容是不是一样的。

## 7.4 总　　结

总的来说，这一章内容似乎比较简单，因为它借用了 OLEDB 技术使属性信息的读取相对容易，不需要理解 dbf 文件的二进制结构就顺利地读到了里面的信息。然而，实际上还没有真正使用这些属性信息，例如，读到的这些字段到底是什么数据类型？是否能直接在 C#中使用？这些问题会在今后的章节中涉及。

# 第 8 章  读写自己的空间数据文件

已经了解了 Shapefile 的格式,并实现了读取功能,但是如果打算实现写入 Shapefile 文件的功能,却可能会遇到问题,因为 Shapefile 是一个包含了多个独立的硬盘文件的数据结构。只会写 shp 或 dbf 文件是不够的,还需要写如 prj 文件、shx 文件等,这也许会花费太多的力气,而这并不是必要的,因为这种松散的 Shapefile 文件构成并非是一种优化的数据存储方式。为此,可以考虑自己定义一种空间数据文件格式,或者简称 GIS 文件格式,其实自定义一个 GIS 文件格式其实是非常容易的。

但是,需要清楚的是,定义一个好的 GIS 文件格式并不简单,它既要节省空间、支持多种类型数据,还要有很高的数据存取效率。本章介绍的文件格式只是一个学习的范例,介绍如何定义自己的文件,读者可在此基础上设计更优化的文件格式。

同样,新建项目 Lesson_8,并复制 Lesson_7 的 Form1.cs、Form2.cs 和 BasicClasses.cs。

## 8.1  数据类型与文件结构

把空间数据和属性数据放入一个文件中,这个文件也是一个二进制文件,应该包含四类数据类型。

- 整数类型,对应于 C#中的 sbyte、byte、short、ushort、int、uint、long、ulong 和 char。
- 实数类型,对应于 C#中的 double、float 及 decimal。
- 字符串类型,对应于 C#中的 string。
- 布尔类型,对应于 C#中的 bool。

针对空间数据来说,整数(int)和双精度浮点数(double)一般就够了,但是属性数据可能包含各种类型,而且在文件中占据的字节数也各有不同,就需要认真逐一考虑了。此外,在这个自定义的 GIS 文件中,都是采用 Little 形式写入文件,也就是将高位数字存储于前面低位字节中,这是与 C#的内部记载方式一致的。

写一个 GIS 文件实际上就是把 GISLayer 的所有成员信息写入文件中。观察 GISLayer 的定义,发现目前有下面的成员(当然今后还可以增加):

- string Name;

- GISExtent Extent；
- bool DrawAttributeOrNot；
- int LabelIndex；
- SHAPETYPE ShapeType；
- List〈GISFeature〉Features；
- List〈GISField〉Fields。

其中，DrawAttributeOrNot 及 LabelIndex 没有必要存储在文件中，因为它们仅作用于地图显示，并且可以动态修改，而其他成员需要存储到文件中。本书的文件可以包含四个部分，如图 8-1 所示。

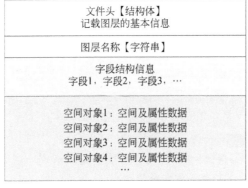

图 8-1　自定义 GIS 文件结构

## 8.2　写入文件头与图层名

首先，模仿 Shapefile，定义一个文件头，包含以下内容。

- 4 个 double，用来记载地图范围，最小横纵坐标和最大横纵坐标，共 32 个字节。
- 1 个 int，用来记载图层中地图对象的数量，4 个字节。
- 1 个 int，用来记载图层中地图对象的类型，其取值参考 MyGIS 中枚举类型 SHAPETYPE，4 个字节。
- 1 个 int，用来记载属性字段的个数，4 个字节。

与之对应的一个结构体 MyFileHeader 定义如下，同时增加一个读写自定义 GIS 文件的类 GISMyFile，并把这个结构体放入这个新类中。

### Lesson_8/BasicClasses.cs

```
public class GISMyFile
{
    [StructLayout(LayoutKind.Sequential, Pack = 4)]
    struct MyFileHeader
    {
        public double MinX, MinY, MaxX, MaxY;
        public int FeatureCount, ShapeType, FieldCount;
    };
}
```

如何将这个结构体写入文件呢？先来定义一种专用于将结构体实例转存成字节数组的方法，之后，就可以直接把字节数组写入文件了。由于这种方法具有通用性，把它作为静态函数放到 GISTools 中，代码如下。

### Lesson_8/BasicClasses.cs/GISTools

```
public static byte[] ToBytes(object c)
{
    byte[] bytes = new byte[Marshal.SizeOf(c.GetType())];
    GCHandle handle = GCHandle.Alloc(bytes, GCHandleType.Pinned);
    Marshal.StructureToPtr(c, handle.AddrOfPinnedObject(), false);
    handle.Free();
    return bytes;
}
```

这个函数的作用就是将结构体实例 c 转成字节数组，其实现原理与之前提及的将 Big Integer 转成 Little Integer 的函数原理完全一样，先定义一个与结构体字节数等长的字节数组，然后把结构体实例值放入这个数组，最后返回这个数组即可。接下来在 GISMyFile 类中写一个专门用于将一个 MyFileHeader 的实例写入文件的函数，演示对 ToBytes 的调用，代码如下。

### Lesson_8/BasicClasses.cs/GISMyFile

```
static void WriteFileHeader(GISLayer layer, BinaryWriter bw)
{
    MyFileHeader mfh = new MyFileHeader();
    mfh.MinX = layer.Extent.getMinX();
    mfh.MinY = layer.Extent.getMinY();
    mfh.MaxX = layer.Extent.getMaxX();
    mfh.MaxY = layer.Extent.getMaxY();
    mfh.FeatureCount = layer.FeatureCount();
    mfh.ShapeType = (int)(layer.ShapeType);
    mfh.FieldCount = layer.Fields.Count;
    bw.Write(GISTools.ToBytes(mfh));
}
```

上述函数首先声明一个 MyFileHeader 的实例 mfh，给 mfh 的各个成员赋值，然后写到文件中，其中 BinaryWriter 类型的 bw 是一个与某个文件相连的文件写入工具，在打开一个文件时会得到这个工具。

再来写一个 WriteFile 函数作为写文件函数的主框架，如下。

### Lesson_8/BasicClasses.cs/GISMyFile

```
public static void WriteFile(GISLayer layer, string filename)
{
    FileStream fsr = new FileStream(filename, FileMode.Create);
    BinaryWriter bw = new BinaryWriter(fsr);
    WriteFileHeader(layer, bw);
    //其他内容
    bw.Close();
    fsr.Close();
}
```

这个函数的输入就是一个 GISLayer 和一个文件名。首先，根据这个文件名新建一个文件用于写入，获得其写入工具 bw。然后，调用 WriteFileHeader 完成对文件头的写入。最后，关闭文件，这样就完成了文件头的写入。

现在回忆图 8-1，文件头下一部分是图层名，为什么它不能放入文件头中呢？这是因为图层名是一个字符串，它的长度不定，不适于放入有固定长度的结构体中。把一个字符串写入一个二进制文件的方法是首先写一个整数，记录字符串的长度。然后将字符串转成字节数组写入。可专门定义一个函数来做这件事，由于它也有一定通用性，把它放入 GISTools 中，代码如下。

**Lesson_8/BasicClasses.cs/GISTools**

```
public static void WriteString(string s, BinaryWriter bw)
{
  bw.Write(s.Length);
  byte[] sbytes = Encoding.Default.GetBytes(s);
  bw.Write(sbytes);
}
```

这个函数很简单，首先写入字节长度 s.Length，然后用函数 Encoding.Default.GetBytes 将字符串转成字节数组，并写入。这个函数存在于 System.Text 类库中，所以要记得添加 using。现在，把写入文件名这个语句加入 WriteFile 函数中，这条语句被加粗显示。

**Lesson_8/BasicClasses.cs/GISMyFile**

```
public static void WriteFile(GISLayer layer, string filename)
{
  FileStream fsr = new FileStream(filename, FileMode.Create);
  BinaryWriter bw = new BinaryWriter(fsr);
  WriteFileHeader(layer, bw);
  GISTools.WriteString(layer.Name, bw);
  //其他内容
  bw.Close();
  fsr.Close();
}
```

关于 WriteString 函数，有一点需要特别注意，字符串的 Length 记载的是字符数，而不是字节数，一般情况下字符数就是字节数，但是，当字符串中有中文字符出现时，每个中文会占用两个字节，但却只会被记作一个字符，这就有问题了！当然，可以手工避免文件名、路径名还有今后字符串类型的属性值都不使用中文字符，但这显然不是万全之策。为此，专门写一个函数用于计算字符串的字节数，并用它来替代字符串的 Length 属性。该函数给出如下。

**Lesson_8/BasicClasses.cs/GISTools**

```
public static int StringLength(string s)
{
  int ChineseCount = 0;
  //将字符串转换为以 ASCII 来编码的字节数组
  byte[] bs = new ASCIIEncoding().GetBytes(s);
```

```
foreach (byte b in bs)
//所有双字节中文都会被转换成单字节的 0X3F
if (b == 0X3F) ChineseCount++;
return ChineseCount + bs.Length;
}
```

这个函数首先把字符串转换成字节数组，转换时所有中文会被全部转成单字节的"0X3F"，这样就可以知道一个字符串里有多少中文字符，然后把它增加到现有字节数组长度上，即代表了原有字符串的字节长度。现在，用 StringLength 函数替换原有在 WriteString 函数中字符串的 Length 属性，修改如下。

### Lesson_8/BasicClasses.cs/GISTools

```
public static void WriteString(string s, BinaryWriter bw)
{
    bw.Write(StringLength(s));
    byte[] sbytes = Encoding.Default.GetBytes(s);
    bw.Write(sbytes);
}
```

## 8.3 写入字段信息

图 8-1 中第三部分是字段信息的写入。其方法就是逐个写入每个字段的类型和字段名，其中字段类型要转成整数才好存储，为此，在 MyGIS 类库中新定义一个有关各种数据类型的枚举类型 ALLTYPES，代码如下。

### Lesson_8/BasicClasses.cs

```
public enum ALLTYPES
{
    System_Boolean,
    System_Byte,
    System_Char,
    System_Decimal,
    System_Double,
    System_Single,
    System_Int32,
    System_Int64,
    System_SByte,
    System_Int16,
    System_String,
    System_UInt32,
    System_UInt64,
    System_UInt16
};
```

看到这些枚举值，也许会觉得很奇怪，为什么枚举值没有之前提到的 int、double 等，而变成了 System_* 这个样式的值？这是因为在 C#中，所有原始数据类型都被重写了，也就是说被改了名字，虽然原始数据类型和新的类型名字都可以在代码中使用，但是如果利用

Type.ToString() 等函数获得类型名，则返回的将是新类型名，所以需要用新的名字才能实现数据类型的自动识别。原始类型名与新类型名之间的对应关系及每个类型的一些特征如表 8-1 所示。

表 8-1 C#数据类型一览表

| 数据类型 | 取值范围 | 含义 | C#类型名 |
| --- | --- | --- | --- |
| bool | true 或者 false | 16 位布尔值 | System.Boolean |
| byte | 0 ~ 255 | 无符号 8 位整数 | System.Byte |
| char | 0 ~ 65 535 | UNICODE 编码字符 | System.Char |
| decimal | $\pm 1.0 \times 10^{-28} \sim \pm 7.9 \times 10^{28}$ | 有符号 128 位实数 | System.Decimal |
| double | $\pm 5.0 \times 10^{-324} \sim \pm 1.7 \times 10^{308}$ | 有符号 64 位实数 | System.Double |
| float | $\pm 1.5 \times 10^{-45} \sim \pm 3.4 \times 10^{38}$ | 有符号 32 位实数 | System.Single |
| int | -2 147 483 648 ~ 2 147 483 647 | 有符号 32 位整数 | System.Int32 |
| long | -9 223 372 036 854 775 808 ~ 9 223 372 036 854 775 807 | 有符号 64 位整数 | System.Int64 |
| sbyte | -128 ~ 127 | 有符号 8 位整数 | System.SByte |
| short | -32 768 ~ 32 767 | 有符号 16 位整数 | System.Int16 |
| string | 变长字符串 | 字符串 | System.String |
| uint | 0 ~ 4 294 967 295 | 无符号 32 位整数 | System.UInt32 |
| ulong | 0 ~ 18 446 744 073 709 551 615 | 无符号 64 位整数 | System.UInt64 |
| ushort | 0 ~ 65 535 | 无符号 16 位整数 | System.UInt16 |

新类型名是 System.* 样式的，而枚举值是 System_* 样式的，这是因为枚举值中不允许包含"."，所以用"_"代替，在之后的比较中，应记住将"."换成"_"。

接下来，在 GISTools 中写一个有通用性的函数，将给定的数据类型转换成整数，代码如下。

### Lesson_8/BasicClasses.cs/GISTools

```
public static int TypeToInt(Type type)
{
    ALLTYPES onetype = (ALLTYPES)Enum.Parse(typeof(ALLTYPES), type.ToString().Replace(".", "_"));
    return (int)onetype;
}
```

有了这个函数，在 GISMyFile 中可以写一个输出所有字段信息到文件的函数，代码如下。

### Lesson_8/BasicClasses.cs/GISMyFile

```
static void WriteFields(List<GISField> fields, BinaryWriter bw)
{
    for (int fieldindex = 0; fieldindex < fields.Count; fieldindex++)
    {
        GISField field = fields[fieldindex];
        bw.Write(GISTools.TypeToInt(field.datatype));
        GISTools.WriteString(field.name, bw);
    }
}
```

之后,可以把上述函数加入 WriteFile 函数中,这个语句被加粗显示。

**Lesson_8/BasicClasses.cs/GISMyFile**

```
public static void WriteFile(GISLayer layer, string filename)
{
    FileStream fsr = new FileStream(filename, FileMode.Create);
    BinaryWriter bw = new BinaryWriter(fsr);
    WriteFileHeader(layer, bw);
    GISTools.WriteString(layer.Name, bw);
    WriteFields(layer.Fields, bw);
    //其他内容
    bw.Close();
    fsr.Close();
}
```

## 8.4 写入空间和属性数据值

此节针对图层中每个 GISFeature 的写入,包括空间数据和属性数据的写入,空间数据还要根据不同的实体类型分别写入。如果是点实体,就是一个 GISVertex,而一个线或面实体就是多个 GISVertex,不管怎样,输出单个 GISVertex 是一个必须而且通用的过程,先在 GISVertex 中定义这样一个输出到二进制文件的函数,如下。

**Lesson_8/BasicClasses.cs/GISVertex**

```
public void WriteVertex(BinaryWriter bw)
{
    bw.Write(x);
    bw.Write(y);
}
```

针对多个 GISVertex 的写入,需要先写入一个整数,记录 GISVertex 的总数,然后顺序写入每一个 GISVertex,代码如下。

**Lesson_8/BasicClasses.cs/GISMyFile**

```
static void WriteMultipleVertexes(List<GISVertex> vs, BinaryWriter bw)
{
    bw.Write(vs.Count);
    for (int vc = 0; vc < vs.Count; vc++)
        vs[vc].WriteVertex(bw);
}
```

属性数据的写入相对复杂一些,需要先确定每一个属性值的类型,然后调用对应的写入函数,代码如下。

### Lesson_8/BasicClasses.cs/GISMyFile

```csharp
static void WriteAttributes(GISAttribute attribute, BinaryWriter bw)
{
    for (int i = 0; i < attribute.ValueCount(); i++)
    {
        Type type = attribute.GetValue(i).GetType();
        if (type.ToString() == "System.Boolean")
            bw.Write((bool)attribute.GetValue(i));
        else if (type.ToString() == "System.Byte")
            bw.Write((byte)attribute.GetValue(i));
        else if (type.ToString() == "System.Char")
            bw.Write((char)attribute.GetValue(i));
        else if (type.ToString() == "System.Decimal")
            bw.Write((decimal)attribute.GetValue(i));
        else if (type.ToString() == "System.Double")
            bw.Write((double)attribute.GetValue(i));
        else if (type.ToString() == "System.Single")
            bw.Write((float)attribute.GetValue(i));
        else if (type.ToString() == "System.Int32")
            bw.Write((int)attribute.GetValue(i));
        else if (type.ToString() == "System.Int64")
            bw.Write((long)attribute.GetValue(i));
        else if (type.ToString() == "System.UInt16")
            bw.Write((ushort)attribute.GetValue(i));
        else if (type.ToString() == "System.UInt32")
            bw.Write((uint)attribute.GetValue(i));
        else if (type.ToString() == "System.UInt64")
            bw.Write((ulong)attribute.GetValue(i));
        else if (type.ToString() == "System.SByte")
            bw.Write((sbyte)attribute.GetValue(i));
        else if (type.ToString() == "System.Int16")
            bw.Write((short)attribute.GetValue(i));
        else if (type.ToString() == "System.String")
            GISTools.WriteString((string)attribute.GetValue(i), bw);
    }
}
```

上述函数中，除最后一项字符串属性值用了自定义的写入方法之外，其他类型属性值都是利用了 BinaryWriter. Write 的各种重载函数，其中原始数据类型名用作强制类型转换，其与 C#类型名的对应关系见表 8-1。此外，GISAttribute. ValueCount 是个尚未定义的函数，用于返回属性字段的个数，其定义如下。

### Lesson_8/BasicClasses.cs/GISAttribute

```csharp
public int ValueCount()
{
    return values.Count;
}
```

空间数据和属性数据分别输出以后，写一个输出图层所有 GISFeature 的函数，代码定义如下。

## Lesson_8/BasicClasses.cs/GISMyFile

```csharp
static void WriteFeatures(GISLayer layer, BinaryWriter bw)
{
    for (int featureindex = 0; featureindex < layer.FeatureCount(); featureindex++)
    {
        GISFeature feature = layer.GetFeature(featureindex);
        if (layer.ShapeType == SHAPETYPE.point)
        {
            ((GISPoint)feature.spatialpart).centroid.WriteVertex(bw);
        }
        else if (layer.ShapeType == SHAPETYPE.line)
        {
            GISLine line = (GISLine)(feature.spatialpart);
            WriteMultipleVertexes(line.Vertexes, bw);
        }
        else if (layer.ShapeType == SHAPETYPE.polygon)
        {
            GISPolygon polygon = (GISPolygon)(feature.spatialpart);
            WriteMultipleVertexes(polygon.Vertexes, bw);
        }
        WriteAttributes(feature.attributepart, bw);
    }
}
```

上述函数针对逐个 GISFeature，根据其空间实体类型选择适当的节点输出方法，然后输出属性字段值。为了读取方便，在 GISLine 及 GISPolygon 的类定义中，为成员 Vertexes 都增加了 public 前缀，如下。

## Lesson_8/BasicClasses.cs/GISLine

```csharp
public List<GISVertex> Vertexes;
```

## Lesson_8/BasicClasses.cs/GISPolygon

```csharp
public List<GISVertex> Vertexes;
```

WriteFeatures 已经是写文件的最后一个函数了，现在可以最终完成 WriteFile 函数。如下，同样地，新增语句被加粗显示。

## Lesson_8/BasicClasses.cs/GISMyFile

```csharp
public static void WriteFile(GISLayer layer, string filename)
{
    FileStream fsr = new FileStream(filename, FileMode.Create);
    BinaryWriter bw = new BinaryWriter(fsr);
    WriteFileHeader(layer, bw);
    GISTools.WriteString(layer.Name, bw);
    WriteFields(layer.Fields, bw);
    WriteFeatures(layer, bw);
    bw.Close();
    fsr.Close();
}
```

## 8.5 读取自定义文件

虽然可以输出一个文件,但是它到底是否正确,很难判断。为此,需要再实现一个读取的过程,把输出的文件重新读回来显示。这是一个与输出文件完全相反的过程,也是一个与 GISShapefile 中读文件类似的过程,需要完成一系列相关函数的定义。以下这些函数都必须包含至少一个参数,就是 BinaryReader,代表文件打开后的读取工具。

首先是 FromBytes 函数,定义在 GISTools 类中,用于从文件中读到某个结构体的实例,这里主要是读取 MyFileFolder。代码如下。

**Lesson_8/BasicClasses.cs/GISTools**

```
public static Object FromBytes(BinaryReader br, Type type)
{
    byte[] buff = br.ReadBytes(Marshal.SizeOf(type));
    GCHandle handle = GCHandle.Alloc(buff, GCHandleType.Pinned);
    Object result = Marshal.PtrToStructure(handle.AddrOfPinnedObject(), type);
    handle.Free();
    return result;
}
```

这个函数类似于 GISShapefile 类中的 ReadFileHeader 及 ReadRecordHeader,原理如图 5-1 所示,而且上述函数更为通用,为实现代码的共享,可以把 GISShapefile 类中的 ReadFileHeader 及 ReadRecordHeader 两个函数修改如下,让它们也调用 GISTools 里的 FromBytes 函数,这样看起来代码又简洁了不少。

**Lesson_8/BasicClasses.cs/GISShapefile**

```
static ShapefileHeader ReadFileHeader(BinaryReader br)
{
    return (ShapefileHeader)GISTools.FromBytes(br, typeof(ShapefileHeader));
}
static RecordHeader ReadRecordHeader(BinaryReader br)
{
    return (RecordHeader)GISTools.FromBytes(br, typeof(RecordHeader));
}
```

回到 GISMyFile 的文件读取过程中,继续添加函数。

ReadString 函数,用于从文件中读一个字符串,也定义在 GISTools 中。该函数先读取一个整数,确定字符串的字节长度,然后读出相应长度的字节,并恢复成字符串,返回。代码如下。

**Lesson_8/BasicClasses.cs/GISTools**

```
public static string ReadString(BinaryReader br)
{
    int length = br.ReadInt32();
    byte[] sbytes = br.ReadBytes(length);
    return Encoding.Default.GetString(sbytes);
}
```

IntToType 函数，同样定义在 GISTools 中，用于把读到的整数转成特定的数据类型。代码如下。

**Lesson_8/BasicClasses.cs/GISTools**

```csharp
public static Type IntToType(int index)
{
    string typestring = Enum.GetName(typeof(ALLTYPES), index);
    typestring = typestring.Replace("_", ".");
    return Type.GetType(typestring);
}
```

ReadFields 函数，用于从文件中读取字段信息，由于它主要用于自定义的文件，因此，把它放在 GISMyFile 类中。代码如下。

**Lesson_8/BasicClasses.cs/GISMyFile**

```csharp
static List<GISField> ReadFields(BinaryReader br, int FieldCount)
{
    List<GISField> fields = new List<GISField>();
    for (int fieldindex = 0; fieldindex < FieldCount; fieldindex++)
    {
        Type fieldtype = GISTools.IntToType(br.ReadInt32());
        string fieldname = GISTools.ReadString(br);
        fields.Add(new GISField(fieldtype, fieldname));
    }
    return fields;
}
```

一个新的 GISVertex 构造函数，用于从文件中读一个 GISVertex 实例，放在 GISVertex 类中。代码如下。

**Lesson_8/BasicClasses.cs/GISVertex**

```csharp
public GISVertex(BinaryReader br)
{
    x = br.ReadDouble();
    y = br.ReadDouble();
}
```

ReadMultipleVertexes 函数，用于连续读取多个 GISVertex 实例，放在 GISMyFile 类中。代码如下。

**Lesson_8/BasicClasses.cs/GISMyFile**

```csharp
static List<GISVertex> ReadMultipleVertexes(BinaryReader br)
{
    List<GISVertex> vs = new List<GISVertex>();
    int vcount = br.ReadInt32();
    for (int vc = 0; vc < vcount; vc++)
        vs.Add(new GISVertex(br));
    return vs;
}
```

ReadAttributes 函数，用于读取一个 GISFeature 的所有属性值，放在 GISMyFile 中。这个函数与 WriteAttributes 结构非常相似，只不过 ReadAttributes 需要事先知道字段结构，逐个根据字段数据类型选择适当的读取函数，因此，其输入参数包括一个字段数组。代码如下。

**Lesson_8/BasicClasses.cs/GISMyFile**

```
static GISAttribute ReadAttributes(List<GISField> fs, BinaryReader br)
{
    GISAttribute atribute = new GISAttribute();
    for (int i = 0; i < fs.Count; i++)
    {
        Type type = fs[i].datatype;
        if (type.ToString() == "System.Boolean")
            atribute.AddValue(br.ReadBoolean());
        else if (type.ToString() == "System.Byte")
            atribute.AddValue(br.ReadByte());
        else if (type.ToString() == "System.Char")
            atribute.AddValue(br.ReadChar());
        else if (type.ToString() == "System.Decimal")
            atribute.AddValue(br.ReadDecimal());
        else if (type.ToString() == "System.Double")
            atribute.AddValue(br.ReadDouble());
        else if (type.ToString() == "System.Single")
            atribute.AddValue(br.ReadSingle());
        else if (type.ToString() == "System.Int32")
            atribute.AddValue(br.ReadInt32());
        else if (type.ToString() == "System.Int64")
            atribute.AddValue(br.ReadInt64());
        else if (type.ToString() == "System.UInt16")
            atribute.AddValue(br.ReadUInt16());
        else if (type.ToString() == "System.UInt32")
            atribute.AddValue(br.ReadUInt32());
        else if (type.ToString() == "System.UInt64")
            atribute.AddValue(br.ReadUInt64());
        else if (type.ToString() == "System.SByte")
            atribute.AddValue(br.ReadSByte());
        else if (type.ToString() == "System.Int16")
            atribute.AddValue(br.ReadInt16());
        else if (type.ToString() == "System.String")
            atribute.AddValue(GISTools.ReadString(br));
    }
    return atribute;
}
```

ReadFeatures 函数，用于读文件中所有 GISFeatures 的空间及属性值，放在 GISMyFile 中，这个函数顺序读出每个 GISFeature 的空间部分和属性部分，然后添加到图层中，由于需要事先知道 GISFeature 的数量，因此输入参数中还包括 FeatureCount。代码如下。

### Lesson_8/BasicClasses.cs/GISMyFile

```csharp
static void ReadFeatures(GISLayer layer, BinaryReader br, int FeatureCount)
{
    for (int featureindex = 0; featureindex < FeatureCount; featureindex++)
    {
        GISFeature feature = new GISFeature(null, null);
        if (layer.ShapeType == SHAPETYPE.point)
            feature.spatialpart = new GISPoint(new GISVertex(br));
        else if (layer.ShapeType == SHAPETYPE.line)
            feature.spatialpart = new GISLine(ReadMultipleVertexes(br));
        else if (layer.ShapeType == SHAPETYPE.polygon)
            feature.spatialpart = new GISPolygon(ReadMultipleVertexes(br));
        feature.attributepart = ReadAttributes(layer.Fields, br);
        layer.AddFeature(feature);
    }
}
```

最后，来写一个 ReadFile 函数，完成对文件的读取，它的返回值就是一个图层，如下。

### Lesson_8/BasicClasses.cs/GISMyFile

```csharp
public static GISLayer ReadFile(string filename)
{
    FileStream fsr = new FileStream(filename, FileMode.Open);
    BinaryReader br = new BinaryReader(fsr);
    MyFileHeader mfh = (MyFileHeader)(GISTools.FromBytes(br, typeof(MyFileHeader)));
    SHAPETYPE ShapeType = (SHAPETYPE) Enum.Parse(typeof(SHAPETYPE),mfh.ShapeType.ToString());
    GISExtent Extent = new GISExtent(mfh.MinX, mfh.MaxX, mfh.MinY, mfh.MaxY);
    string layername = GISTools.ReadString(br);
    List<GISField> Fields = ReadFields(br, mfh.FieldCount);
    GISLayer layer = new GISLayer(layername, ShapeType, Extent, Fields);
    ReadFeatures(layer, br, mfh.FeatureCount);
    br.Close();
    fsr.Close();
    return layer;
}
```

这个函数，首先，打开一个文件。其次，读出文件头，MyFileHeader，从中获得空间实体类型 ShapeType 和地图范围 Extent。再次，读取图层名 layername 和字段信息 Fields。然后，建立一个新的图层 layer，完成读取 layer 包含的所有 GISFeature。最后，关闭文件，返回图层。

这时可能会想到，GISLayer 中有几个成员属性还没有赋值呢，包括 DrawAttributeOrNot 及 LabelIndex，针对 DrawAttributeOrNot，暂且在 GISLayer 类定义中给它们一个缺省值，令它为 false，这样比较安全，而且 LabelIndex 的取值暂时也可以不用考虑了。但是，在之后的属性数据处理中，还有大量工作需要做，将在以后的学习中介绍。关于赋初值的代码如下。

### Lesson_8/BasicClasses.cs/GISLayer

```csharp
public bool DrawAttributeOrNot = false;
```

## 8.6 测试读写过程

在窗体 Form1 中添加两个按钮，分别是【存储文件】和【打开文件】。【存储文件】按钮的点击事件处理函数如下。

**Lesson_8/Form1.cs**

```csharp
private void button10_Click(object sender, EventArgs e)
{
    GISMyFile.WriteFile(layer, @"E:\mygisfile.data");
    MessageBox.Show("done.");
}
```

【打开文件】按钮的点击事件处理函数如下。

**Lesson_8/Form1.cs**

```csharp
private void button11_Click(object sender, EventArgs e)
{
    layer = GISMyFile.ReadFile(@"E:\mygisfile.data");
    MessageBox.Show("read " + layer.FeatureCount() + " objects.");
    view.UpdateExtent(layer.Extent);
    UpdateMap();
}
```

自己定义的文件名叫 "mygisfile.data"，当然，也可以用其他任意的名字，或者可以规定一个统一的扩展名。

运行程序，先可以点击【打开 Shapefile】添加一个图层，然后可点击【存储文件】。这样，就拥有了第一个自定义的 GIS 文件，并且它是集空间数据与属性数据于一体的。用资源管理器可以找到这个文件。现在重新运行一下程序，点击【打开文件】，试试"全图显示"和"打开属性表"功能，看看自定义文件是否真的被正确读入了。刚开始，也许感觉不到与第 7 章程序运行有什么变化，这就意味着，自定义的文件已经可以替代 Shapefile 文件，并且能够被正确地读取和写入了。

## 8.7 总　　结

这是一个内容相当丰富的章节，需要仔细、反复地阅读和理解，更重要的是，将发现数据的存储和管理已经可以完全在自己的掌握之下，任何过程、细节，甚至可能的错误，都可以了然于胸，这将为今后设计更为高效的文件结构打下重要基础。

到此为止，已经基本完成了 GIS 的两大功能——数据管理与可视化，在接下来的章节中，将考虑空间分析功能的实现。

# 第 9 章　点选点实体和线实体

不具备空间分析功能的 GIS 的价值是有限的，之前，也实现了一些简单的分析或计算功能，如计算两点之间的直线距离、计算一个线实体的长度、计算一个面实体的面积等。而在空间分析中，一个最基本的功能就是针对空间对象的选择，通常包括两种选择方法：一种是点选，即用鼠标点击选择被点中的空间对象；另外一种是框选或多边形选择，即用鼠标拖动画一个矩形框或绘制一个多边形选择框，选择在框中的一组空间对象。本章将介绍点选。

点选实际上就是判断点与空间实体之间的关系，这种关系判断与空间实体的类型是息息相关的，下面逐一讨论不同空间实体的点选方法。由于面实体相对复杂，本章介绍点与线实体的点选，下一章介绍面实体的点选。

同样地，新建项目 Lesson_9，并复制 Lesson_8 的 Form1.cs、Form2.cs 和 BasicClasses.cs。记得修改 Form1.cs 及 Form2.cs 的命名空间为 Lesson_9。

## 9.1　建立一个选择的框架

选择过程中可能出现各种情况，并非简单的"选到"或"选不到"的问题，为此，类似 C#标准类库中 OpenFileDialog 对应的 DialogResult，也定义一个枚举类型 SelectResult，记载选择操作后的反馈状态，目前，只考虑点选部分，代码如下。

**Lesson_9/BasicClasses.cs**

```
public enum SelectResult
{
    //正常选择状态：选择到一个结果
    OK,
    //错误选择状态：备选集是空的
    EmptySet,
    //错误选择状态：点击选择时距离空间对象太远
    TooFar,
    //错误选择状态：未知空间对象
    UnknownType
};
```

从代码中的简单注释可以理解这些枚举值的含义。现在，为了便于管理选择操作，新建一个类 GISSelect 专门用于实现各种选择过程。目前，只考虑点选情况。这个类定义如下。

**Lesson_9/BasicClasses.cs**

```csharp
public class GISSelect
{
    public GISFeature SelectedFeature=null;
    public SelectResult Select(GISVertex vertex, List<GISFeature> features, SHAPETYPE shapetype, GISView view)
    {
        if (features.Count == 0) return SelectResult.EmptySet;
        GISExtent MinSelectExtent = BuildExtent(vertex, view);
        switch (shapetype)
        {
            case SHAPETYPE.point:
                return SelectPoint(vertex, features, view, MinSelectExtent);
            case SHAPETYPE.line:
                return SelectLine(vertex, features, view, MinSelectExtent);
            case SHAPETYPE.polygon:
                return SelectPolygon(vertex, features, view, MinSelectExtent);
        }
        return SelectResult.UnknownType;
    }
}
```

该类首先定义了可以外部读取的 GISFeature 实例 SelectedFeature，用来记载查询到的结果，接着定义了一个函数 Select，该函数的输入参数包括一个 GISVertex 类型的 vertex，用于记录点选时的鼠标点击位置；待选择的数据集，即一个 GISFeature 数组 features；这个数组的空间实体类型 shapetype；以及一个记载当前显示窗口状态的 view。函数首先判断这个 GISFeature 数组是不是空的，如果是空的就没必要继续了。然后，建立了一个最小的选择范围 MinSelectExtent。最后，根据实体类型，调用不同的函数，试着选择出一个 GISFeature，并把选择状态返回。这些实际的选择函数目前还没有实现，将在本章和下一章中逐一完成。

上述函数中 GISView 参数的出现可能令人费解，此外，其中的 MinSelectExtent 不知意欲何为，还有 BuildExtent 函数是如何实现的？这些问题都与点选的特点相关，解释如下。在点选实体过程中，理论上，应该是点击距离为 0 才表示点中，但实际上，往往要允许一定的偏差，这个偏差就是一个最小距离阈值，在不同的比例尺下，它应该是 1 米还是 1 公里呢？实际上都不是，由于点选是一种在电脑屏幕上进行的人为操作，因此，这个值应该是针对屏幕坐标来说的，也就是多少个像素。它应该是一个常数一样的值，并且可以像定制 Windows 操作系统桌面颜色一样在程序运行中被动态修改，而且今后这样的值会越来越多。为此，专门写一个类 GISConst 来存储它们。目前来说，类中只有一个成员，就是屏幕点选距离阈值 MinScreenDistance，暂定为 5，虽然像素单位是整数，但这里的距离还是用的实数，主要为了提高它的适用性，代码定义如下。

## Lesson_9/BasicClasses.cs

```
public class GISConst
{
    static double MinScreenDistance=5;
}
```

既然涉及像素，也就涉及当前的显示状态。因为地图坐标虽然是恒定的，但它对应到屏幕坐标时，却是可以根据显示范围的变化而发生变化的，这也就解释了 GISView 作为参数出现的价值。

既然有了距离阈值 MinScreenDistance 和点击位置 vertex，就可以建立一个点击的最小选择范围，如图 9-1 所示。

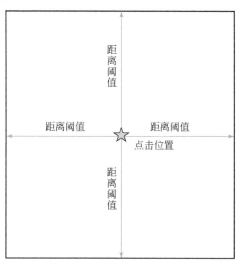

图 9-1　最小选择范围示意图

一个对象能否被选中，其先决条件就是它的地图范围应该与这个最小选择范围在空间上有交集，而判断两个矩形范围是否相交比判断点选位置与一个空间实体之间的精确距离关系要简单和高效得多。因此，可以被用来作为一个粗选的方法提高选择效率，这也就是建立 MinSelectExtent 的目的，而且它还将作为参数之一传递给具体的选择函数，用于粗选，具体粗选的方法会在后续章节介绍。建立 MinSelectExtent 的函数 BuildExtent 代码定义如下。

## Lesson_9/BasicClasses.cs/GISSelect

```
public GISExtent BuildExtent(GISVertex vertex, GISView view)
{
    Point p0 = view.ToScreenPoint(vertex);
    Point p1 = new Point(p0.X + (int)GISConst.MinScreenDistance, p0.Y + (int)GISConst.MinScreenDistance);
    Point p2 = new Point(p0.X - (int)GISConst.MinScreenDistance, p0.Y - (int)GISConst.MinScreenDistance);
    GISVertex gp1 = view.ToMapVertex(p1);
    GISVertex gp2 = view.ToMapVertex(p2);
    return new GISExtent(gp1.x, gp2.x, gp1.y, gp2.y);
}
```

其原理是，先找到点击位置的屏幕坐标 p0，根据屏幕点选距离阈值，计算 p0 最小选择范围的两个角点的屏幕坐标 p1 及 p2，接着 p1 和 p2 被转换成地图坐标 gp1 及 gp2，进而构成一个 GISExtent。在调用 GISExtent 的构造函数时，用的是 GISExtent（double x1，double x2，double y1，double y2），而不是 GISExtent（GISVertex _ bottomleft，GISVertex _ upright），这是因为不能保证 gp1 及 gp2 就一定是这个范围的左下角点及右上角点，因此，用前一个构造函数会更合适。

## 9.2 点选点实体

针对点实体的点选方法最为简单，就是计算鼠标点击位置代表的 GISVertex 实例与点图层中所有点实体位置的距离（称为点击距离），找出点击距离最小的那个点实体，而且要小于给定的屏幕点选距离阈值，则这个点实体所代表的 GISFeature 被选中。

在项目 Lesson_1 到 Lesson_3 中，似乎已经实现了这个功能，如在 Lesson_3 项目中 Form1.cs 文件中的 Form1_MouseClick 函数。而在之后的项目中，没有进一步更新它，甚至可能由于重写 Form1，而已经没有这项功能了。没关系，由于现在有了更丰富的类库，可以考虑重新实现这个功能。

计算一个点到另外一个点的距离虽然简单，但涉及平方和开方操作，因此当点实体数量较多时，还是要想办法降低计算量，为此，就用到了最小选择范围 MinSelectExtent 来实现粗选，它是 SelectPoint 的参数之一，先来实现 SelectPoint 函数，然后再解释其中的粗选过程。SelectPoint 代码定义如下。

**Lesson_9/BasicClasses.cs/GISSelect**

```
public SelectResult SelectPoint(GISVertex vertex, List<GISFeature> features, GISView view, GISExtent MinSelectExtent)
{
    Double distance = Double.MaxValue;
    int id = -1;
    for (int i = 0; i < features.Count; i++)
    {
        if (MinSelectExtent.InsertectOrNot
                (features[i].spatialpart.extent) == false) continue;
        GISPoint point = (GISPoint)(features[i].spatialpart);
        double dist = point.Distance(vertex);
        if (dist < distance)
        {
            distance = dist;
            id = i;
        }
    }
    if (id == -1)
    {
        SelectedFeature = null;
        return SelectResult.TooFar;
    }
    else
```

```
    {
        double screendistance = view.ToScreenDistance (vertex, features[id].spatialpart.centroid);
        if (screendistance <= GISConst.MinScreenDistance)
        {
            SelectedFeature = features[id];
            return SelectResult.OK;
        }
        else
        {
            SelectedFeature = null;
            return SelectResult.TooFar;
        }
    }
}
```

函数首先从 features 数组中找出距离 vertex 最近的一个 GISFeature 实例，其序号用 id 记录。然后，判断 id 是否有效，如果无效，即 id 仍为–1，则表示点击位置与所有空间对象都比较远，则返回 SelectResult. TooFar 的选择状态结果。否则，开始精选，看点击距离是否小于既定的阈值，由于既定的阈值是用屏幕距离代替的，因此首先要利用 view 来计算点击距离对应的屏幕距离，如果该距离小于屏幕点选距离阈值 MinSreenDistance 就说明 SelectedFeature 找到了，返回正常选择状态 SelectResult. OK，否则返回错误选择状态 SelectResult. TooFar。

在实际计算空间对象距离之前，用了粗选的方法，就是 GISExtent 的 IntersectOrNot 函数，它判断 MinSelectExtent 与当前空间对象是否相交，如果相交，说明该对象有被选中的可能，才进一步计算二者的直线距离，这样可以最大限度地减少复杂运算的可能，IntersectOrNot 的实现代码如下。

### Lesson_9/BasicClasses.cs/GISExtent

```
public bool InsertectOrNot(GISExtent extent)
{
        return !(getMaxX() < extent.getMinX() || getMinX() > extent.getMaxX()
            || getMaxY() < extent.getMinY() || getMinY() > extent.getMaxY());
}
```

上述函数非常简单，就是排除所有不相交的可能，剩下的就必然是相交，其中只有逻辑判断，所以效率会很高，因此被用作粗选。

计算屏幕距离函数 ToScreenDistance 尚未定义，其应该在 GISView 中实现，代码如下。

### Lesson_9/BasicClasses.cs/GISView

```
public double ToScreenDistance(GISVertex v1, GISVertex v2)
{
    Point p1 = ToScreenPoint(v1);
    Point p2 = ToScreenPoint(v2);
    return Math.Sqrt((double)((p1.X - p2.X) * (p1.X - p2.X) + (p1.Y - p2.Y) * (p1.Y - p2.Y)));
}
```

这里要注意，计算直线距离时，平方根函数需要实数，而屏幕坐标是整数，因此进行了类型转换。

## 9.3 点选线实体

思路也是一样的,首先进行一个粗选,然后计算点选位置与每个线实体的距离,找出最小距离,看看最小距离是不是也小于一个给定的距离阈值,如果是,就表示选到了一个GISFeature。函数如下。

**Lesson_9/BasicClasses.cs/GISSelect**

```
public SelectResult SelectLine(GISVertex vertex, List<GISFeature> features, GISView view, GISExtent MinSelectExtent)
{
    Double distance = Double.MaxValue;
    int id = -1;
    for (int i = 0; i < features.Count; i++)
    {
        if (MinSelectExtent.InsertectOrNot(features[i].spatialpart.extent) == false) continue;
        GISLine line = (GISLine)(features[i].spatialpart);
        double dist = line.Distance(vertex);
        if (dist < distance)
        {
            distance = dist;
            id = i;
        }
    }
    if (id == -1)
    {
        SelectedFeature = null;
        return SelectResult.TooFar;
    }
    else
    {
        double screendistance = view.ToScreenDistance(distance);
        if (screendistance <= GISConst.MinScreenDistance)
        {
            SelectedFeature = features[id];
            return SelectResult.OK;
        }
        else
        {
            SelectedFeature = null;
            return SelectResult.TooFar;
        }
    }
}
```

发现这个函数似乎与 SelectPoint 是一样的,唯一的区别就是其中加粗的三行,包括尚未实现的 GISLine.Distance 函数,也就是计算一个节点位置与一个线实体之间最短距离的函数,还有一个重载的函数,也就是用了不同参数的 GISView.ToScreenDistance 函数。

GISLine.Distance 的实现方法就是找到这个节点到构成这个线实体每一个线段的所有距离中最短的那个。如图 9-2 所示，计算一个点到一个由四条线段 $P_1$、$P_2$、$P_3$、$P_4$ 构成的线实体的距离，该点到每个线段的最短距离分别是 $D_1$、$D_2$、$D_3$、$D_4$，显然，其中有到线段端点的，也有到该点在线段上垂足的（只要垂足在线段上），那么，这四个距离中最小的，也就是 $D_2$，就是 Distance 函数的返回值了。

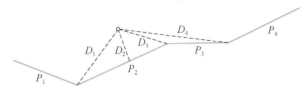

图 9-2　点到线实体的距离

经过上述分析知道，核心的问题是计算一个点到一条线段的距离，利用矢量点积和叉积运算的方法，可以比较快速地算出点到线段的距离。设点 $M$ 及点 $N$ 都为 GISVertex 实例，相关概念介绍如下。

- 矢量：从 $M$ 到 $N$ 的矢量 $\mathbf{MN}$ 也可以是 GISVertex 实例，且 $\mathbf{MN}.x = N.x - M.x$，$\mathbf{MN}.y = N.y - M.y$。
- 点积：$M$ 与 $N$ 的点积为 $M \cdot N = M.x \cdot N.x + M.y \cdot N.y$
- 叉积：$M$ 与 $N$ 的叉积为 $M \cdot N = M.x \cdot N.y - M.y \cdot N.x$

第 6 章中涉及多边形面积时的矢量积实际就是叉积。基于上述概念，计算点 $C$ 到线段 $AB$ 最短距离的计算步骤描述如下：

（1）令 dot1 $=AB \cdot BC$，如果 dot1 $>0$，则点 $B$ 是线段 $AB$ 距离点 $C$ 最近的点，返回 $BC$ 间的距离作为结果；

（2）令 dot2 $=BA \cdot AC$，如果 dot2 $>0$，则点 $A$ 是线段 $AB$ 距离点 $C$ 最近的点，返回 $AC$ 间的距离作为结果；

（3）如果上述两个条件都不满足，说明点 $C$ 在线段 $AB$ 上的垂足在线段上，令 $d$ 为点 $A$ 到点 $B$ 的距离，令 $r = AB \cdot AC/d$，则 $r$ 的绝对值即为点 $C$ 与其垂足间的距离，即点 $C$ 到线段 $AB$ 的最短距离。

上述算法可翻译成以下三个静态函数，考虑其公用性，这些函数可置于类 GISTools 中，其中第一个函数是总体的运算步骤，后两个函数是涉及的矢量运算，其中 Cross3Product 还调用了之前定义的 VectorProduct 函数计算叉积。

### Lesson_9/BasicClasses.cs/GISTools

```
public static double PointToSegment(GISVertex A, GISVertex B, GISVertex C)
{
    double dot1 = Dot3Product(A, B, C);
    if (dot1 > 0) return B.Distance(C);
    double dot2 = Dot3Product(B, A, C);
    if (dot2 > 0) return A.Distance(C);
    double dist = Cross3Product(A, B, C) / A.Distance(B);
    return Math.Abs(dist);
```

```csharp
}
static double Dot3Product(GISVertex A, GISVertex B, GISVertex C)
{
    GISVertex AB = new GISVertex(B.x - A.x, B.y - A.y);
    GISVertex BC = new GISVertex(C.x - B.x, C.y - B.y);
    return AB.x * BC.x + AB.y * BC.y;
}

static double Cross3Product(GISVertex A, GISVertex B, GISVertex C)
{
    GISVertex AB = new GISVertex(B.x - A.x, B.y - A.y);
    GISVertex AC = new GISVertex(C.x - A.x, C.y - A.y);
    return VectorProduct(AB, AC);
}
```

Dot3Product 及 Cross3Product 是专门为 PointToSegment 服务的类内部函数，因此，它们没有加 public 前缀。

获取了点到线段的距离之后，点到线实体的距离就很简单了，现在来完成类 GISLine 中这个 Distance 函数，代码如下。

**Lesson_9/BasicClasses.cs/GISLine**

```csharp
public double Distance(GISVertex vertex)
{
    double distance = Double.MaxValue;
    for (int i = 0; i < Vertexes.Count - 1; i++)
    {
         distance = Math.Min(GISTools.PointToSegment(Vertexes[i], Vertexes[i + 1], vertex), distance);
    }
    return distance;
}
```

上述函数就是逐个线段地计算点到线段距离，直到找到最短的那个距离，然后返回。

GISView.ToScreenDistance 函数是 SelectLine 中另一个未实现的函数，在 GISView 中，已经有了一个 ToScreenDistance 函数，它需要两个输入参数，即两个节点位置。如果在 SelectLine 中也使用这个函数，则需要准确地算出点到线实体上的最近位置，它可能是一个垂足或一个节点，GISLine.Distance 方法可以算出最短距离，但无法获知这个最近的位置。而且，为了获得这个最近的位置可能需要更大量的计算，这似乎有些得不偿失。为此，找了一个替代方法，定义一个新的 ToScreenDistance 函数。它只有一个参数，就是地图距离，其实现代码如下。

**Lesson_9/BasicClasses.cs/GISView**

```csharp
public double ToScreenDistance(double distance)
{
    return ToScreenDistance(new GISVertex(0, 0), new GISVertex(0, distance));
}
```

这个函数制造了两个在地图上距离为 distance 的节点，然后调用已有的 ToScreenDistance 函数计算屏幕距离。实际上，仔细分析 GISView 中的坐标转换公式会发现，如果 ScaleX 与 ScaleY 是相同的，则这个函数计算的距离与真正利用点到线上最近位置所计算的距离是一样的。

上述函数的完成，标志着点选线实体的功能也已经实现了。

## 9.4 测试点选功能

已经实现了点实体和线实体的选择，在实现面实体的点选之前，面对本章已经有的较多内容，应先具体应用一下，这更便于理解。由于 SelectPolygon 还没有实现，先写一个空的函数代替，以保证程序编译通过，这个空函数如下。

**Lesson_9/BasicClasses.cs/GISSelect**

```
public SelectResult SelectPolygon(GISVertex vertex, List<GISFeature> features, GISView view, GISExtent MinSelectExtent)
{
    return SelectResult.TooFar;
}
```

然后，在第 8 章 Form1 的基础上，添加一个鼠标点击事件处理函数，如下。

**Lesson_9/ Form1.cs**

```
private void Form1_MouseClick(object sender, MouseEventArgs e)
{
    if (layer==null) return;
    GISVertex v = view.ToMapVertex(new Point(e.X, e.Y));
    GISSelect gs = new GISSelect();
    if (gs.Select(v, layer.GetAllFeatures(), layer.ShapeType, view) == SelectResult.OK)
    {
        MessageBox.Show(gs.SelectedFeature.getAttribute(0).ToString());
    }
}
```

该函数首先检测图层 layer 是否还是空的，如果是空的，就不用继续了，然后生成一个鼠标点击位置的地图坐标，也就是点选位置，再利用 GISSelect 的实例 gs 实现点选功能，并把选中的空间对象的第一个属性显示出来。其中 layer.GetAllFeatures 是一个未定义的函数，补充如下。

**Lesson_9/BasicClasses.cs/GISLayer**

```
public List<GISFeature> GetAllFeatures()
{
    return Features;
}
```

现在可以运行这个程序了，打开一个 Shapefile 或者是自己定义的 GIS 文件，当然一定要是点实体或者线实体文件，试着点击选择空间对象，看看是否能选中。图 9-3 就是打开一个线图层后，点选得到的结果。

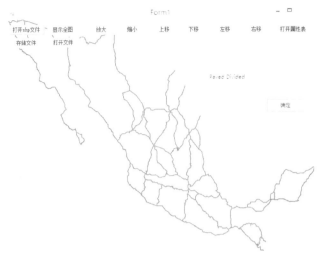

图 9-3　针对线实体的点击选择测试

## 9.5　总　　结

单从结果看，似乎本章的点选效果与第 3 章是一样的，但程序实现过程已经发生了很大的变化，选择效率也更高了。本章的测试程序非常简单，读者可能希望看到点选一个空间对象后，这个空间对象的颜色可以发生变化，而不是仅仅弹出一个属性窗口，这一点将在第 10 章介绍完面实体点选后实现。

# 第 10 章 点选面实体

之所以要把面实体的点选问题单独作为一章介绍，这是因为点选面实体的计算与点选点或线实体不同，它不是计算距离，而是判断点与面之间的位置关系，点或者在面外，或者在面的轮廓线上，或者在面内部。如果是后两种情况，可以认为是选中了这个面实体，当然，也可以认为点击在轮廓线上不算选中，这都是可以自由定义的。在本章中，设定只有点击位置在面内部时才被认为是选中状态。

所以，可以这样认为，点选点或线实体是一种几何关系的计算，而点选面实体是一种拓扑关系的计算。几何关系强调空间对象的大小、长短、远近，而拓扑关系强调不同空间对象之间的位置关系。有时拓扑关系的确定也可通过几何参数的计算获得，例如，通过计算点与线实体之间的距离，就可以判断点是否在线上这一拓扑关系，当然，也可以由其他方法实现这一判断。

本章将介绍一种点面拓扑关系的判断方法，然后给出比第 9 章更好的点选结果展示方法。同样，在做之前，复制 Lesson_9 的所有内容到新建的 Lesson_10 项目中来，同时记得修改命名空间。

## 10.1 建立点选面实体的框架

当在面实体图层上点击一个位置的时候，如果代表该位置的点在面实体的内部，就认为这个面实体被选中了，有时，面实体会相互叠加，而点击位置恰好在这个重叠区域内，如果是这样，那么同时可能会有多个面实体被选中。因此，其选择结果应该被存储在一个 GISFeature 的数组中，为此，在 GISSelect 类中增加一个全局变量如下。

**Lesson_10/BasicClasses.cs/GISSelect**

```
public List<GISFeature> SelectedFeatures = new List<GISFeature>();
```

针对点实体或线实体图层，一般只会有一个空间对象被点选，这是因为点与空间对象之间的距离可以进行排序，总会找到一个最近的（如果距离相同，可任选其中一个），而针对面实体图层，无法对位置关系进行排序，这也是拓扑关系的特点。所以，它的选择结果被存在数组中，即 SelectedFeatures，而点或线实体的点选结果被存在一个单独的 GISFeature 中，即 SelectedFeature。

下面把第 9 章临时的 SelectPolygon 函数替换成如下函数。

Lesson_10/BasicClasses.cs/GISSelect

```
public SelectResult SelectPolygon(GISVertex vertex, List<GISFeature> features, GISView view, GISExtent MinSelectExtent)
{
    SelectedFeatures.Clear();
    for (int i = 0; i < features.Count; i++)
    {
        if (MinSelectExtent.InsertectOrNot(features[i].spatialpart.extent) == false) continue;
        GISPolygon polygon = (GISPolygon)(features[i].spatialpart);
        if (polygon.Include(vertex))
            SelectedFeatures.Add(features[i]);
    }
    return (SelectedFeatures.Count > 0) ? SelectResult.OK : SelectResult.TooFar;
}
```

与 SelectPoint 及 SelectLine 比较，这个 SelectPolygon 似乎更加简单，针对图层中的每个对象，先进行粗选，然后判断点面关系，这里用了 GISPolygon 中一个尚未定义的函数 Include，它的输入值是一个 GISVertex 实例，输出值是布尔型。就是说，如果这个点被面包括了，就返回 true，否则返回 false。如果是 true，对应的空间对象就被放到结果数组中，函数最后根据结果数组中的元素个数返回相应的选择状态。至此，唯一需要突破的就是这个 Include 函数。

## 10.2　Include 函数——判断点面位置关系

下面，来重点看一下这个 Include 函数到底如何写，其本质就是点与面的拓扑关系判断，目前有多种方法，这里介绍射线法。如图 10-1 所示，射线法的原理就是以点选位置（图中小圆圈）为起点沿任意方向做一条射线，看射线与面的轮廓线的交点数量，如果是偶数，就表示点没有被面包括，如果是奇数，就表示被包括了。为了简单考虑，这条射线通常是沿坐标轴的，图 10-1 就是沿着横坐标的。

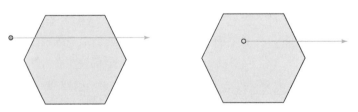

图 10-1　用射线法判断点与面的位置关系

在具体计算时，就是计算射线与每一条边的交点数，然后再累加起来。如图 10-1 所示的情况，比较容易计算交点数，但有时会有一些特殊情况，如图 10-2 所示。

情况 1：射线刚好与一条边重合，且点在边的延长线上，则认为交点数为 0。

情况 2：射线刚好与一条边重合，且点恰恰就在这条边上，由于只有当点在面内部时，才算包括，也即被选中，所以可直接返回 false。

情况 3：点与面的某个节点重合，由于这也仅是在轮廓线上，所以同样不算包括，因此，可直接返回 false。

情况 4：射线刚好穿过面的某个节点，显然，这个节点与构成这个面的两条边相关，但应该只计算一次交点个数。为此，规定如下：如果这个节点是一个边的下端点，即其纵坐标值小于或等于另一个端点的纵坐标值，那就认为交点数为 0，否则交点数为 1。

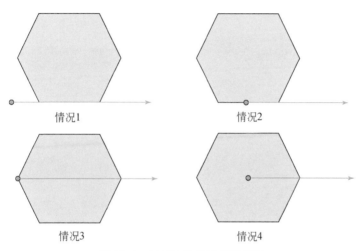

图 10-2　射线法的各种特殊情况

设节点为 $mp$，线段的两个端点分别为 $p_1$ 和 $p_2$，射线是沿横轴向右的，就是横坐标逐渐增大，纵坐标不变，在一般情况下，射线及该线段所在的两条直线的交点坐标（$x_0$，$y_0$）计算公式如下

$$x_0 = p_1.x + (mp.y - p_1.y) \times (p_2.x - p_1.x)/(p_2.y - p_1.y)$$
$$y_0 = mp.y$$

根据上述定义，在 GISPolygon 类中完成 Include 函数，代码如下。

### Lesson_10/BasicClasses.cs/GISPolygon

```
public bool Include(GISVertex vertex)
{
    int count = 0;
    for (int i = 0; i < Vertexes.Count; i++)
    {
        //满足情况 3，直接返回 false
        if (Vertexes[i].IsSame(vertex)) return false;
        //由序号为 i 及 next 的两个节点构成一条线段，一般情况下 next 为 i+1，
        //而针对最后一条线段，i 为 Vertexes.Count-1，next 为 0
        int next = (i + 1) % Vertexes.Count;
        //确定线段的坐标极值
        double minX = Math.Min(Vertexes[i].x, Vertexes[next].x);
        double minY = Math.Min(Vertexes[i].y, Vertexes[next].y);
```

```
        double maxX = Math.Max(Vertexes[i].x, Vertexes[next].x);
        double maxY = Math.Max(Vertexes[i].y, Vertexes[next].y);
        //如果线段是平行于射线的。
        if (minY == maxY)
        {
            //满足情况2,直接返回false
            if (minY == vertex.y && vertex.x >= minX && vertex.x <= maxX) return false;
            //满足情况1或者射线与线段平行无交点
            else continue;
        }
        //点在线段坐标极值之外,不可能有交点
        if (vertex.x > maxX || vertex.y > maxY || vertex.y < minY) continue;
        //计算交点横坐标,纵坐标无需计算,就是vertex.y
        double X0 = Vertexes[i].x + (vertex.y - Vertexes[i].y) * (Vertexes[next].x - Vertexes[i].x) / (Vertexes[next].y - Vertexes[i].y);
        //交点在射线反方向,按无交点计算
        if (X0 < vertex.x) continue;
        //交点即为vertex,且在线段上,按不包括处理
        if (X0 == vertex.x) return false;
        //射线穿过线段下端点,不记数
        if (vertex.y == minY) continue;
        //其他情况下,交点数加一
        count++;
    }
    //根据交点数量确定面是否包括点
    return count % 2 != 0;
}
```

由于上述函数判断情况较多,特意加了注释。该函数就是逐一构造各个形成面的线段,判断其与节点对象射线的相交关系,如果满足直接判断的情况,则直接返回点面位置关系判断结果,否则累加交点个数,根据奇偶性判断。上述代码中涉及一个未实现的函数,就是 GISVertex 的 IsSame,它用来判断两个节点是否在空间上重叠,代码定义如下。

### Lesson_10/BasicClasses.cs/GISVertex

```
public bool IsSame(GISVertex vertex)
{
    return x == vertex.x && y == vertex.y;
}
```

到此为止,已经完成了所有三种空间实体的点选处理,其中面实体选择时,实际上没有用到 view 参数,也没有用到 GISConst 的 MinSreenDistance。

现在,稍微修改一下 Form1 中的鼠标点击处理函数,让它能够处理面图层,其中修改代码已加粗显示,其可以显示被选中的第一个面实体的属性信息,代码如下。

### Lesson_10/Form1.cs

```
private void Form1_MouseClick(object sender, MouseEventArgs e)
{
    if (layer==null) return;
    GISVertex v = view.ToMapVertex(new Point(e.X, e.Y));
    GISSelect gs = new GISSelect();
```

```
if (gs.Select(v, layer.GetAllFeatures(), layer.ShapeType, view) == SelectResult.OK)
{
    if (layer.ShapeType == SHAPETYPE.polygon)
            MessageBox.Show(gs.SelectedFeatures[0].getAttribute(0).ToString());
    else
            MessageBox.Show(gs.SelectedFeature.getAttribute(0).ToString());
}
```

运行程序，打开一个面图层文件，点选看看是否能正确选择面实体。应该看起来不错，但如前所述，希望有一个更好的点选结果显示形式，下一节将对此开展工作。

## 10.3  更友好的点选结果显示

当需要确保同一图层中选中的空间对象与未被选中的空间对象有不同的显示效果时，要把二者区别开。为此，在 GISFeature 类中增加一个布尔型成员，用来记载该实例的选择状态，同时把这个成员作为一个参数传递给该实例空间部分的绘制函数，也就是 draw 函数，代码如下，其中 draw 函数的修改部分被加粗显示。

**Lesson_10/BasicClasses.cs/GISFeature**

```
public bool Selected = false;
public void draw(Graphics graphics, GISView view, bool DrawAttributeOrNot, int index)
{
    spatialpart.draw(graphics, view, Selected);
    if (DrawAttributeOrNot)
        attributepart.draw(graphics, view, spatialpart.centroid, index);
}
```

接下来，显然 draw 函数发生了错误，因为其原始定义是不包含 Selected 这个布尔型参数的，为此，在 GISSpatial 中修改其原始定义，如下。

**Lesson_10/BasicClasses.cs/GISSpatial**

```
public abstract void draw(Graphics graphics, GISView view, bool Selected);
```

它其实是一个抽象函数，也就是说，其具体实现部分在 GISSpatial 的各个子类中，在继续修改之前，请先阅读一下其各个子类针对 draw 函数的实现代码，会发现，其子类的 draw 函数用常数的方式确定各个空间对象的显示效果。例如，GISPoint 实例将被显示成一个直径为 6 个像素的红色椭圆，GISLine 实例将被显示成为一个宽度为 2 个像素的红色实线，GISPolygon 将是一个以黄色为边框以白色为填充色的实心多边形。这可以说是一种权宜之计，其必然不利于今后的显示效果定制，为此，需要把它们参数化，并且把这些参数存入 GISConst 类中，定制的参数如下。

### Lesson_10/BasicClasses.cs/GISConst

```
//点的颜色和半径
public static Color PointColor = Color.Pink;
public static int PointSize = 3;
//线的颜色与宽度
public static Color LineColor = Color.CadetBlue;
public static int LineWidth = 2;
//面的边框颜色、填充颜色及边框宽度
public static Color PolygonBoundaryColor = Color.White;
public static Color PolygonFillColor = Color.Gray;
public static int PolygonBoundaryWidth = 2;
//被选中的点的颜色
public static Color SelectedPointColor = Color.Red;
//被选中的线的颜色
public static Color SelectedLineColor = Color.Blue;
//被选中的面的填充颜色
public static Color SelecedPolygonFillColor = Color.Yellow;
```

不能保证上述的配色方案是最佳的，但在功能上确保了上述参数值可以自由改动，可以在稍后的运行中看看显示效果如何，甚至可以设计一个功能，实时改动参数值，实时看到改后的显示效果。从上述参数可以看出，当对象被选中时，只修改了它的一个显示属性，如填充颜色，实际上也可以以同样机制修改其他属性。

实现参数化后，再来逐个修改 GISSpatial 各个子类的 draw 函数。GISPoint 的 draw 函数修改如下，其中除了所有的常数被替换成参数之外，还根据输入参数 Selected 做判断，来决定椭圆点到底用何种颜色填充，这种判断方式在其他 draw 函数中也被同样使用。

### Lesson_10/BasicClasses.cs/GISPoint

```
public override void draw(Graphics graphics, GISView view, bool Selected)
{
    Point screenpoint = view.ToScreenPoint(centroid);
    graphics.FillEllipse(new SolidBrush(Selected ? GISConst.SelectedPointColor : GISConst.PointColor),
        new Rectangle(screenpoint.X - GISConst.PointSize, screenpoint.Y - GISConst.PointSize,
            GISConst.PointSize * 2, GISConst.PointSize * 2));
}
```

在 GISLine 和 GISPloygon 中 draw 函数被修改如下。

### Lesson_10/BasicClasses.cs/GISLine

```
public override void draw(Graphics graphics, GISView view, bool Selected)
{
    Point[] points = GISTools.GetScreenPoints(Vertexes, view);
    graphics.DrawLines(new Pen(Selected ? GISConst.SelectedLineColor : GISConst.LineColor,
        GISConst.LineWidth), points);
}
```

### Lesson_10/BasicClasses.cs/GISPolygon

```
public override void draw(Graphics graphics, GISView view, bool Selected)
{
    Point[] points = GISTools.GetScreenPoints(Vertexes, view);
    graphics.FillPolygon(new SolidBrush(Selected ? GISConst.SelecedPolygonFillColor :
        GISConst.PolygonFillColor), points);
    graphics.DrawPolygon(new Pen(GISConst.PolygonBoundaryColor,
        GISConst.PolygonBoundaryWidth), points);
}
```

现在空间对象显示部分已经全部完成了，目前的任务是将 GISFeature 的成员 Selected 属性与选择操作结合起来。将这部分工作交给 GISLayer 来完成，可包括两个函数：一个是选择函数 Select；另一个是清空选择函数 ClearSelection。同时，增加一个 GISFeature 数组 Selection 用来记载当前图层被选中的空间对象，数组定义及两个函数代码如下。

### Lesson_10/BasicClasses.cs/GISLayer

```
public List<GISFeature> Selection = new List<GISFeature>();
public SelectResult Select(GISVertex vertex, GISView view)
{
    GISSelect gs = new GISSelect();
    SelectResult sr = gs.Select(vertex, Features, ShapeType, view);
    if (sr == SelectResult.OK)
    {
        if (ShapeType == SHAPETYPE.polygon)
        {
            for (int i = 0; i < gs.SelectedFeatures.Count; i++)
                if (gs.SelectedFeatures[i].Selected == false)
                {
                    gs.SelectedFeatures[i].Selected = true;
                    Selection.Add(gs.SelectedFeatures[i]);
                }
        }
        else
            if (gs.SelectedFeature.Selected == false)
            {
                gs.SelectedFeature.Selected = true;
                Selection.Add(gs.SelectedFeature);
            }
    }
    return sr;
}
public void ClearSelection()
{
    for (int i = 0; i < Selection.Count; i++)
        Selection[i].Selected = false;
    Selection.Clear();
}
```

在 Select 函数中，选到一个空间对象后，需要判断它的 Selected 属性，如果已经是 true，就表示这个对象之前就已经被选中，并且已经被加入到 Selection 数组中了，否则，令其值为 true，并加入 Selection 中。

在 ClearSelection 函数中，要记住在清空 Selection 数组之前，把数组中元素的 Selected 属性置为 false。

现在回到 Form1，增加一个按钮【清空选择】，再增加一个状态栏 StatusStrip 及一个状态栏上的文字标签 StatusLabel，如果采用缺省命名方式的话，这个标签的名字应该是 toolStripStatusLabel1，其 Text 属性值为"0"，用这个标签来实时显示当前图层被选中对象的个数。首先，鼠标点击事件处理函数修改如下。

**Lesson_10/Form1.cs**

```
private void Form1_MouseClick(object sender, MouseEventArgs e)
{
  if (layer==null) return;
  GISVertex v = view.ToMapVertex(new Point(e.X, e.Y));
  SelectResult sr = layer.Select(v, view);
  if (sr == SelectResult.OK)
  {
    UpdateMap();
    toolStripStatusLabel1.Text = layer.Selection.Count.ToString();
  }
}
```

现在，这个函数变得相当简单，如果选择到对象，就重绘地图，并且修改状态栏信息，否则什么都不做。

然后，为 form1 再增加一个按钮【清空选择】，这个按钮的事件处理函数如下。

**Lesson_10/Form1.cs**

```
private void button12_Click(object sender, EventArgs e)
{
  if (layer == null) return;
  layer.ClearSelection();
  UpdateMap();
  toolStripStatusLabel1.Text = "0";
}
```

这个函数的步骤也是相当清晰的，清空选择集，然后重绘地图，更新状态栏信息。

现在，试着打开一个 Shapefile，当然，也可以打开自己的 GIS 文件，在上边点击，看看点中的对象是否可以以不同颜色显示出来，同时状态栏是否有所更新。图 10-3 为打开的一个面图层，点选三个空间对象后的显示结果。同样，可以打开点图层或线图层。

# 第 10 章 点选面实体

图 10-3 点选面图层后的显示结果

## 10.4 总　　结

本章介绍了面实体的点选方法及如何令选择结果以一种更好的方式显示出来。这里要注意的是，完成一件事情，可以用不同的思路和做法，就像图 10-3 中的结果，不同的人完全可以用不同的函数和代码实现，这就像描述同一件事情，不同的人表述方法是不一样的，用计算机语言写程序也一样如此，只有多看多想才能写出好的程序。当然，好程序的标准也不一，可以是效率高的，可以是可读性强的，可以是扩展性好的。应不拘泥于本书中的代码，学会举一反三。上述建议也同样适用于本书其他章节。

至此，迷你 GIS 看起来更不错了，而且很多功能现在添加或修改起来变得非常容易，例如，要改变面实体的填充颜色，只要在调用 UpdateMap 函数之前，修改 GISConst 的 PolygonFillColor 即可。应多多尝试，进一步扩展它的功能。

# 第 11 章　属性窗口与地图窗口的互动

在学习了一系列相对复杂的内容以后，介绍一些更加灵活有趣的东西，希望把迷你 GIS 做的更加强大。目前，迷你 GIS 有两个窗体，分别是地图窗口和属性窗口，而且在地图窗口中已经能够实现点选功能。如果一个对象被选中，在打开属性表时，它所在的那一行也显示被选中就好了。本章就介绍一下如何实现这个功能。

建立项目 Lesson_11，并把 Lesson_10 的内容复制过来，并记得修改命名空间。

## 11.1　唯一标识符

实现地图窗口与属性窗口的互动，看起来似乎很简单，属性窗口中每一行（row）都对应于地图窗口中的一个 GISFeature，而且顺序与 GISLayer 中 Features 数组元素顺序是一致的，如果是这样，只要根据地图窗口中选中的 GISFeature 的序号，令属性窗口中对应的 row 被选中不就行了吗？但这种方式并不永远正确，因为，如果点击每个列（column）上面的按钮，那么所有 row 就会按照这个被点击的 column 重新排序，这样，对应关系就不存在了。当然，可以禁止重新排序，但这显然是一种因噎废食的做法。如何解决这个问题呢？应该放弃位置关系这种不可靠的对应方式，而改用唯一标识符（ID）的方式实现地图窗口中每个 GISFeature 与属性窗口中一个 row 的连接。

首先，把 ID 作为一个新成员加到 GISFeature 类定义中。

**Lesson_11/BasicClasses.cs/GISFeature**

```
public int ID;
```

ID 的作用是在同一个图层中把多个 GISFeature 区别开来，其被赋值的最佳时机就是在 GISLayer 的 AddFeature 函数中，代码如下。

**Lesson_11/BasicClasses.cs/GISLayer**

```
public void AddFeature(GISFeature feature)
{
```

```
  if (Features.Count == 0) feature.ID = 0;
  else feature.ID = Features[Features.Count - 1].ID+1;
  Features.Add(feature);
}
```

上述函数确保每个新增 GISFeature 的 ID 都为已有对象中的最大 ID 值加 1。按照上述方法，一般情况下，ID 值就是该 GISFeature 在数组 Features 中的序号，那为什么不直接写 feature. ID = Features. Count 呢？这是因为，如果今后有了删除 GISFeature 的功能，那么由于中间 ID 值的缺失，上述对应情况就不存在了。因此，还是用了相对繁琐的方式来确定 ID。

这里可能领会到，AddFeature 真的不仅仅是增加一个 GISFeature 这么简单，因此需要这样一个函数，而不是令成员 Features 变成 public，然后在外部直接调用 Fetures. Add 函数。

## 11.2 修改后的属性窗口

现在，来修改属性窗口 Form2 的类定义，增加一个 Shown 事件的处理函数，就是窗体显示后调用的函数。把以前 Form2 构造函数中初始化 DataGridView 的部分移到一个单独的函数 FillValue 中，并且令每个 row 的 Selected 属性等于 GISFeature 的 Selected 属性，然后令 Shown 事件处理函数调用 FillValue 函数，这样就行了。

之所以用 Shown 事件来代替构造函数，是因为，如果在构造函数中修改 row 的 Selected 属性，那么在窗体显示后，还会把所有 row 的 Selected 属性置为 false。此外，除了每个 GISFeature 的 attributepart 部分的属性，还把其 ID 作为一个属性也增加进去。因要做较大的变动，所以把整个类的定义给出如下：

### Lesson_11/Form2.cs

```csharp
public partial class Form2 : Form
{
    GISLayer Layer;
    public Form2(GISLayer _layer)
    {
        InitializeComponent();
        Layer = _layer;
    }
    private void Form2_Shown(object sender, EventArgs e)
    {
        FillValue();
    }
    private void FillValue()
    {
        //增加 ID 列
        dataGridView1.Columns.Add("ID", "ID");
        //增加其他列
        for (int i = 0; i < Layer.Fields.Count; i++)
        {
            dataGridView1.Columns.Add(Layer.Fields[i].name, Layer.Fields[i].name);
        }
        for (int i = 0; i < Layer.FeatureCount(); i++)
```

```
    {
        dataGridView1.Rows.Add();
        //增加 ID 值
        dataGridView1.Rows[i].Cells[0].Value = Layer.GetFeature(i).ID;
        //增加其他属性值
        for (int j = 0; j < Layer.Fields.Count; j++)
        {
            dataGridView1.Rows[i].Cells[j+1].Value = Layer.GetFeature(i).getAttribute(j);
        }
        //确定每行的选择状态
        dataGridView1.Rows[i].Selected = Layer.GetFeature(i).Selected;
    }
}
```

从程序内部注释中不难看出代码的含义。现在可以直接运行程序，打开一个文件，选择几个对象，再打开属性窗口，看对应行是否也被选中，如图 11-1 所示。

图 11-1　属性窗口中可反映地图窗口的显示状态

如此，出现两个问题：第一，如果在属性窗口中选择一个数值（cell）或一个 row，属性窗口中的选择集会发生变化，但地图窗口中毫无变化。第二，当在地图窗口中再选其他对象时，属性窗口也不会发生任何变化了。看来，二者还是没有真正地联动起来。

## 11.3　让彼此记住并认识

如果希望属性窗口和地图窗口两者联动起来，即让地图窗口记住属性窗口，属性窗口记住地图窗口，怎样做呢？来为二者都增加一个指向对方的成员。

首先，在属性窗口 Form2 中，增加地图窗口 Form1 的实例，并且在构造函数中初始化它，代码如下。

### Lesson_11/Form2.cs

```
Form1 MapWindow = null;
public Form2(GISLayer _layer, Form1 _mapwindow)
{
  InitializeComponent();
  Layer = _layer;
  MapWindow = _mapwindow;
}
```

然后，在地图窗口 Form1 中，增加一个属性窗口 Form2 的实例，同时，用一个单独的函数 OpenAttributeWindow 来负责对其进行初始化和操作，在按钮【打开属性表】事件处理函数中调用这个函数，代码如下。

### Lesson_11/Form1.cs

```
Form2 AtributeWindow = null;
private void button9_Click(object sender, EventArgs e)
{
  OpenAttributeWindow();
}
private void OpenAttributeWindow()
{
  //如果图层为空就返回
  if (layer == null) return;
  //如果属性窗口还没有初始化，则初始化
  if (AtributeWindow == null)
    AtributeWindow = new Form2(layer, this);
  //如果属性窗口资源被释放了，则初始化
  if (AtributeWindow.IsDisposed)
    AtributeWindow = new Form2(layer, this);
  //显示属性窗口
  AtributeWindow.Show();
  //如果属性窗口最小化了，令它正常显示
  if (AtributeWindow.WindowState == FormWindowState.Minimized)
    AtributeWindow.WindowState = FormWindowState.Normal;
  //把属性窗口放到桌面最前端显示
  AtributeWindow.BringToFront();
}
```

现在运行程序，似乎没有感到与之前有什么差异，不过，当多次点击【打开属性表】按钮时，发现只打开一个属性窗口，这样应该是正确的，而之前，会打开多个。

## 11.4 从地图窗口到属性窗口

现在，把地图窗口中的选择集变化实时反映到属性窗口中。选择集变化发生在两个地方：一个是鼠标点选时；还有一个是【清空选择集】按钮被点击时。为这两个函数都增加一个更新属性窗口的函数 UpdateAttributeWindow。代码如下，其中添加的语句被加粗显示。

### Lesson_11/Form1.cs

```csharp
private void Form1_MouseClick(object sender, MouseEventArgs e)
{
    if (layer==null) return;
    GISVertex v = view.ToMapVertex(new Point(e.X, e.Y));
    SelectResult sr = layer.Select(v, view);
    if (sr == SelectResult.OK)
    {
        UpdateMap();
        toolStripStatusLabel1.Text = layer.Selection.Count.ToString();
        UpdateAttributeWindow();
    }
}

private void button12_Click(object sender, EventArgs e)
{
    if (layer == null) return;
    layer.ClearSelection();
    UpdateMap();
    toolStripStatusLabel1.Text = "0";
    UpdateAttributeWindow();
}
```

现在，来完成这个 UpdateAttributeWindow，为了避免不必要的更新，当属性窗口关闭或资源已经释放时，将不进行更新，而当属性窗口被重新打开时，它会自动从 Form2 的 Shown 事件处理函数中调用 FillValue 来实现属性值加载和选择状态更新。UpdateAttributeWindow 函数定义如下。

### Lesson_11/Form1.cs

```csharp
private void UpdateAttributeWindow()
{
    //如果图层为空，则返回
    if (layer == null) return;
    //如果属性窗口为空，则返回
    if (AtributeWindow == null) return;
    //如果属性窗口资源已经释放，则返回
    if (AtributeWindow.IsDisposed) return;
    //调用属性窗口的数据更新函数
    AtributeWindow.UpdateData();
}
```

上述函数最终实现更新数据的方法还是调用属性窗口的 UpdateData 函数，其代码定义如下。

### Lesson_11/Form2.cs

```csharp
public void UpdateData()
{
    dataGridView1.ClearSelection();
    foreach (GISFeature feature in Layer.Selection)
```

```
    SelectRowByID(feature.ID).Selected = true;
}
public DataGridViewRow SelectRowByID(int ID)
{
    foreach (DataGridViewRow row in dataGridView1.Rows)
        if ((int)(row.Cells[0].Value) == ID) return row;
    return null;
}
```

这个 UpdateData 函数首先清空所有被选的 row，然后根据 Layer 中选中的 GISFeature 的 ID 值确定其处于哪个 row，并令其 Selected 属性值为 true。这里专门写了一个 SelectRowByID 函数用于通过 ID 找到 row。

现在运行一下程序，发现地图窗口中的任何选择变化都已经可以在属性窗口中反映出来了，但反之尚不能实现。

## 11.5 从属性窗口到地图窗口

在属性窗口中，用户同样可以通过鼠标点击 DataGridView 中每一行记录前面的小方块（row header）选中这条记录，当点击时按住 ctrl 或 shift，或者不按任何按钮，DataGridView 的当前被选记录会发生不同的变化，这是与 Windows 操作系统中大部分应用程序的选择方法相同的，可以自行尝试。另外，通过键盘的上下键也能实现记录的选择。

因此，需要处理由于用户点击鼠标或键盘，而造成属性窗口中选择集发生变化的事件。在 DataGridView 控件中，有一个 SelectionChanged 事件，似乎可以在选择集发生变化时被激活，但必须小心使用这个事件，这是因为其事件被激活的根源可以不仅仅是用户的鼠标或键盘的点击，来自地图窗口的更新操作也会激活它，所以在使用时一定要判断来源，否则会造成意想不到的结果。

为此，首先在属性窗口 Form2 中定义一个 bool 变量，记载选择集变化的来源，如果是 true，则表示来自地图窗口，定义如下。

### Lesson_11/Form2.cs

```
bool FromMapWindow = true;
```

然后，在 Shown 事件处理函数及 UpdateData 函数中限定 FromMapWindow 的取值，因为这两个函数都是由地图窗口激活的。代码如下。

### Lesson_11/Form2.cs

```
private void Form2_Shown(object sender, EventArgs e)
{
    FromMapWindow = true;
    FillValue();
    FromMapWindow = false;
}
```

```csharp
public void UpdateData()
{
    FromMapWindow = true;
    dataGridView1.ClearSelection();
    foreach (GISFeature feature in Layer.Selection)
        SelectRowByID(feature.ID).Selected = true;
    FromMapWindow = false;
}
```

最后，完成 SelectionChanged 事件的处理函数，如下。

### Lesson_11/Form2.cs

```csharp
private void dataGridView1_SelectionChanged(object sender, EventArgs e)
{
    //如果是来自地图窗口的就不用继续了
    if (FromMapWindow) return;
    //如果两个窗口的当前选择集都是空的，也没必要继续了
    if (Layer.Selection.Count == 0 && dataGridView1.SelectedRows.Count == 0) return;
    //更新地图窗口的选择集
    Layer.ClearSelection();
    foreach (DataGridViewRow row in dataGridView1.SelectedRows)
        //有时表格最后一行是空值也可能被选中，所以需要空值检验
        if (row.Cells[0].Value != null)    Layer.AddSelectedFeatureByID((int)(row.Cells[0].Value));
    //更新地图窗口的显示
    MapWindow.UpdateMap();
}
```

根据函数内部注释，不难理解它的含义。其中，UpdateMap 函数本来是地图窗口私有的，现在需要给它增加 public 前缀。

### Lesson_11/Form1.cs

```csharp
public void UpdateMap()
```

AddSelectedFeatureByID 函数是在 GISLayer 中实现的，该函数通过 ID 找到一个 GISFeature，然后给它的 Selected 赋值，最后添加到 Selection 中。其中，通过 ID 找 GISFeature 的功能由另外一个函数 GetFeatureByID 实现，代码定义如下。

### Lesson_11/BasicClasses.cs/GISLayer

```csharp
public void AddSelectedFeatureByID(int id)
{
    GISFeature feature = GetFeatureByID(id);
    feature.Selected = true;
    Selection.Add(feature);
}
public GISFeature GetFeatureByID(int id)
{
    foreach (GISFeature feature in Features)
        if (feature.ID == id) return feature;
    return null;
}
```

在 GISLayer 中，还有一个函数叫 GetFeature，它是根据 Features 数组中的位置序号获得一个 GISFeature 实例，请注意它与 GetFeatureByID 的不同。

现在试试，应该可以了。不过，还有一个小问题，就是地图窗口中状态栏信息没有更新。这个简单，在 Form1 中写一个更新状态栏的函数 UpdateStatusBar 就可以了，如下。

**Lesson_11/Form1.cs**

```
public void UpdateStatusBar()
{
    toolStripStatusLabel1.Text = layer.Selection.Count.ToString();
}
```

在 UpdateMap 中增加对上述函数的调用，如下，增加的语句被加粗显示。

**Lesson_11/Form1.cs**

```
public void UpdateMap()
{
    Graphics graphics = CreateGraphics();
    graphics.FillRectangle(new SolidBrush(Color.Black), ClientRectangle);
    layer.draw(graphics, view);
    UpdateStatusBar();
}
```

现在是真的可以了。另外，在鼠标事件 Form1_MouseClick 函数及【清空选择】按钮处理函数中记得把与 toolStripStatusLabel1.Text 有关的语句都删掉，因为 toolStripStatusLabel1 的信息更新操作在 UpdateMap 中已经被集中调用了。

## 11.6 总　　结

这里补充一个知识，上面利用 ID 查询某个对象，实际上就是属性查询，这其实是关系数据库的内容。可以把属性数据存储进某个数据库，然后利用 SQL 查询，或者，最彻底的方法是自己建立索引结构，实现查询。建立索引的目的是加快查询的速度，在本章中，查询是没有索引支持的，只能从头至尾逐个比较，当数据量大时，速度会很慢。关于建立索引的方法相对复杂，本书的后续教程中会介绍。

# 第 12 章　更有效的显示方法

现在可以自由地打开一个地图文件，点击【选择对象】或者改变视图中的地图显示范围。然而，显示效果并不好。例如，当缩放地图时，画面会闪烁；当调整窗口边框时，地图内容不会自动填充到新出现的窗口区域。还有，当最小化地图窗口，再复原窗口时，地图内容完全消失了。这些问题看来到了需要被解决的时候了。

建立项目 Lesson_12，复制上一个项目内容，修改命名空间，开始本章的学习。

## 12.1　为什么会闪烁

先分析一下为什么会闪烁。首先，看一下在地图窗口 Form1 中负责画图的函数 UpdateMap，如下。请注意，这次不是更新代码，所以不必把以下内容复制到项目中去，因为这些代码就是来自于项目中的已有内容。

**Lesson12/Form1.cs**

```
public void UpdateMap()
{
    Graphics graphics = CreateGraphics();
    graphics.FillRectangle(new SolidBrush(Color.Black), ClientRectangle);
    layer.draw(graphics, view);
    UpdateStatusBar();
}
```

其中，layer.draw 函数的作用就是在当前 view 下面，利用绘图工具 graphics 在窗体上逐个绘制 GISFeature。再看看这个 layer.draw 函数是怎样的。

**Lesson12/BasicClasses.cs/GISLayer**

```
public void draw(Graphics graphics, GISView view)
{
    for (int i = 0; i < Features.Count; i++)
    {
        Features[i].draw(graphics, view, DrawAttributeOrNot, LabelIndex);
    }
}
```

上述函数逐一绘制每个 GISFeature，请注意，是一个一个地绘制！而且，因为其 graphics 输入参数就是窗体的绘图工具，所以，每一个绘制操作都是直接画在窗体上的，也就是说，窗体要一个一个地显示出来这个画上去的 GISFeature，如果要画的内容比较多，那么，窗体在不断地更新，这就是闪烁的原因。

## 12.2 用双缓冲解决闪烁问题

如何解决闪烁的问题呢？有个办法，就是在内存中用户看不到的地方建立一个跟地图窗口一模一样的窗口，把这个窗口叫做背景窗口，与之对应的、用户能够看到的那个地图窗口叫做前景窗口。首先在背景窗口中画上需要绘制的所有地图内容，等画好了，一次性把背景窗口中的内容搬到前景窗口，这样就不会闪烁了。每一个窗口在内存中都有一个区域存储它的显示内容，被称为显示缓冲区。而上面涉及两个窗口，所以有两个缓冲区，因此，这种方法被称为双缓冲方法。根据这个原理进行操作。

将地图窗口 Form1 的标准属性 DoubleBuffered 设成 true，这样，部分实现了双缓冲的目的，由操作系统帮忙，定期从一个背景缓冲区中更新前景窗口，而不是窗口内容一有变化就立刻更新。但它的效果是有限的，闪烁还是会发生，还需要定义自己的背景缓冲区。在 Form1 中定义一个背景窗口作为全局变量，实际上它就是一个 Bitmap 类型的图片，如下。

### Lesson_12/Form1.cs

```
Bitmap backwindow;
```

把背景窗口搬到前景窗口的方法是用这个语句 graphics. DrawImage（backwindow，0，0），其中 graphics 就是前景窗口的绘图工具。这句话的意思就是把 backwindow 这张图片在前景窗口中画在起点为（0，0）的这个位置上，所以 backwindow 的大小就必须与前景窗口等大，否则就可能有些地方画不到了。

有了上述的关键语句，来修改一下 UpdateMap，如下。

### Lesson_12/Form1.cs

```csharp
public void UpdateMap()
{
    //如果地图窗口被最小化了，就不用绘制了
    if (ClientRectangle.Width * ClientRectangle.Height == 0) return;
    //确保当前 view 的地图窗口尺寸是正确的
    view.UpdateRectangle(ClientRectangle);
    //根据最新的地图窗口尺寸建立背景窗口
    if (backwindow != null) backwindow.Dispose();
    backwindow = new Bitmap(ClientRectangle.Width, ClientRectangle.Height);
    //在背景窗口上绘图
    Graphics g = Graphics.FromImage(backwindow);
    g.FillRectangle(new SolidBrush(Color.Black), ClientRectangle);
    layer.draw(g, view);
    //把背景窗口绘制到前景窗口上
```

```
Graphics graphics = CreateGraphics();
graphics.DrawImage(backwindow, 0, 0);
UpdateStatusBar();
}
```

这个函数首先检查当前地图窗口是否可见，如果不可见就不用绘制了，直接返回。其次调用一个 GISView 的 UpdateRectangle 函数，该函数还没有写，是为了将当前地图窗口的范围告诉 view，让它能及时更新，其中 ClientRectangle 是窗体的标准属性，记载了窗体的大小。然后，在背景窗口中绘图。最后，把背景窗口的内容复制到前景窗口。

把 UpdateRectangle 函数补充如下。

### Lesson_12/BasicClasses.cs/GISView

```
public void UpdateRectangle(Rectangle rect)
{
    MapWindowSize = rect;
    Update(CurrentMapExtent, MapWindowSize);
}
```

现在地图窗口不再闪烁了！可是，还有不尽如人意的地方，本章之前提到的一些问题依然存在，如图 12-1 所示，当移动窗体时，窗口中的内容如果被移到屏幕外边，再移回来时，被移出的内容没有了；还有最小化窗体，然后再复原窗体时，里面的地图内容也全都没有了。

图 12-1  移动窗口后被覆盖的内容消失了

## 12.3  解决地图内容消失和变形的问题

内容消失是什么原因呢？原来，窗体被部分或全部遮挡时，需要重绘，否则，就会使内容消失。那么如何知道什么时候该重绘，什么时候不该重绘呢？当需要重绘时，地图窗口会收到一个 Paint 事件，只要重写这个 Paint 事件就行了。但是下一个问题又来了，重绘什么呢？是不是把 UpdateMap 函数全部贴过来？这是不需要的，因为有了背景窗口，所以在重绘时，只需要把背景窗口再复制过来一遍就好了。现在来试一下，为地图窗口 Form1 添加一个 Paint 事件，事件处理函数如下。

### Lesson_12/Form1.cs

```
private void Form1_Paint(object sender, PaintEventArgs e)
{
    if (backwindow != null)
        e.Graphics.DrawImage(backwindow, 0, 0);
}
```

函数相当简单，就是把背景窗口搬到前面来，这里的绘图工具 Graphics 直接从重绘事件的参数 e 中获得就好了。

当然，问题还是有的，当拖动窗口的边框时，地图内容不跟着变化，这个处理起来也简单，只要给地图窗口 Form2 添加一个 SizeChanged 事件就行了，它只需要做一件事情，就是调用 UpdateMap 函数，它的事件处理函数如下。

### Lesson_12/Form1.cs

```
private void Form1_SizeChanged(object sender, EventArgs e)
{
    UpdateMap();
}
```

现在新问题又出现了，如图 12-2 所示，当拖动窗口边框改变窗口大小时，由于 GISView 中的 ScaleX 与 ScaleY 是根据地图窗口的宽高和地图范围确定的，因此，显示上很容易令地图内容变形。

图 12-2　由该表窗口大小造成的地图变形

为此，应保持 ScaleX 与 ScaleY 之间的比例关系，或者最简单的，令二者永远相等，况且，这对大部分地图来说都是这样的。要实现这一点非常简单，只要在 GISView 的 Update 函数中令二者都等于其中的最大值，就保证了显示内容完整且不变形。修改后的函数如下，增加的代码被加粗显示。

### Lesson_12/BasicClasses.cs/GISView

```
public void Update(GISExtent _extent, Rectangle _rectangle)
{
    CurrentMapExtent = _extent;
    MapWindowSize = _rectangle;
    MapMinX = CurrentMapExtent.getMinX();
    MapMinY = CurrentMapExtent.getMinY();
    WinW = MapWindowSize.Width;
    WinH = MapWindowSize.Height;
    MapW = CurrentMapExtent.getWidth();
    MapH = CurrentMapExtent.getHeight();
    ScaleX = MapW / WinW;
    ScaleY = MapH / WinH;
    ScaleX = Math.Max(ScaleX, ScaleY);
    ScaleY = ScaleX;
}
```

当然，也可以把上述函数中的 Math. Max 换成 Math. Min，这样，变形问题也不会发生，但内容会不完整。例如，当点击【显示全图】时，窗口也许只能显示地图的一部分。

统一了 ScaleX 和 ScaleY 之后，可能产生一个副作用，就是点击【显示全图】时，地图会全部显示，但是却不在窗口中间，而是靠窗口的左方或下方。这是 GISView 类中的 ToMapVertex 和 ToScreenPoint 两个函数的问题造成的，这两个函数如下。

### Lesson_12/BasicClasses.cs/GISView

```
public Point ToScreenPoint(GISVertex onevertex)
{
    double ScreenX = (onevertex.x - MapMinX) / ScaleX;
    double ScreenY = WinH - (onevertex.y - MapMinY) / ScaleY;
    return new Point((int)ScreenX, (int)ScreenY);
}
public GISVertex ToMapVertex(Point point)
{
    double MapX = ScaleX * point.X + MapMinX;
    double MapY = ScaleY * (WinH - point.Y) + MapMinY;
    return new GISVertex(MapX, MapY);
}
```

它们的坐标转换都是基于比例尺（ScaleX 和 ScaleY）及地图范围的最小横纵坐标值（MapMinX 和 MapMinY）的，由于修改了比例尺，最小横纵坐标值未必对应地图窗口的左下角了，所以转换时可能会偏移。为此，需要重新计算或修正 MapMinX 和 MapMinY。在修正时，需要获知一个保持不变的量，作为修正的基点，这个保持不变的量就是地图范围的中心。因此，先修改 GISExtent，为它增加一个函数叫 getCenter，它用于获取当前地图范围的中心，返回值是一个 GISVertex 的实例，代码定义如下。

### Lesson_12/BasicClasses.cs/GISExtent

```
public GISVertex getCenter()
{
  return new GISVertex((upright.x + bottomleft.x) / 2, (upright.y + bottomleft.y) / 2);
}
```

现在来重写 GISView 的 Update 函数，让它重新计算相应的参数，代码如下。

### Lesson_12/BasicClasses.cs/GISView

```
public void Update(GISExtent _extent, Rectangle _rectangle)
{
  CurrentMapExtent = _extent;
  MapWindowSize = _rectangle;
  WinW = MapWindowSize.Width;
  WinH = MapWindowSize.Height;
  ScaleX = CurrentMapExtent.getWidth() / WinW;
  ScaleY = CurrentMapExtent.getHeight() / WinH;
  ScaleX = Math.Max(ScaleX, ScaleY);
  ScaleY = ScaleX;
  MapW=MapWindowSize.Width*ScaleX;
  MapH=MapWindowSize.Height*ScaleY;
  GISVertex center = CurrentMapExtent.getCenter();
  MapMinX = center.x - MapW / 2;
  MapMinY = center.y - MapH / 2;
}
```

在上述函数中，MapH、MapW 的计算被移到了比例计算的后面，其不依赖于 CurrentMapExtent，而是根据地图窗口尺寸和调整后的比例尺计算，之后，不变的地图中心被找到，最后据此算出 MapMinX 及 MapMinY。

现在，重新运行程序，会发现当窗口尺寸发生变化时，地图内容的改变比较符合正确的感觉了。唯一的遗憾是，当全图显示时，状态栏也许会遮挡一点地图内容，这是因为窗体的 ClientRectangle 范围也包括了状态栏，这个问题会在后续章节中解决。

## 12.4 加快显示效率

目前打开的地图数据也许都是比较简单的，所以显示速度还可以，但如果打开一个复杂的文件，可能就要慢很多了。为此，想到一个提高效率的办法，就是不要绘制那些不可能出现在当前地图窗口中的对象。如何判断一个空间对象是否会出现在当前窗口呢？很简单，就像在点选操作中的粗选一样，只要判断当前地图窗口对应的地图范围与空间对象的地图范围是否相交即可，如不相交，就不需要绘制了。

据此，修改 GISLayer 中的 draw 函数，如下。

### Lesson_12/BasicClasses.cs/GISLayer

```
public void draw(Graphics graphics, GISView view)
{
    GISExtent extent = view.getRealExtent();
    for (int i = 0; i < Features.Count; i++)
    {
        if (extent.InsertectOrNot(Features[i].spatialpart.extent))
            Features[i].draw(graphics, view, DrawAttributeOrNot, LabelIndex);
    }
}
```

它首先构造了一个当前的地图范围 extent。注意，没有直接引用 view 的 CurrentMapExtent，就是因为比例尺的调整，CurrentMapExtent 已经不能精确代表当前真正显示的地图范围了，所以定义了一个新的函数 getRealExtent 来获得真正的地图范围。然后，用之前定义的 IntersectOrNot 函数判断一个 GISFeature 的范围是否与 extent 相交，如果是，就继续画下去。getRealExtent 函数定义如下。

### Lesson_12/BasicClasses.cs/GISView

```
public GISExtent getRealExtent()
{
    return new GISExtent(MapMinX, MapMinX + MapW, MapMinY, MapMinY + MapH);
}
```

现在运行一下，找个大一点的文件，当地图窗口中空间对象数量越少时，地图显示速度应该是越快的。

## 12.5 总　　结

本章介绍了一些系统开发中的细节问题，经过上述的调整，相信迷你 GIS 变得更加强大了。但在实际的使用中，还会遇到各种奇怪的问题，希望读者能从本书中得到一些启发，试着解决这些问题。

# 第 13 章 鼠标的作用

鼠标是一种屏幕位置提取设备，在地图窗口中可以发挥很大的作用，在此之前，用鼠标实现了点选的操作，这一章它将发挥更大的作用，如地图的缩放与平移、空间对象的框选。

开始一个新的项目 Lesson_13，并复制上一个项目的内容到 Lesson_13 中来，记得修改命名空间。

## 13.1 定义鼠标的功能

鼠标有很多种动作，当它在屏幕上移动或按下一个按钮时，需要事先知道它想要做什么，才能做出相应的处理。为此，需要对鼠标能做什么事先给出一个定义。在 C#环境下就是定义一个枚举类型，包含鼠标点击后涉及的几种操作，把这个枚举类型放到 MyGIS 里面，定义如下。

**Lesson_13/BasicClasses.cs**

```
public enum MOUSECOMMAND
{
    Unused, Select, ZoomIn, ZoomOut, Pan
};
```

枚举类型 MOUSECOMMAND 包含用鼠标进行空操作（Unused）、选择操作（Select）、放大操作（ZoomIn）、缩小操作（ZoomOut）和平移操作（Pan），当然还可以增加其他内容。其中，空操作主要是为了初始化。这个 MOUSECOMMAND 与之前的 GISMapActions 似乎有些相似，但由于针对二者的事件处理方式不太一样，所以没有共享它们的定义。

与鼠标相关的事件比较多，有按下鼠标按钮（MouseDown）、抬起鼠标按钮（MouseUp）、点击（按下后抬起）鼠标按钮（MouseClick）、移动鼠标（MouseMove）等。之前没有把动作分得这么细，只是用了一个 MouseClick 事件，但有时这是不够的。

根据上述定义，逐个说明 MOUSECOMMAND 中定义的四种操作与上述鼠标事件是如何联动的。

Select：选择操作可以有两种，一种是已经讲过的点选，另一种是框选，画一个框，凡是被这个框包含进去的空间对象都认为是被选中的目标。通过鼠标的移动距离和按键方式就可以分辨出是点选还是框选。点选可以认为是鼠标左键按下（MouseDown），然后原地抬起（MouseUp），也就是按下和抬起的位置是一样的，该位置就是点选的位置。如果在上述过程中鼠标按住左键移动（MouseMove）了，也就是说鼠标左键按下和抬起时的鼠标位置不一样了，那么就是框选。

ZoomIn：也是涉及鼠标左键的。如同选择操作，放大操作也可以有两种：一种是鼠标左键按下和抬起时的鼠标位置一样，那么就认为用户希望以这个点击的位置为原点，按照某个给定的系数，计算一个比当前地图显示范围小的范围，并将其扩充至整个地图窗口，产生地图放大的效果。另一种是鼠标左键按下和抬起的位置不一样，那么就是说用户希望把这个框出来的地图范围放大到整个地图窗口中来显示。

ZoomOut：也是涉及鼠标左键的。如同放大操作，也可以有两种：一种是鼠标左键按下和抬起时的鼠标位置一样，那么就认为用户希望以这个点击的位置为原点，按照某个给定的系数，计算一个比当前地图显示范围大的范围，并将其压缩进地图窗口，产生地图缩小的效果。另一种是鼠标左键按下和抬起的位置不一样，即用户希望把目前地图窗口显示的地图内容缩小到这个框里面来显示，也就是说，更多的地图内容要补充到框外面的地图窗口部分。

Pan：也是涉及鼠标左键的，用户按下和抬起鼠标左键位置之间的向量代表了地图范围要移动的距离和方向。

下面从鼠标的几个动作入手，逐一实现上述功能。

## 13.2　鼠标按钮被按下

首先，需要在地图窗口 Form1 中定义一个 MOUSECOMMAND 类型的全局变量，并给一个初值，再定义四个整数，用于记录鼠标按钮被按下后的位置和鼠标移动中的位置。代码如下。

**Lesson_13/Form1.cs**

```
MOUSECOMMAND MouseCommand = MOUSECOMMAND.Unused;
int MouseStartX = 0;
int MouseStartY = 0;
int MouseMovingX = 0;
int MouseMovingY = 0;
```

鼠标事件必须是连续发生的，即 MouseDown→MouseMove→MouseUp，但有些情况下可能会出现意外，例如，有一个对话框在地图窗口前面出现，用户关闭这个对话框，焦点重新回到地图窗口，这时，MouseDown 是在对话框中被激活的，而 MouseUp 是在地图窗口中被激活的，那么就会产生错误。因此，为了确定后者是接续前者的，且都是在地图窗口被激活，就要给出一个 bool 型全局变量加以识别，如下。

**Lesson_13/Form1.cs**

```
bool MouseOnMap = false;
```

然后，为地图窗口 Form1 增加一个 MouseDown 事件，函数如下。

**Lesson_13/Form1.cs**

```csharp
private void Form1_MouseDown(object sender, MouseEventArgs e)
{
    MouseStartX = e.X;
    MouseStartY = e.Y;
    MouseOnMap = (e.Button == MouseButtons.Left && MouseCommand != MOUSECOMMAND.Unused);
}
```

这个函数很简单，就是把鼠标按键被按下时的位置记下来，如果按的是左键，且当前的 MouseCommand 有具体命令，MouseOnMap 为 true，否则为 false。

## 13.3 鼠标移动和抬起按钮

现在来增加一个 MouseMove 事件，如下。

**Lesson_13/Form1.cs**

```csharp
private void Form1_MouseMove(object sender, MouseEventArgs e)
{
    MouseMovingX = e.X;
    MouseMovingY = e.Y;
    if (MouseOnMap)Invalidate();
}
```

这个函数也很简单，就是记录鼠标移动后的位置，如果 MouseOnMap 为 true，就调用函数 Invalidate，这是一个 Form 窗体类自带的函数，它实际上就是引发 Paint 事件，让窗体重绘。为什么要重绘呢？是出于实时交互式显示操作结果的目的，针对选择和缩放操作，需要把选择或缩放的范围框实时地画出来，针对平移操作，需要让整个画面根据鼠标的移动而移动。为此，Paint 事件处理函数要变得复杂一点。修改后的代码如下。

**Lesson_13/Form1.cs**

```csharp
private void Form1_Paint(object sender, PaintEventArgs e)
{
    if (backwindow != null)
    {
        //是鼠标操作引起的窗口重绘
        if (MouseOnMap)
        {
            //是由于移动地图造成的，就移动背景图片
            if (MouseCommand == MOUSECOMMAND.Pan)
            {
                e.Graphics.DrawImage(backwindow, MouseMovingX -
                    MouseStartX, MouseMovingY - MouseStartY);
            }
            //是由于选择或缩放操作造成的，就画一个框
            Else if (MouseCommand != MOUSECOMMAND.Unused)
```

```
            {
                e.Graphics.DrawImage(backwindow, 0, 0);
                e.Graphics.FillRectangle(new SolidBrush(GISConst.ZoomSelectBoxColor),
                    new Rectangle(
                        Math.Min(MouseStartX, MouseMovingX),
                            Math.Min(MouseStartY, MouseMovingY),
                        Math.Abs(MouseStartX - MouseMovingX),
                            Math.Abs(MouseStartY - MouseMovingY)));
            }
        }
        //如果不是鼠标引起的，就直接复制背景窗口
        else
            e.Graphics.DrawImage(backwindow, 0, 0);
    }
}
```

上述函数首先判断 backwindow 是否是空的，如果是空的，说明尚未打开地图文件，就什么都不做；如果不是空的，就看重绘的原因是什么；如果不是鼠标操作引起的，就说明 Paint 事件的激活是由于窗体被遮挡造成的，直接把 backwindow 搬到前面来就行了，否则开始处理鼠标操作。针对平移操作（Pan），就是把原来在（0，0）点开始画 backwindow 的命令变成在（MouseMovingX – MouseStartX，MouseMovingY – MouseStartY）点开始画，这样就直观反映了地图的移动。针对其他操作（缩放与选择），需要画一个框，这个框要画在现有的地图上面，所以，先画了 backwindow，然后在上面画一个填充的框。这个框的范围是由鼠标按下左键的起始位置与当前的位置共同决定的，使用 Math. Min 是为了找到框的起点，使用 Math. Abs 是为了找到框的宽与高。另外，在定义填充颜色时，用了一个 GISConst 中尚未定义的参数 ZoomSelectBoxColor，这个参数定义如下。

### Lesson_13/BasicClasses.cs/GISConst

```
//绘制选择或缩放范围框时的填充颜色
public static Color ZoomSelectBoxColor = Color.FromArgb(50, 0, 0, 0);
```

上述参数用了 ARGB 模式，就是透明度加红、绿、蓝，这里透明度选择了 50%，颜色是黑色。这样，在绘制这个框时，还可以以半透明的方式看到框所覆盖的地图内容。

现在，把 MouseCommand 的初始值改成 MOUSECOMMAND. Select，运行程序，打开一个地图文件，用鼠标在上面拖动，可以看到一个灰色半透明的框出现了，一松开鼠标，框就不见了，但地图显示内容没有发生任何变化。再次移动鼠标时，不管是否按键，框都会出现。

关闭程序，把 MouseCommand 的初始值改成 MOUSECOMMAND. Pan，再运行程序，会发现地图可以移动了，且松开左键后，图还是会移动。

上述这些奇怪的现象是因为还没有写 MouseUp 事件，MouseUp 事件要处理的情况比较多，先写一个空的框架，这样，添加新的内容以后就可以即刻运行尝试。它首先判断图层是否为空，如果是空的就不继续了，然后根据 MouseOnMap 确定这个鼠标抬起事件是否是在地图窗口上发生的，如果是，就把 MouseOnMap 复原成 false，然后继续处理各种情况。代码如下。

### Lesson_13/Form1.cs

```
private void Form1_MouseUp(object sender, MouseEventArgs e)
{
    if (layer == null) return;
    if (MouseOnMap == false) return;
    MouseOnMap = false;
    switch (MouseCommand)
    {
        case MOUSECOMMAND.Select:
            break;
        case MOUSECOMMAND.ZoomIn:
            break;
        case MOUSECOMMAND.ZoomOut:
            break;
        case MOUSECOMMAND.Pan:
            break;
    }
}
```

现在，可以重新运行程序了，这时，连续出现的选择框及停不下来的地图移动的问题都解决了，这是因为在鼠标抬起时，MouseOnMap 被复原成 false 了。接下去处理 switch 语句中的每一个 case。

## 13.4 选择操作

首先是选择事件（Select），由于之前写过一个 MouseClick 事件的处理函数是处理点选的，所以先把这个 MouseClick 事件删掉。此外，选择操作还可以处理框选，而这项功能还没有实现，假定它已实现，给出选择操作部分的处理代码，如下。

### Lesson_13/Form1.cs/Form1_MouseUp

```
case MOUSECOMMAND.Select:
    //如果 ctrl 键没被按住，就清空选择集
    if (Control.ModifierKeys != Keys.Control) layer.ClearSelection();
    //初始化选择结果
    SelectResult sr = SelectResult.UnknownType;
    if (e.X == MouseStartX && e.Y == MouseStartY)
    {
        //点选
        GISVertex v = view.ToMapVertex(new Point(e.X, e.Y));
        sr = layer.Select(v, view);
    }
    else
    {
        //框选
        GISExtent extent = view.RectToExtent(e.X, MouseStartX, e.Y, MouseStartY);
        sr = layer.Select(extent);
    }
    //仅当选择集最可能发生变化时，才更新地图和属性窗口
    if (sr == SelectResult.OK || Control.ModifierKeys != Keys.Control)
```

```
    {
      UpdateMap();
      UpdateAttributeWindow();
    }
    break;
```

通过注释不难理解上述处理代码，首先，根据 Windows 操作系统的选择习惯，判断 ctrl 键是否按下，如果按下，就表示目前是向现有选择集中新增空间对象，否则，就是清空现有选择集，而重新选择。其次，定义了一个 SelectResult 类型的变量 sr，它是被点选和框选所共享的，因此被定义在前面。然后，进行点选或框选，鼠标按钮按下和抬起的位置相同就是点选，点选的过程跟前面讲到的是一样的，框选的过程极其类似于点选，先利用 GISView 的 RectToExtent 函数确定一个选择范围，再利用 GISLayer 的 Select 函数选择对象，这个 Select 函数与之前定义的是不同的，但由于它们有不同的输入参数，因此可共享同样的函数名称，上述两个函数稍后补充。最后，更新地图窗口和属性窗口，为了避免不必要的更新，加了一些判断，sr==SelectResult.OK 表示选到了新的对象，而 Control.ModifierKeys ! =Keys.Control 表示原始选择集被清空了，上述情况都有可能改变现有选择情况，因此需更新操作。

RectToExtent 函数用于将四个给定的屏幕坐标极值转成两个地图坐标的角点，然后生成一个地图范围 GISExtent，代码如下。

### Lesson_13/BasicClasses.cs/GISView

```
public GISExtent RectToExtent(int x1, int x2, int y1, int y2)
{
    GISVertex v1 = ToMapVertex(new Point(x1, y1));
    GISVertex v2 = ToMapVertex(new Point(x2, y2));
    return new GISExtent(v1.x, v2.x, v1.y, v2.y);
}
```

在 GISLayer 中新的 Select 函数用于框选，它只有一个 GISExtent 的输入参数，如果图层中空间对象包含在这个输入的范围以内就被选中，代码如下。

### Lesson_13/BasicClasses.cs/GISLayer

```
public SelectResult Select(GISExtent extent)
{
    GISSelect gs = new GISSelect();
    SelectResult sr = gs.Select(extent, Features);
    if (sr == SelectResult.OK)
    {
        for (int i = 0; i < gs.SelectedFeatures.Count; i++)
            if (gs.SelectedFeatures[i].Selected == false)
            {
                gs.SelectedFeatures[i].Selected = true;
                Selection.Add(gs.SelectedFeatures[i]);
            }
    }
    return sr;
}
```

类似点选,框选也是调用 GISSelect 的选择函数,它同样是一个新的,稍后实现,由于框选可能会一次选择多个对象,因此,选择结果都保存在 GISFeature 数组中,即 GISSelect 的 SelectedFeatures。

GISSelect 中用于框选的新 Select 函数如下。

**Lesson_13/BasicClasses.cs/GISSelect**

```
public SelectResult Select(GISExtent extent, List<GISFeature> Features)
{
    SelectedFeatures.Clear();
    for (int i = 0; i < Features.Count; i++)
    {
        if (extent.Include(Features[i].spatialpart.extent))
            SelectedFeatures.Add(Features[i]);
    }
    return (SelectedFeatures.Count > 0) ?
        SelectResult.OK : SelectResult.TooFar;
}
```

与点选比起来,框选实在太简单了,它甚至不需要知道 GISFeature 的 ShapeType 就可以实现选择,这里用到了 GISExtent 中的一个新的函数 Include,它用来确定一个地图范围是否包含另一个地图范围,其代码如下。

**Lesson_13/BasicClasses.cs/GISExtent**

```
public bool Include(GISExtent extent)
{
    return (getMaxX() >= extent.getMaxX() && getMinX() <= extent.getMinX()
        && getMaxY() >= extent.getMaxY() && getMinY() <= extent.getMinY());
}
```

现在,鼠标选择操作彻底完成了,请在 Form1 中把 MouseCommand 的初始值改成 MOUSECOMMAND.Select,运行一下程序,看看效果如何。

## 13.5 放大操作

同样,放大操作 ZoomIn 也有两种方式,单点放大和拉框放大,两种方式都是修改 GISView 的地图范围。拉框放大比较简单,就是让这个框的范围成为 view 的新的地图范围即可。而单点放大时,情况比较复杂,以点击的地方为基点(原点)进行放大,请注意基点并不一定是当前地图范围的中心点,如图 13-1 所示。

令当前显示的地图范围用 E1 表示,令放大后需要显示的地图范围用 E2 表示,令鼠标点击位置用 MouseLocation 表示,假设放大系

图 13-1 点击放大示意图

数为 ZoomInFactor，它是一个 0 与 1 之间的数字，现在需要求出 E2，则可得下面一些等式。

$E2.Width = E1.Width \cdot ZoomInFactor$

$E2.Height = E1.Height \cdot ZoomInFactor$

$MouseLocation.X - E2.MinX = (MouseLocation.X - E1.MinX) \cdot ZoomInFactor$

$MouseLocation.Y - E2.MinY = (MouseLocation.Y - E1.MinY) \cdot ZoomInFactor$

$E2.MaxX = E2.MinX + E2.Width$

$E2.MaxY = E2.MinY + E2.Height$

ZoomInFactor 可以作为常数存入 GISConst 中，暂定它为 0.8，代码如下。

### Lesson_13/BasicClasses.cs/GISConst

```
//地图放大系数
public static double ZoomInFactor = 0.8;
```

求解上述等式，就能得到 E2 的两个角点，获得放大的范围，实现代码如下，其中 view.getRealExtent 函数的返回值就是 E1。

### Lesson_13/Form1.cs/Form1_MouseUp

```
case MOUSECOMMAND.ZoomIn:
    if (e.X == MouseStartX && e.Y == MouseStartY)
    {
        //单点放大
        GISVertex MouseLocation = view.ToMapVertex(new Point(e.X, e.Y));
        GISExtent E1 = view.getRealExtent();
        double newwidth = E1.getWidth() * GISConst.ZoomInFactor;
        double newheight = E1.getHeight() * GISConst.ZoomInFactor;
        double newminx = MouseLocation.x - (MouseLocation.x - E1.getMinX()) * GISConst.ZoomInFactor;
        double newminy = MouseLocation.y - (MouseLocation.y - E1.getMinY()) * GISConst.ZoomInFactor;
        view.UpdateExtent(new GISExtent(newminx, newminx + newwidth, newminy, newminy + newheight));
    }
    else
    {
        //拉框放大
        view.UpdateExtent(view.RectToExtent(e.X, MouseStartX, e.Y, MouseStartY));
    }
    UpdateMap();
    break;
```

现在，可以尝试 ZoomIn 的功能了，记得要把 MouseCommand 的值设成 ZoomIn，这里 ZoomInFactor 是 0.8，可以修改，看效果有何不同。

上述 ZoomInFactor 与 GISExtent 中的成员 ZoomingFactor 有类似的作用，目前，不打算将二者共享，因为 ZoomingFactor 主要应用在之前一种比较死板的地图缩放功能中，在本书结束前，它将被删除。

## 13.6 缩小操作

下面介绍缩小操作 ZoomOut，它的操作几乎与 ZoomIn 刚好相反，但处理起来相对复杂。先看看点击缩小，同样以点击位置为原点进行给定倍数（ZoomOutFactor）的缩小，如图 13-2 所示。

请注意，在图 13-2 中，当前范围 E1 是比缩小后显示的地图范围 E2 小的。同样，需要求出 E2，假设缩小系数是 ZoomOutFactor，它也是一个 0 与 1 之间的数字，表示把 1 缩小到 ZoomOutFactor 大小，则可以得到以下等式。

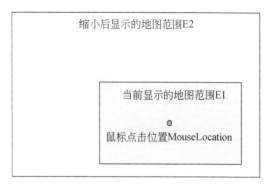

图 13-2　点击缩小示意图

E2. Width = E1. Wdith/ ZoomOutFactor
E2. Height = E1. Height/ZoomOutFactor
MouseLocation. X − E2. MinX =（MouseLocation. X − E1. MinX）/ZoomOutFactor
MouseLocation. Y − E2. MinY =（MouseLocation. Y − E1. MinY）/ZoomOutFactor
E2. MaxX = E2. MinX+E2. Width
E2. MaxY = E2. MinY+E2. Height

根据上面等式知道，确定 E2 是很容易的。与 ZoomInFactor 相同，ZoomOutFactor 也存入 GISConst 中，暂定它为 0.8，代码如下。

### Lesson_13/BasicClasses.cs/GISConst

```
//地图缩小系数
public static double ZoomOutFactor = 0.8;
```

接下来看拉框缩小，与拉框放大相比，拉框缩小有点复杂，如图 13-3 所示，其原理就是把 E1 的内容塞进 E3 中，基于此，确定缩小的比例。

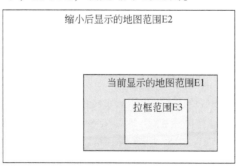

图 13-3　拉框缩小示意图

同样，已知 E1 与 E3，现在要求 E2，可得以下等式。

E2. Width/E1. Wdith = E1. Wdith/E3. Wdith

E2. Height/E1. Height = E1. Height/E3. Height

(E3. MinX−E1. MinX) / (E3. MinX−E2. MinX) = E1. Width/E2. Width

(E3. MinY−E1. MinY) / (E3. MinY−E2. MinY) = E1. Height/E2. Height

根据上面等式，也是可以确定 E2 的，具体代码如下，其中 view. geRealExtent 就是 E1，鼠标框选出来的范围是 E3。

**Lesson_13/Form1.cs/Form1_MouseUp**

```
case MOUSECOMMAND.ZoomOut:
  if (e.X == MouseStartX && e.Y == MouseStartY)
  {
    //单点缩小
    GISExtent E1 = view.getRealExtent();
    GISVertex MouseLocation = view.ToMapVertex(new Point(e.X, e.Y));
    double newwidth = E1.getWidth() / GISConst.ZoomOutfactor;
    double newheight = E1.getHeight() / GISConst.ZoomOutfactor;
    double newminx = MouseLocation.x - (MouseLocation.x - E1.getMinX()) / GISConst.ZoomOutfactor;
    double newminy = MouseLocation.y - (MouseLocation.y - E1.getMinY()) / GISConst.ZoomOutfactor;
    view.UpdateExtent(new GISExtent(newminx, newminx + newwidth, newminy, newminy + newheight));
  }
  else
  {
    //拉框缩小
    GISExtent E3 = view.RectToExtent(e.X, MouseStartX, e.Y, MouseStartY);
    GISExtent E1 = view.getRealExtent();
    double newwidth = E1.getWidth() * E1.getWidth() / E3.getWidth();
    double newheight = E1.getHeight() * E1.getHeight() / E3.getHeight();
    double newminx = E3.getMinX() - (E3.getMinX() - E1.getMinX()) * newwidth / E1.getWidth();
    double newminy = E3.getMinY() - (E3.getMinY() - E1.getMinY()) * newheight / E1.getHeight();
    view.UpdateExtent(new GISExtent(newminx, newminx + newwidth, newminy, newminy + newheight));
  }
  UpdateMap();
  break;
```

现在，可以尝试 ZoomOut 的功能了，记得要把 MouseCommand 的值设成 ZoomOut，可修改 ZoomOutFactor 的取值，看看效果有何不同。当地图缩小或放大很多次时，已经不清楚现在看到的是地图的哪个区域，这时，可点击【显示全图】按钮。

## 13.7 移动操作

最后一个要处理的操作就是移动 Pan，它相对来说比较简单，地图范围的宽高不变，变的只是绝对位置，变动的值是由鼠标移动的距离决定的，这个位置可以是地图中的任意点，如左下角点，如图 13-4 所示，鼠标向右上方移动，地图左下角点也向右上方移动就行了。

根据图 13-4，令 M1 为鼠标按键按下时的地图位置，M2 为鼠标按键抬起时的地图位置，现在 M1、M2、E1 已知，求 E2 的左下角点，则可以得出以下等式：

E1. MinX− E2. MinX = M2. x−M1. x

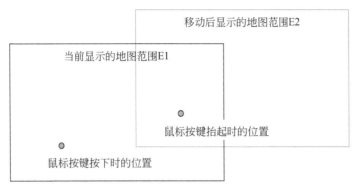

图 13-4 移动操作示意图

E1. MinY − E2. MinY = M2. y−M1. y

由于 E2 的宽高与 E1 是相同的，因此，根据其新的左下角点，就可最终获得 E2，把上述过程翻译成处理 Pan 的代码，如下。

#### Lesson_13/Form1.cs/Form1_MouseUp

```
case MOUSECOMMAND.Pan:
    if (e.X != MouseStartX || e.Y != MouseStartY)
    {
        GISExtent E1 = view.getRealExtent();
        GISVertex M1 = view.ToMapVertex(new Point(MouseStartX, MouseStartY));
        GISVertex M2 = view.ToMapVertex(new Point(e.X, e.Y));
        double newwidth = E1.getWidth();
        double newheight = E1.getHeight();
        double newminx = E1.getMinX() - (M2.x - M1.x);
        double newminy = E1.getMinY() - (M2.y - M1.y);
        view.UpdateExtent(new GISExtent(newminx, newminx + newwidth, newminy, newminy + newheight));
        UpdateMap();
    }
    break;
```

## 13.8 切换鼠标功能

现在，MouseUp 事件的所有操作都完成了，但为了实现每个功能，不得不在代码中手工修改 MouseCommand 的初始值，这显然不是一个最好的办法。为此，增加一个鼠标右键点击弹出快捷菜单的方式来选择鼠标功能。

为地图窗口 Form1 中增加一个 ContextMenuStrip 控件，它实际上是一个菜单列表，右键选择这个控件，然后选编辑项，则可以给它增加以下五个菜单项：Select、Zoom In、Zoom Out、Pan 及 Full Extent，其中前四个功能是鼠标操作，鼠标同一时间只能处理其中的一种，因此具有排他性，而最后一个就是之前实现过的"显示全图"功能，考虑上述两种菜单的不同，在它们之间加一条分割线（ToolStripSeparator）以示区别，菜单添加好后的效果如图 13-5 所示，系统会自动生成带菜单内容的 name 属性值，分别是 selectToolStrip-

MenuItem、zoomInToolStripMenuItem、zoomOutToolStripMenuItem、panToolStripMenuItem 及 fullExtentToolStripMenuItem。

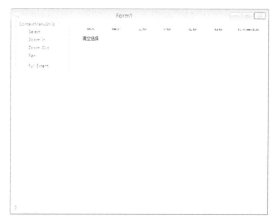

图 13-5　添加右键快捷菜单

下面写一个函数，这个函数可以处理所有来自上述菜单项的点击事件，如下。

Lesson_13/Form1.cs

```csharp
private void toolStripMenuItem_Click(object sender, EventArgs e)
{
    if (layer == null) return;
    if (sender.Equals(fullExtentToolStripMenuItem))
    {
        view.UpdateExtent(layer.Extent);
        UpdateMap();
    }
    else
    {
        selectToolStripMenuItem.Checked = false;
        zoomInToolStripMenuItem.Checked = false;
        zoomOutToolStripMenuItem.Checked = false;
        panToolStripMenuItem.Checked = false;
        ((ToolStripMenuItem)sender).Checked = true;
        if (sender.Equals(selectToolStripMenuItem))
            MouseCommand = MOUSECOMMAND.Select;
        else if (sender.Equals(zoomInToolStripMenuItem))
            MouseCommand = MOUSECOMMAND.ZoomIn;
        else if (sender.Equals(zoomOutToolStripMenuItem))
            MouseCommand = MOUSECOMMAND.ZoomOut;
        else if (sender.Equals(panToolStripMenuItem))
            MouseCommand = MOUSECOMMAND.Pan;
    }
}
```

需要让所有菜单项的点击事件都指向这个函数，首先还是检查当前窗口是否打开了有效的图层，如果没有，就不继续了。然后，根据事件发出者（sender）的不同做不同的操作，其中 fullExtentToolStripMenuItem 是显示全图，跟其他菜单项不同，先单独处理一下；

如果是其他菜单项，修改 MouseCommand 的当前值，同时让对应的那个菜单被 Checked，就是前面打个勾，记载当前鼠标的操作是什么。菜单点击事件这样处理就足够了，现在决定在鼠标右键点击时，打开这个快捷菜单，把这个打开命令放到窗体的 MouseClick 事件处理函数中，代码如下。

**Lesson_13/Form1.cs**

```
private void Form1_MouseClick(object sender, MouseEventArgs e)
{
    if (e.Button == MouseButtons.Right)
        contextMenuStrip1.Show(this.PointToScreen(new Point(e.X, e.Y)));
}
```

打开菜单的 Show 函数有个输入参数，它是菜单应该出现的位置，这个位置是鼠标当前的位置，但必须用屏幕绝对坐标而不是当前窗口的坐标，e.X 及 e.Y 是窗口坐标，为此，用窗体类自带的 PointToScreen 函数实现窗口坐标向屏幕坐标的转换。

现在把 MouseCommand 的初值设成 Unused，开始运行程序。测试一下右键菜单中的各种功能，看看是否发挥正常。图 13-6 是打开一个面图层后，分别执行 Select 及 Zoom Out 操作后的运行界面。

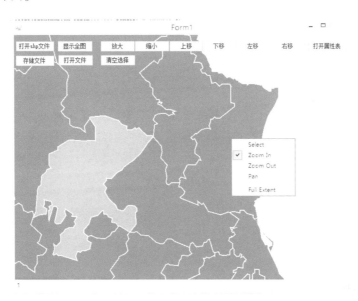

图 13-6　利用右键快捷菜单操作后的运行界面

## 13.9　总　　结

现在，就像常用的 GIS 商业软件一样，迷你 GIS 地图浏览功能变得非常方便。在快捷菜单中，还可以添加其他项，如打开文件、打开属性表等，当这一切功能都可以通过鼠标右键激活时，原有的那些按钮变得累赘了，在接下去的章节中，可以考虑删掉它们。

# 第 14 章 多图层问题

现在已经可以很自如地操作一个图层了，但很多情况下，需要打开多个图层，同时看到具有不同空间实体类型的地图对象，例如，想看城市沿高速公路分布的情况，就要同时打开城市图层和高速公路图层。在现有的地图窗口 Form1 里面，有一个 GISLayer 类型的全局变量 layer，但显然需要的是一组 layer，本章就来试试看，如何操作一组 layer。

像以往一样，建立新的项目 Lesson_14，并复制 Lesson_13 的内容，同时修改命名空间。

## 14.1 地图文档类 GISDocument

已经有一段时间没有在 MyGIS 类库中增加新的类了，现在来增加一个 GISDocument 类，用它来管理一组图层。先给出它最简单的定义，仅包含两个属性成员。

**Lesson_14/BasicClasses.cs**

```
public class GISDocument
{
    public List<GISLayer> layers = new List<GISLayer>();
    public GISExtent Extent;
}
```

属性 layers 为一个 GISLayer 数组，Extent 为空间上包含这组图层的最小地图范围。GISDocument 还将包含很多方法，但它们是什么，现在不必一下列出来，从需求的角度出发，等用到时再添加。现在，可以设计一个新的窗体 Form3，用于管理图层，称为图层管理对话框，根据这个对话框的需要，来逐步完善 GISDocument。

它的界面如图 14-1 所示，包括一个 ListBox 用于列出属于该地图文档的所有图层，记得把 ListBox 的 SelectionMode 属性设成 One，意味着同时只能选中一个图层；一些按钮功能如其标识所示；三个 CheckBox 用于决定各个图层当前的状态，包括是否可以被选择、是否被绘制在地图窗口及是否进行属性标注；旁边的一个 ComboBox 将列出可用于标注的字段名称；右下方的 Label 用于记录图层对应的文件地址；一个 TextBox 显示图层名，点击旁边一个按钮可以修改图层名。

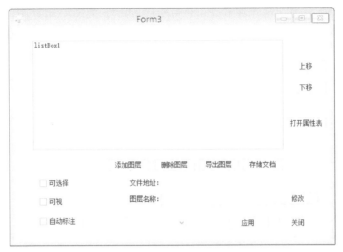

图 14-1  图层管理对话框界面

## 14.2 为 GISDocument 添加函数

从完善图层管理对话框 Form3 开始，首先是它的定义、添加的属性成员及构造函数等，在此之前，记得添加引用 using MyGIS，代码如下。

```
Lesson_14/Form3.cs
```

```csharp
public partial class Form3 : Form
{
    GISDocument Document;
    Form1 MapWindow;

    public Form3(GISDocument document, Form1 mapwindow)
    {
        InitializeComponent();
        Document = document;
        MapWindow = mapwindow;
    }
    private void Form3_Shown(object sender, EventArgs e)
    {
        for (int i = 0; i < Document.layers.Count; i++)
            listBox1.Items.Insert(0, Document.layers[i].Name);
        if (Document.layers.Count > 0)
            listBox1.SelectedIndex = 0;
    }
}
```

Form3 类包括两个属性成员，分别是地图文档和地图窗口，在构造函数中，它们将会被初始化，之后，在 Shown 事件处理函数中，将图层名添加到 listBox1 中，在添加时，用的不是 Add，而是 Insert，这样在 listBox1 中列出的顺序将与在 GISDocument. layers 中图层存储的顺序相反，这样做的原因是，在地图窗口中最后添加的图层往往是最后绘制的，也就是说是绘制在最上面的。这样在 listBox1 中图层的上下关系将与地图窗口中显示的上下关系一致，适应用户的感觉。最后，令 listBox1 的缺省选择项为第一项。

当一个图层在 listBox1 中被选中时，需要更新它在 Form3 中对应属性的值，即确定界面中 CheckBox 的值，以及填充 ComboBox、Label、TextBox 等的内容。为此，增加一个应对 SelectedIndexChanged 事件的处理函数，代码如下。

### Lesson_14/Form3.cs

```
private void listBox1_SelectedIndexChanged(object sender, EventArgs e)
{
    if (listBox1.SelectedItem == null) return;
    GISLayer layer = Document.getLayer(listBox1.SelectedItem.ToString());
    checkBox1.Checked = layer.Selectable;
    checkBox2.Checked = layer.Visible;
    checkBox3.Checked = layer.DrawAttributeOrNot;
    comboBox1.Items.Clear();
    for (int i = 0; i < layer.Fields.Count; i++)
        comboBox1.Items.Add(layer.Fields[i].name);
    comboBox1.SelectedIndex = layer.LabelIndex;
    label1.Text = layer.Path;
    textBox1.Text = layer.Name;
}
```

这里，遇到了 GISDocument 的第一个函数 getLayer，它是通过图层名称获得一个图层，其实现代码如下。

### Lesson_14/BasicClasses.cs/GISDocument

```
public GISLayer getLayer(string layername)
{
    for (int i = 0; i < layers.Count; i++)
        if (layers[i].Name == layername) return layers[i];
    return null;
}
```

Selectable、Visible 及 Path 是属于 GISLayer 的属性，添加如下，其缺省值都是 true 或 ""，其应用将在稍后介绍。

### Lesson_14/BasicClasses.cs/GISLayer

```
public bool Selectable = true;
public bool Visible = true;
public string Path = "";
```

通过改变几个 CheckBox 及 ComboBox 的值，可以改变对应图层的属性值，其处理过程可以统一写入如下函数，并令上述控件的鼠标点击事件指向这个函数。

### Lesson_14/Form3.cs

```
private void Clicked(object sender, EventArgs e)
{
  if (listBox1.SelectedItem == null) return;
  GISLayer layer=Document.getLayer(listBox1.SelectedItem.ToString());
  layer.Selectable = checkBox1.Checked;
  layer.Visible = checkBox2.Checked;
  layer.DrawAttributeOrNot = checkBox3.Checked;
  layer.LabelIndex = comboBox1.SelectedIndex;
}
```

在图层名 TextBox 中，用户可以编辑图层名，按【修改】按钮，可以将编辑好的图层名存储起来。【修改】按钮的事件处理函数如下。

### Lesson_14/Form3.cs

```
private void button10_Click(object sender, EventArgs e)
{
  if (listBox1.SelectedItem == null) return;
  for (int i = 0; i < listBox1.Items.Count; i++)
  if (i != listBox1.SelectedIndex)
    if (listBox1.Items[i].toString() == textBox1.Text)
    {
      MessageBox.Show("不能与已有图层名重复！");
      return;
    }
  GISLayer layer = Document.getLayer(listBox1.SelectedItem.ToString());
  layer.Name = textBox1.Text;
  listBox1.SelectedItem = textBox1.Text;
}
```

上述函数需要检查输入的名称是否唯一，如果是，就更新图层名和列表框。

在接下来的章节中，将逐一介绍对话框中其他各个按钮事件处理函数的实现方法。

## 14.3 添加与删除图层操作

本节将介绍如何添加图层、删除图层及调整图层顺序（上移、下移）。添加图层就是打开一个图层，这在 Form1 中已经有了相应的功能，它包括打开一个 Shapefile，或者打开一个自定义的 GIS 文件。现在，把这两项功能在【添加图层】按钮事件处理函数中合并成一个，如下。

### Lesson_14/Form3.cs

```
OpenFileDialog openFileDialog = new OpenFileDialog();
openFileDialog.Filter = "GIS Files (*."+GISConst.SHPFILE+
  ", *."+GISConst.MYFILE+") | *."+GISConst.SHPFILE+";*."+GISConst.MYFILE;
openFileDialog.RestoreDirectory = false;
openFileDialog.FilterIndex = 1;
```

```
openFileDialog.Multiselect = false;
if (openFileDialog.ShowDialog() != DialogResult.OK) return;
GISLayer layer=Document.AddLayer(openFileDialog.FileName);
listBox1.Items.Insert(0,layer.Name);
listBox1.SelectedIndex = 0;
```

该函数首先打开一个扩展名为 GISConst. SHPFILE 或 GISConst. MYFILE 的文件，这里，认为 Shapefile 扩展名是 GISConst. SHPFILE，自定义的 GIS 文件的扩展名是 GISConst. MYFILE，这完全是由自己决定的，只需要在导出图层时，记得用同样的扩展名即可。然后，调用 GISDocument 的第二个函数 AddLayer 实现图层的添加。最后，将新的图层名加入列表框，并修改列表框的选择项。

GISConst. SHPFILE 或 GISConst. MYFILE 作为静态变量统一定义在 GISConst 中，如下。

### Lesson_14/BasicClasses.cs/GISConst

```
//Shapefile 文件扩展名
public static string SHPFILE = "shp";
//自定义文件扩展名
public static string MYFILE = "gis";
```

GISDocument 的 AddLayer 函数代码定义如下。

### Lesson_14/BasicClasses.cs/GISDocument

```
public GISLayer AddLayer(string path)
{
    GISLayer layer = null;
    string filetype = System.IO.Path.GetExtension(path).ToLower();
    if (filetype == "." + GISConst.SHPFILE)
        layer = GISShapefile.ReadShapefile(path);
    else if (filetype == "." + GISConst.MYFILE)
        layer = GISMyFile.ReadFile(path);
    layer.Path = path;
    getUniqueName(layer);
    layers.Add(layer);
    UpdateExtent();
    return layer;
}
```

AddLayer 函数将根据不同的文件类型调用不同的文件打开函数，并最后返回打开的图层。GISLayer 的新属性 Path 在这里被赋值。此外，它涉及了另外两个新函数：getUniqueName 及 UpdateExtent，前者用于确保图层数组中每个图层名都是独一无二的，后者用于及时更新 GISDocument 的地图范围 Extent。

图层名在地图文档操作中是个用于标识图层的重要变量，因此，必须是独一无二的，getUniqueName 函数就用于实现这样的功能，它的定义如下。

### Lesson_14/BasicClasses.cs/GISDocument

```
private void getUniqueName(GISLayer layer)
{
```

```
List<string> names = new List<string>();
for (int i = 0; i < layers.Count; i++) names.Add(layers[i].Name);
names.Sort();
for (int i = 0; i < names.Count; i++)
if (layer.Name == names[i])
    layer.Name = names[i] + "1";
}
```

这个函数看起来有些繁琐，它首先建立一个字符串数组，存储所有当前的图层名，然后排序，再与新增加的图层名比较，如果相同，就令新文件名末尾加"1"。排序的目的是保证比较是有序进行的，加"1"后的新图层名就不会与已经比较过的文件名再次重名。例如，已有三个图层名，排序后分别是 layer、layer1、layer2，现在新增一个图层，也叫 layer，它通过三次比较，名字就变成 layer11，但是，如果没有排序，例如，layer1、layer2、layer，那么，通过三次比较后，新图层的名字变成 layer1，与已有图层重复了，所以排序是必要的，而且要按照字母和字符串长度排序。

用于更新 GISDocument 的地图范围 Extent 的函数是 UpdateExtent，其代码如下。

### Lesson_14/BasicClasses.cs/GISDocument

```
public void UpdateExtent()
{
    Extent = null;
    if (layers.Count == 0) return;
    Extent = new GISExtent(layers[0].Extent);
    for (int i = 1; i < layers.Count; i++)
        Extent.Merge(layers[i].Extent);
}
```

上述函数把地图文档中所有图层的地图范围都合并在一起，从而生成这个文档的地图范围，其中用到了 GISExtent 的两个新的函数：一个是构造函数，它通过复制输入的地图范围构造新的地图范围；另一个是合并地图范围的函数 Merge。这两个函数的实现代码如下。

### Lesson_14/BasicClasses.cs/GISExtent

```
public GISExtent(GISExtent extent)
{
    upright = new GISVertex(extent.upright);
    bottomleft = new GISVertex(extent.bottomleft);
}
public void Merge(GISExtent extent)
{
    upright.x = Math.Max(upright.x, extent.upright.x);
    upright.y = Math.Max(upright.y, extent.upright.y);
    bottomleft.x = Math.Min(bottomleft.x, extent.bottomleft.x);
    bottomleft.y = Math.Min(bottomleft.y, extent.bottomleft.y);
}
```

Merge 函数的原理是先计算要合并的两个地图范围的坐标极值，新的构造函数就是通过复制的方法获得两个角点，它也引用了 GISVertex 的一个新的构造函数，如下。

**Lesson_14/BasicClasses.cs/GISVertex**

```csharp
public GISVertex(GISVertex v)
{
    CopyFrom(v);
}
```

经过上面的铺垫，【删除图层】按钮处理函数变得相对简单，它的处理函数如下。

**Lesson_14/Form3.cs**

```csharp
private void button1_Click(object sender, EventArgs e)
{
    if (listBox1.SelectedItem == null) return;
    Document.RemoveLayer(listBox1.SelectedItem.ToString());
    listBox1.Items.Remove(listBox1.SelectedItem);
    if (listBox1.Items.Count > 0) listBox1.SelectedIndex = 0;
}
```

它调用了 GISDocument 的 RemoveLayer 函数，根据图层名从图层数组中删掉一个图层。实现代码如下。

**Lesson_14/BasicClasses.cs/GISDocument**

```csharp
public void RemoveLayer(string layername)
{
    layers.Remove(getLayer(layername));
    UpdateExtent();
}
```

## 14.4 调整图层显示顺序

说到显示，先在 GISDocument 中添加一个绘图函数 draw，如下。

**Lesson_14/BasicClasses.cs/GISDocument**

```csharp
public void draw(Graphics graphics, GISView view)
{
    if (layers.Count == 0) return;
    GISExtent displayextent = view.getRealExtent();
    for (int i = 0; i < layers.Count; i++)
        if (layers[i].Visible)
            layers[i].draw(graphics, view, displayextent);
}
```

在上述函数中，首先生成一个当前地图窗口对应的地图范围。在介绍地图窗口显示一章时，为了提高绘图效率，避免无意义地绘制显示范围之外的对象，在 GISLayer 的 draw 函数中生成过这样的地图范围，现在把这个工作提前到 GISDocument 的 draw 函数中，避免了每个图层都重复做这件事。因此，在引用图层的 draw 函数时，增加了一个地图范围的输入参数。相应地，在 GISLayer 类中增加一个采用三个输入参数的 draw 函数，原有的 draw 函数仍然保留，以备不时之需。新的 draw 函数代码如下。

### Lesson_14/BasicClasses.cs/GISLayer

```
public void draw(Graphics graphics, GISView view, GISExtent extent)
{
    for (int i = 0; i < Features.Count; i++)
    {
        if (extent.InsertectOrNot(Features[i].spatialpart.extent))
            Features[i].draw(graphics, view, DrawAttributeOrNot, LabelIndex);
    }
}
```

此外，GISLayer 的新属性 Visible 在 draw 函数中出现了，它用于决定是否需要绘制当前图层。

在 draw 函数中，多图层的绘制是按照图层在数组中的顺序进行的，排在后面的图层显示在上层，排在前面的显示在下层。因此，对话框中的【上移】和【下移】转换成数组操作就是【后移】和【前移】了，但实际上并没有这么复杂。【上移】按钮的事件处理函数如下。

### Lesson_14/Form3.cs

```
private void button7_Click(object sender, EventArgs e)
{
    //无选择
    if (listBox1.SelectedItem == null) return;
    //当前选择无法上移
    if (listBox1.SelectedIndex == 0) return;
    //当前图层名
    string selectedname = listBox1.SelectedItem.ToString();
    //需要调换的图层名
    string uppername = listBox1.Items[listBox1.SelectedIndex - 1].ToString();
    //在 listBox1 中完成调换
    listBox1.Items[listBox1.SelectedIndex - 1] = selectedname;
    listBox1.Items[listBox1.SelectedIndex] = uppername;
    //在 Document 中完成调换
    Document.SwitchLayer(selectedname, uppername);
    listBox1.SelectedIndex--;
}
```

这里，GISDocument 又出现了一个新的函数 SwitchLayer，它的作用是根据图层名称更换图层在数组中的次序，代码如下。

### Lesson_14/BasicClasses.cs/GISDocument

```
public void SwitchLayer(string name1, string name2)
{
    GISLayer layer1 = getLayer(name1);
    GISLayer layer2 = getLayer(name2);
```

```
    int index1 = layers.IndexOf(layer1);
    int index2 = layers.IndexOf(layer2);
    layers[index1] = layer2;
    layers[index2] = layer1;
}
```

【下移】操作实现代码如下，它与【上移】操作非常相似，唯一需要更多判断的就是当前图层的数量不能少于1。而在【上移】操作中，这项判断与选择序号是否为0合并执行了，因此省掉了一条语句。

### Lesson_14/Form3.cs

```
private void button8_Click(object sender, EventArgs e)
{
    if (listBox1.SelectedItem == null) return;
    if (listBox1.Items.Count == 1) return;
    if (listBox1.SelectedIndex == listBox1.Items.Count-1) return;
    string selectedname = listBox1.SelectedItem.ToString();
    string lowername = listBox1.Items[listBox1.SelectedIndex + 1].ToString();
    listBox1.Items[listBox1.SelectedIndex + 1] = selectedname;
    listBox1.Items[listBox1.SelectedIndex] = lowername;
    Document.SwitchLayer(selectedname, lowername);
    listBox1.SelectedIndex++;
}
```

## 14.5 存储操作

这里涉及的是【导出图层】与【存储文档】这两个按钮。

【导出图层】按钮的功能类似于Form1中【存储文件】按钮的功能，就是把选中的图层保存成一个外部文件。可以直接复制【存储文件】按钮中的事件处理函数，唯一要注意的是，应该给出一个扩展名为GISConst.MYFILE的输出文件名。代码如下。

### Lesson_14/Form3.cs

```
private void button2_Click(object sender, EventArgs e)
{
    if (listBox1.SelectedItem == null) return;
    SaveFileDialog saveFileDialog1 = new SaveFileDialog();
    saveFileDialog1.Filter = "GIS file (*." + GISConst.MYFILE + ")|*." + GISConst.MYFILE;
    saveFileDialog1.FilterIndex = 1;
    saveFileDialog1.RestoreDirectory = false;

    if (saveFileDialog1.ShowDialog() == DialogResult.OK)
    {
        GISLayer layer = Document.getLayer(listBox1.SelectedItem.ToString());
        GISMyFile.WriteFile(layer, saveFileDialog1.FileName);
        MessageBox.Show("Done!");
    }
}
```

【存储文档】按钮的目的是把当前图层打开的顺序、每个图层的设置状态等信息存储到一个描述性的文件中。这样，以后再次打开时，就不需要重新设置了。这个描述性的文件结构由一个个图层组成，每个图层包括一系列属性，如图 14-2 所示。

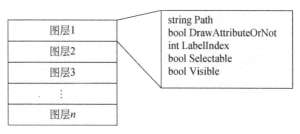

图 14-2　地图文档的存储结构

先完成【存储文档】按钮的事件处理函数，如下。

### Lesson_14/Form3.cs

```
private void button9_Click(object sender, EventArgs e)
{
    SaveFileDialog saveFileDialog1 = new SaveFileDialog();
    saveFileDialog1.Filter = "GIS Document (*." + GISConst.MYDOC + ")|*." + GISConst.MYDOC;
    saveFileDialog1.FilterIndex = 1;
    saveFileDialog1.RestoreDirectory = false;
    if (saveFileDialog1.ShowDialog() == DialogResult.OK)
    {
        Document.Write(saveFileDialog1.FileName);
        MessageBox.Show("Done!");
    }
}
```

显然，它的主要工作就是确定一个输出文件名，它的扩展名是 GISConst. MYDOC，定义如下。

### Lesson_14/BasicClasses.cs/GISConst

```
//地图文档扩展名
public static string MYDOC = "mydoc";
```

然后，调用 GISDocumeny 的 Write 函数完成写入操作，该函数定义如下。

### Lesson_14/BasicClasses.cs/GISDocument

```
public void Write(string filename)
{
    FileStream fsr = new FileStream(filename, FileMode.Create);
    BinaryWriter bw = new BinaryWriter(fsr);
    for (int i = 0; i < layers.Count; i++)
    {
        GISTools.WriteString(layers[i].Path, bw);
        bw.Write(layers[i].DrawAttributeOrNot);
```

```
        bw.Write(layers[i].LabelIndex);
        bw.Write(layers[i].Selectable);
        bw.Write(layers[i].Visible);
    }
    bw.Close();
    fsr.Close();
}
```

看来，写入地图文档比写入自定义的图层 GIS 文件要简单多了，当然可以不断地扩充 GISLayer 和 GISDocument 的内容，并补充到图层管理对话框及上述地图文档的写入函数中。现在趁热打铁，完成读取地图文档的函数。

**Lesson_14/BasicClasses.cs/GISDocument**

```
public void Read(string filename)
{
    layers.Clear();
    FileStream fsr = new FileStream(filename, FileMode.Open);
    BinaryReader br = new BinaryReader(fsr);
    while (br.PeekChar() != -1)
    {
        string path = GISTools.ReadString(br);
        GISLayer layer = AddLayer(path);
        layer.Path = path;
        layer.DrawAttributeOrNot = br.ReadBoolean();
        layer.LabelIndex = br.ReadInt32();
        layer.Selectable = br.ReadBoolean();
        layer.Visible = br.ReadBoolean();
    }
    br.Close();
    fsr.Close();
}
```

读取一个地图文档也相当简单。首先，根据每个图层的文件名打开一个图层。然后，继续读取与该图层相关的一些属性设置即可。

## 14.6 总　　结

到目前为止，图层管理对话框的大部分内容已经完成了，还有部分按钮的功能没有实现，而这些功能是与地图窗口紧密相连的。因此，本章虽然结束了，但程序尚不能运行，第 15 章将做进一步的完善。

# 第 15 章 地图窗口的简化

第 14 章介绍了多图层管理的许多功能，但仍有部分功能没有实现，而这些功能的实现依赖于图层管理对话框中一直没有用到的 MapWindow 参数。同时，随着图层管理对话框的完善，地图窗口中的许多按钮已经变得没有意义，因而，是时候简化窗口了。

新建一个项目 Lesson_15，并且把 Lesson_14 的 Form1、Form2、Form3 及 BasicClasses 全部复制过来，修改前三项的命名空间为 Lesson_15。

## 15.1 与地图窗口的联动

图层管理对话框中剩下的几个未处理的按钮都会与地图窗口发生关系，在本节一并介绍。

【打开属性表】按钮用于打开选中图层对应的属性窗口。它有些特殊，首先，每个图层都可能打开一个属性窗口，但不能超过一个。然后，当图层管理对话框关闭时，打开的属性窗口不会关闭。

基于上述分析，执行打开属性窗口实际操作的应该是地图窗口，而非图层管理窗口。因此，用到了 Form3 的属性 MapWindow。【打开属性表】按钮事件处理函数如下。

**Lesson_15/Form3.cs**

```
private void button5_Click(object sender, EventArgs e)
{
    if (listBox1.SelectedItem == null) return;
    GISLayer layer = Document.getLayer(listBox1.SelectedItem.ToString());
    MapWindow.OpenAttributeWindow(layer);
}
```

显然 OpenAttributeWindow 是地图窗口 Form1 的一个新函数，用于打开指定图层的属性窗口，稍后实现。接下来，看看【应用】按钮与【关闭】按钮。【应用】按钮负责把当前在图层管理对话框中的属性修改即刻反映到地图窗口中，而【关闭】按钮就是关掉图层管理对话框，同时把修改反映到地图窗口中。它们的事件处理函数如下。

### Lesson_15/Form3.cs

```
//应用按钮
private void button4_Click(object sender, EventArgs e)
{
    MapWindow.UpdateMap();
}
//关闭按钮
private void button6_Click(object sender, EventArgs e)
{
    MapWindow.UpdateMap();
    Close();
}
```

上述函数都调用了地图窗口的 UpdateMap 函数，但显然这个函数的内容是需要修改的。为此，要回到地图窗口 Form1。

## 15.2 修改地图窗口

把地图窗口 Form1 原有的全局变量 layer 删掉，增加如下全局变量。

### Lesson_15/BasicClasses.cs/GISLayer

```
GISDocument document = new GISDocument();
```

此时 Form1 中很多引用 layer 的函数都开始报错了，逐一对其进行处理。

不要去管那些按钮事件处理函数，因为它们现在已经没有存在的价值了，可直接删除这些函数及相关的按钮。另外，也可在 BasicClasses.cs 中删掉与之相关的枚举类型 GISMapActions 及相关函数和变量，包括 GISExtent. ChangeExtent、GISExtent. ZoomingFactor、GISExtent. MovingFactor 及 GISView. UpdateView。

在构造函数中，去掉对 view 的初始化代码，把 view 的初始化任务放到 UpdateMap 函数中，如下。

### Lesson_15/Form1.cs

```
public Form1()
{
    InitializeComponent();
}
```

UpdateMap 函数修改如下，其完成了对 view 的初始化，并把 layer. draw 替换成 document. draw。

### Lesson_15/Form1.cs

```
public void UpdateMap()
{
    if (view == null)
```

```
    {
        if (document.IsEmpty()) return;
        view = new GISView(new GISExtent(document.Extent), ClientRectangle);
    }
    //如果地图窗口被最小化了,就不用绘制了
    if (ClientRectangle.Width * ClientRectangle.Height == 0) return;
    //确保当前 view 的地图窗口尺寸是正确的
    view.UpdateRectangle(ClientRectangle);
    //根据最新的地图窗口尺寸建立背景窗口
    if (backwindow != null) backwindow.Dispose();
    backwindow = new Bitmap(ClientRectangle.Width, ClientRectangle.Height);
    //在背景窗口上绘图
    Graphics g = Graphics.FromImage(backwindow);
    g.FillRectangle(new SolidBrush(Color.Black), ClientRectangle);
    document.draw(g, view);
    //把背景窗口绘制到前景窗口上
    Graphics graphics = CreateGraphics();
    graphics.DrawImage(backwindow, 0, 0);
    UpdateStatusBar();
}
```

在 UpdateStatusBar 函数中,由于显示单个图层的对象选中数量已没有太多意义,把它修改成显示当前地图文档中图层的数量,如下。

### Lesson_15/Form1.cs

```
public void UpdateStatusBar()
{
    toolStripStatusLabel1.Text = document.layers.Count.ToString();
}
```

Form1_ MouseUp 函数中,把报错的 layer == null 替换成 document.IsEmpty(),把其他 layer 替换成 document。这时,IsEmpty、Select 及 ClearSelection 函数会报错,因为它们还没有在 GISDocument 中实现。补充如下,其中 Select 有两个实现函数,分别对应于点选和框选,GISLayer 的 Selectable 属性被用作判断是否需要针对当前图层执行选择命令。

### Lesson_15/BasicClasses.cs/GISDocument

```
public bool IsEmpty()
{
    return (layers.Count == 0);
}

public void ClearSelection()
{
    for (int i = 0; i < layers.Count; i++)
        layers[i].ClearSelection();
}
public SelectResult Select(GISVertex v, GISView view)
{
```

```
    SelectResult sr = SelectResult.TooFar;
    for (int i = 0; i < layers.Count; i++)
    if (layers[i].Selectable)
        if (layers[i].Select(v, view) == SelectResult.OK)
            sr = SelectResult.OK;
    return sr;
}

public SelectResult Select(GISExtent extent)
{
    SelectResult sr = SelectResult.TooFar;
    for (int i = 0; i < layers.Count; i++)
    if (layers[i].Selectable)
        if (layers[i].Select(extent) == SelectResult.OK)
            sr = SelectResult.OK;
    return sr;
}
```

在 toolStripMenuItem_Click 函数中,把报错的 layer==null 替换成 document.IsEmpty(),把其他 layer 替换成 document 即可。

OpenAttributeWindow 及 UpdateAttributeWindow 函数是需要特殊处理的。首先,把 Form1 中的全局变量 AttributeWindow 替换成以下变量。

### Lesson_15/Form1.cs

```
Dictionary<GISLayer, Form2> AllAttWnds = new Dictionary<GISLayer, Form2>();
```

Dictionary 是一种比较特殊的类,它可以根据一种对象找到对应的另一种对象。这里,就可以根据 GISLayer 的一个实例,找到其对应的属性窗口 Form2 的一个实例,具体操作方法会在稍后的代码中出现。

针对 OpenAttributeWindow 函数,需要给它增加一个输入参数,就是指定的图层。另外,它的前缀变成了 public。代码定义如下。

### Lesson_15/Form1.cs

```
public void OpenAttributeWindow(GISLayer layer)
{
    Form2 AttributeWindow = null;
    //如果属性窗口之前已经存在了,就找到它,然后移除记录,稍后统一添加
    if (AllAttWnds.ContainsKey(layer))
    {
        AttributeWindow = AllAttWnds[layer];
        AllAttWnds.Remove(layer);
    }
    //初始化属性窗口
    if (AttributeWindow == null)
        AttributeWindow = new Form2(layer, this);
    if (AttributeWindow.IsDisposed)
        AttributeWindow = new Form2(layer, this);
    //添加属性窗口与图层的关联记录
    AllAttWnds.Add(layer, AttributeWindow);
```

```
//显示属性窗口
AttributeWindow.Show();
if (AttributeWindow.WindowState == FormWindowState.Minimized)
    AttributeWindow.WindowState = FormWindowState.Normal;
AttributeWindow.BringToFront();
}
```

AttributeWIndow 有些奇怪，如果它之前被打开了，然后被关闭了，那么它的值就不会是 null。然而如果直接让它再次显示出来又不行，因为它的资源已经被释放。为此，最好重建一个 AttributeWIndow。但是重建后，与原有 layer 在 AllAttWnds 中的关联关系又很难维持。为此，干脆每次都在 AllAttWnds 中移除记录，待 AttributeWIndow 重建成功后，再将它与对应的 layer 重新加入到 AllAttWnds 中。

UpdateAttributeWindow 函数用于更新所有已打开的属性窗口，其代码如下。

**Lesson_15/Form1.cs**

```
private void UpdateAttributeWindow()
{
    //如果文档为空就返回
    if (document.IsEmpty()) return;
    foreach (Form2 AttributeWindow in AllAttWnds.Values)
    {
        //如果属性窗口已经关闭，则继续
        if (AttributeWindow == null) continue;
        //如果属性窗口资源已释放，也继续
        if (AttributeWindow.IsDisposed) continue;
        //更新数据
        AttributeWindow.UpdateData();
    }
}
```

## 15.3 实现对图层管理对话框的调用

现在修改地图窗口的快捷菜单。增加两个菜单项，分别是打开地图文档（Open Document）及打开图层管理对话框（Layer Control），为了以示区别，在适当的地方增加了分割线。修改后的菜单如图 15-1 所示。

在 toolStripMenuItem_Click 函数中，为两个新的菜单项增加了处理内容。其中增加的内容被加粗显示，代码如下。

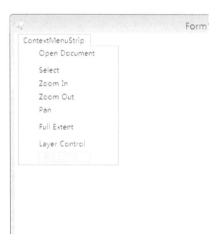

图 15-1　修改后的快捷菜单

## Lesson_15/Form1.cs

```csharp
private void toolStripMenuItem_Click(object sender, EventArgs e)
{
    if (sender.Equals(openDocumentToolStripMenuItem))
    {
        OpenFileDialog openFileDialog = new OpenFileDialog();
        openFileDialog.Filter = "GIS Document (*." + GISConst.MYDOC + ")|*." + GISConst.MYDOC;
        openFileDialog.RestoreDirectory = false;
        openFileDialog.FilterIndex = 1;
        openFileDialog.Multiselect = false;
        if (openFileDialog.ShowDialog() != DialogResult.OK) return;
        document.Read(openFileDialog.FileName);
        if (document.IsEmpty() == false)
            UpdateMap();
    }
    else if (sender.Equals(layerControlToolStripMenuItem))
    {
        Form3 LayerControl = new Form3(document, this);
        LayerControl.ShowDialog();
    }
    else if (sender.Equals(fullExtentToolStripMenuItem))
    {
        if (document.IsEmpty() || view == null) return;
        view.UpdateExtent(document.Extent);
        UpdateMap();
    }
    else
    {
        if (document.IsEmpty() || view == null) return;
        selectToolStripMenuItem.Checked = false;
        zoomInToolStripMenuItem.Checked = false;
        zoomOutToolStripMenuItem.Checked = false;
        panToolStripMenuItem.Checked = false;
        ((ToolStripMenuItem)sender).Checked = true;
        if (sender.Equals(selectToolStripMenuItem))
            MouseCommand = MOUSECOMMAND.Select;
        else if (sender.Equals(zoomInToolStripMenuItem))
            MouseCommand = MOUSECOMMAND.ZoomIn;
        else if (sender.Equals(zoomOutToolStripMenuItem))
            MouseCommand = MOUSECOMMAND.ZoomOut;
        else if (sender.Equals(panToolStripMenuItem))
            MouseCommand = MOUSECOMMAND.Pan;
    }
}
```

Open Document 菜单项主要是找到一个已经存储的地图文档，然后调用 GISDocument 的 Read 函数实现读取。请记住这个函数在读取之前，会移除现有的所有图层。Layer Control 菜单项很简单，打开一个图层管理对话框，其用了 ShowDialog 的打开命令，这样，对话框在没有被关闭之前，将一直拥有程序的焦点。其他菜单项为了保险考虑，都首先验证 document 及 view 的有效性。

现在，终于可以重新运行程序了。运行后，屏幕一定是空的，请打开快捷菜单，选择

Layer Control，打开图层管理对话框，添加图层，尝试各种按钮，看看它们是否都能正常工作。图 15-2 为打开三个图层后的程序运行界面。

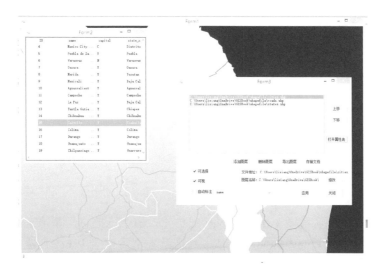

图 15-2　带有图层管理功能的程序运行界面

## 15.4　总　　结

目前，迷你 GIS 已经相当完善，代码行数也已经达到一定数量，其中的错误在所难免，在运行程序过程中难免会遇到，这主要是由于在设计程序时往往只考虑正常情况，对于非正常情况考虑不全。例如，一个 Shapefile 如果无法读取，则可能会返回一个值为 null 的 GISLayer，继续进行下去就可能会造成程序崩溃。为此，可能需要设置很多的 try-catch 错误捕捉机制。这是一个成熟的软件产品所必需的，可就此考虑补充完善。

# 第 16 章　开发一个集成的控件

到目前为止，已经实现了不少 GIS 的基础功能，如果能把它们整合起来，做一个相对完整的产品，则可方便其他人的使用。思路就是做一个类似于 Panel 容器的自定义用户控件，它以地图窗口 Form1 为基础，用来显示地图，并能打开属性窗口和图层管理对话框。这是一个相当大的"手术"，它涉及很多细节，尽管不是每一步都是必须的，但会让产品变得更加完整，本章将尝试完成它。

生成新的项目 Lesson_16，并复制 Lesson_15 的全部内容。

## 16.1　扩大化的 MyGIS

把属性窗口 Form2 和图层管理对话框 Form3 的命名空间改成 MyGIS，同时修改它们相应的 Designer.cs 的命名空间。改好以后，就可以删除原有的"using MyGIS"语句。现在上述两个窗口也变成了 MyGIS 类库的一部分。

Form2 和 Form3 的名字显然不是最好的，应使用更加有意义的名字，Form2 可改成 AttributeForm，Form3 可改成 LayerDialog。当然，也可以用其他的，只要这个名字不与现有的各种类名称重复就行。更改上述名称时，使用 C#开发环境提供的重命名方法，因为这个方法可以保证在项目中的任何地方，包括注释，只要出现待修改的名称，它就会改掉。具体方法是，在代码中选中任意一个 Form2 或 Form3 变量名称出现的地方，按 F2，出现"重命名"对话框，如图 16-1 所示。确保"重命名"对话框中的所有 CheckBox 复选框都被选中，然后点击【确定】就可以预览需要修改的地方，之后，再次点击【确定】，完成修改。采用这种方法，也可修改其他变量，让它们拥有一个有意义的名字。

接下来，在解决方案资源管理器中，把文件 Form2.cs 的名字改成 AttributeForm.cs，把文件 Form3.cs 的名字改成 LayerDialog.cs，之后，它们对应的 Designer.cs 的名字也会自动变更。

现在，为项目 Lesson_16 添加一个用户控件，通过在解决方案资源管理器中选中 Lesson_16，右键选择"添加"→"用户控件"即可，该控件可被命名为 GISPanel。它目前仅是一个空白的容器，按 F7 切换到代码窗口，把 GISPanel.cs 及 GISPanel.Designer.cs

第 16 章 开发一个集成的控件

图 16-1 "重命名"对话框

的命名空间改成 MyGIS。这个 GISPanel 就是控件产品。

## 16.2 从 Form1 到 GISPanel

GISPanel 的基础是 Form1，下面要进行的是大量而细致的代码转移工作，从 Form1 到 GISPanel。

Form1 中目前拥有两个控件，ContextMenuStrip 及 StatusStrip，其中只有前者是需要放入 GISPanel 中的，StatusStrip 的作用目前不大，可以暂时不管。用复制、粘贴的方法，从 Form1 中把 ContextMenuStrip 引入 GISPanel。

把 Form1 中的属性成员复制到 GISPanel 中，包括如下。

### Lesson_16/GISPanel.cs

```
GISView view = null;
Dictionary<GISLayer, AttributeForm> AllAttWnds = new Dictionary<GISLayer, AttributeForm>();
Bitmap backwindow;
MOUSECOMMAND MouseCommand = MOUSECOMMAND.Pan;
int MouseStartX = 0;
int MouseStartY = 0;
int MouseMovingX = 0;
int MouseMovingY = 0;
bool MouseOnMap = false;
GISDocument document = new GISDocument();
```

接下来是函数成员的复制，把以下函数直接复制到 GISPanel.cs 中。

- UpdateMap。
- OpenAttributeWindow。
- UpdateAttributeWindow。

把 UpdateMap 中调用 UpdateSatusBar 函数的语句删掉。在 OpenAttributeWindow 函数中，以下语句开始报错了。

### Lesson_16/GISPanel.cs/OpenAttributeWindow

```
AttributeWindow = new AttributeForm(layer, this);
```

要解决这个问题，需要打开 AttributeWIndow.cs，把所有的 Form1 改成 GISPanel，同样的事情，在 LayerDialog.cs 中也做一次。

现在，开始事件处理函数的复制，把以下事件函数从 Form1.cs 中粘贴过来。

- Form1_Paint。
- Form1_SizeChanged。
- Form1_MouseDown。
- Form1_MouseMove。
- Form1_MouseUp。
- toolStripMenuItem_Click。
- Form1_MouseClick。

另外，建议把上面函数名称中的"Form1_"改成"GISPanel_"，这样更贴切一些。然后，可将 GISPanel 中的对应事件指向上述函数，包括四个鼠标事件，一个 SizeChanged 事件，一个 Paint 事件，还有所有快捷菜单项的 Click 事件。

最后，在 GISPanel 的构造函数中给其 DoubleBuffered 属性赋值，该属性用于改善地图窗口的显示效果，如下。

### Lesson_16/GISPanel.cs

```
public GISPanel()
{
  InitializeComponent();
  DoubleBuffered = true;
}
```

现在，Form1 已经没有价值了，把它删掉。

## 16.3 测试 GISPanel

在 Lesson_16 中重新建立一个窗体，用于测试 GISPanel，添加一个 Windows 窗体，取名 Form1。是的，没错，仍然是 Form1，因为这样，可以避免修改项目的其他部位。

现在，在解决方案资源管理器中选择 Lesson_16，并在右键菜单中选择"生成"，之后，会在放满控件的"工具箱"中看到开发的控件 GISPanel，如图 16-2 所示。

像其他可视化控件一样，把 GIS Panel 拖到 Form1 中来，可以调整它的大小，或者令它的 Dock 值为 Fill。这样，这个控件就会自动填满整个窗体，这里，不打算让它填满，而只让它定位在窗体的中间部位。然后，不需要写一句代码，直接运行。如图 16-3 所示，一个地图窗口出现了，点击右键试试看。

# 第 16 章 开发一个集成的控件

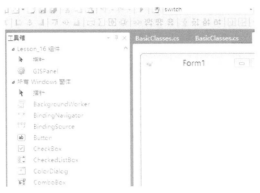

图 16-2 出现在工具箱中的 GISPanel

图 16-3 使用 GISPanel 的窗体

## 16.4 总　　结

至此，GISPanel 这个袖珍的 GIS 控件基本完成了，它实在是太轻量级了，但是，它确实包含了很多 GIS 的基本功能，可以很容易地把地图操作集成到自己的应用程序中。

未来需要完善的工作还有很多，如栅格数据、网络分析、三维数据等，本书的后续章节会逐步介绍这些内容的部分或全部，同时，也欢迎读者在本书基础上自行探索、继续前进。

# 第 17 章  唯一值专题地图

利用已经完成的代码，可以实现打开、浏览、查询空间数据等功能，但似乎在可视化展示方面还显得非常呆板。例如，当多个在空间上重叠的点图层被先后加载到 GISPanel 上时，它们的显示方式都是完全相同的，没有办法区别开来不同的点都来自哪个图层。再如，希望每个点根据其所代表的属性不同，用不同的样式显示出来，而这目前来看也是没有办法做到的。上述这些问题其实都可以通过制作专题地图来解决。专题地图的类型有很多种，在本书中，希望实现其中的三种：唯一值地图、独立值地图及分级设色地图。本章，将实现唯一值地图。

生成新的项目 Lesson_17，并复制 Lesson_16 的全部内容，记得将 Form1.cs 的命名空间改为 Lesson_17。

## 17.1  GIS Thematic 类

唯一值地图就是令图层中每个空间对象都以相同的方式展示出来，但是具有同样空间对象类型的不同图层最好选择不同的显示方式，因为这样才可以在 GISPanel 中区分出不同的图层。实际上，目前，显示的每个图层都是唯一值地图，但是显示方式是在 GISConst 类中统一定义的，如下。

**Lesson_17/BasicClasses.cs/GISConst**

```
//点的颜色和半径
public static Color PointColor = Color.Pink;
public static int PointSize = 3;
//线的颜色与宽度
public static Color LineColor = Color.CadetBlue;
public static int LineWidth = 2;
//面的边框颜色、填充颜色及边框宽度
public static Color PolygonBoundaryColor = Color.White;
public static Color PolygonFillColor = Color.Gray;
public static int PolygonBoundaryWidth = 2;
//被选中的点的颜色
public static Color SelectedPointColor = Color.Red;
```

```
//被选中的线的颜色
public static Color SelectedLineColor = Color.Blue;
//被选中的面的填充颜色
public static Color SelecedPolygonFillColor = Color.Yellow;
```

每个图层在绘制时，都会直接引用上述数值，例如，在绘制线图层时，就会用到 GISConst. SelectedLineColor、GISConst. LineColor 及 GISConst. LineWidth，如下。

### Lesson_17/BasicClasses.cs/GISLine

```
public override void draw(Graphics graphics, GISView view, bool Selected)
{
    Point[] points = GISTools.GetScreenPoints(Vertexes, view);
    graphics.DrawLines(new Pen(Selected ? GISConst.SelectedLineColor : GISConst.LineColor,
    GISConst.LineWidth), points);
}
```

显然，这样很简洁，但每个图层就没办法定制自己的显示方式了。为此，需要设计一个新的类用于记录每个图层特定的显示方式，把它命名为 GISThematic，其定义如下。

### Lesson_17/BasicClasses.cs

```
public class GISThematic
{
    public Color OutsideColor;
    public int Size;
    public Color InsideColor;

    public GISThematic(Color outsideColor, int size, Color insideColor)
    {
        Update(outsideColor, size, insideColor);
    }

    public void Update(Color outsideColor, int size, Color insideColor)
    {
        OutsideColor = outsideColor;
        Size = size;
        InsideColor = insideColor;
    }
}
```

这个类包含三个成员，但针对不同类型的空间对象，这些成员的含义也有所不同，详见表 17-1。

表 17-1 GISThematic 属性成员含义

| 属性 | GISPoint | GISLine | GISPolygon |
|---|---|---|---|
| OutsideColor | 代表点对象的边界颜色 | 无意义 | 代表面对象的边界颜色 |
| Size | 代表点对象的半径，以像素为单位 | 代表线对象的宽度，以像素单位 | 代表面对象的边界的宽度，以像素单位 |
| InsideColor | 代表点对象的填充颜色 | 代表线对象的颜色 | 代表面对象的填充颜色 |

GISThematic 的构造函数调用了一个 Update 函数给上述三个成员赋值，同样，当一个 GISThematic 的实例已经存在，也可以调用 Update 函数来更新属性值。

下面，在图层 GISLayer 定义中，增加一个 GISThematic 类型的成员，用来记载该图层绘制唯一值专题图时的制图样式，同时，在 GISLayer 的构造函数中增加对该成员的初始化操作，代码如下。

### Lesson_17/BasicClasses.cs/GISLayer

```
public GISThematic Thematic;

public GISLayer(string _name, SHAPETYPE _shapetype, GISExtent _extent, List<GISField> _fields)
{
    Name = _name;
    ShapeType = _shapetype;
    Extent = _extent;
    Fields = _fields;
    Thematic = new GISThematic(ShapeType);
}

public GISLayer(string _name, SHAPETYPE _shapetype, GISExtent _extent)
{
    Name = _name;
    ShapeType = _shapetype;
    Extent = _extent;
    Fields = new List<GISField>();
    Thematic = new GISThematic(ShapeType);
}
```

上述函数中，对 Thematic 的初始化采用了新的 GISThematic 构造函数，其参数为空间对象类型 ShapeType，其目的是，根据表 17-1，设计不同的绘图样式。该构造函数代码补充如下。

### Lesson_17/BasicClasses.cs/GISThematic

```
public GISThematic(SHAPETYPE _shapetype)
{
    if (_shapetype == SHAPETYPE.point)
        Update(GISTools.GetRandomColor(),
            GISConst.PointSize, GISTools.GetRandomColor());
    else if (_shapetype == SHAPETYPE.line)
        Update(GISTools.GetRandomColor(),
            GISConst.LineWidth, GISTools.GetRandomColor());
    else if (_shapetype == SHAPETYPE.polygon)
        Update(GISTools.GetRandomColor(),
            GISConst.PolygonBoundaryWidth, GISTools.GetRandomColor());
}
```

该构造函数仍然调用 Update 函数给属性成员赋值，其通过方法类 GISTools 中的 GetRandomColor 函数为 OutsideColor 及 InsideColor 生成两个随机颜色。然后，根据空间对象类型的不同，给 Size 赋予不同的值。这里，仍然用到了 GISConst 中的三个静态变量 PointSize、LineWidth 及 PolygonBoundaryWidth，如果是点对象，就用 PointSize；如果是线对象，就用 LineWidth；如果是面对象，就用 PolygonBoundaryWidth。GetRandomColor 函数的实现过程如下，其中用到了一个随机数 rand，它是 GISTools 的一个静态属性成员。

**Lesson_17/BasicClasses.cs/GISTools**

```
public static Random rand = new Random();
public static Color GetRandomColor()
{
    return Color.FromArgb(rand.Next(256), rand.Next(256), rand.Next(256));
}
```

至此，GISThematic 类的定义基本完成。在 GISLayer 中，已经有了一个 GISThematic 的实例 Thematic，其最初是用的缺省值或随机值，如果用户希望自行确定其绘图样式，则可随时调用 Thematic.Update 函数进行修改。

接下来需要根据 Thematic 实现唯一值地图的绘制。

## 17.2 唯一值地图

这里的核心工作，就是把 Thematic 属性值传递给每个空间对象的绘制函数，其中涉及多个函数，其相互关系如图 17-1 所示。其中，GISLayer.draw 函数调用每个空间对象的 GISFeature.draw 函数，后者根据空间对象类型调用相应的空间实体绘制函数，而这些绘制函数又是其父类 GISSpatial 的抽象函数 draw 的具体实现。所有这些函数都必须逐一修改以实现 Thematic 属性值的传递。

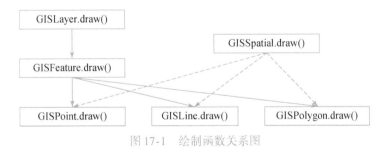

图 17-1 绘制函数关系图

根据上述关系图，首先修改 GISSpatial 的 draw 函数定义，添加一个 GISThematic 的参数，如下。

**Lesson_17/BasicClasses.cs/GISSpatial**

```
public abstract void draw(Graphics graphics, GISView view, bool Selected, GISThematic Thematic);
```

在各个空间实体的 draw 函数实现过程中，也需要逐一添加这一参数，各自代码如下。

### Lesson_17/BasicClasses.cs/GISPoint

```
public override void draw(Graphics graphics, GISView view, bool Selected, GISThematic Thematic)
{
    Point screenpoint = view.ToScreenPoint(centroid);
    graphics.FillEllipse(new SolidBrush(Selected ? GISConst.SelectedPointColor : Thematic.InsideColor),
        new Rectangle(screenpoint.X - Thematic.Size, screenpoint.Y - Thematic.Size,
            Thematic.Size * 2, Thematic.Size * 2));
    graphics.DrawEllipse(new Pen(new SolidBrush(Thematic.OutsideColor)),
        new Rectangle(screenpoint.X - Thematic.Size, screenpoint.Y - Thematic.Size,
            Thematic.Size * 2, Thematic.Size * 2));
}
```

### Lesson_17/BasicClasses.cs/GISLine

```
public override void draw(Graphics graphics, GISView view, bool Selected, GISThematic Thematic)
{
    Point[] points = GISTools.GetScreenPoints(Vertexes, view);
    graphics.DrawLines(new Pen(Selected ? GISConst.SelectedLineColor : Thematic.InsideColor,
        Thematic.Size), points);
}
```

### Lesson_17/BasicClasses.cs/GISPolygon

```
public override void draw(Graphics graphics, GISView view, bool Selected, GISThematic Thematic)
{
    Point[] points = GISTools.GetScreenPoints(Vertexes, view);
    graphics.FillPolygon(new SolidBrush(Selected ?
            GISConst.SelecedPolygonFillColor : Thematic.InsideColor), points);
    graphics.DrawPolygon(new Pen(Thematic.OutsideColor, Thematic.Size), points);
}
```

上述绘制过程，把原来需要利用 GISTools 中既定的各种绘制参数替换成传入的 Thematic 参数，但针对被选中对象的绘制样式，仍然采用了 GISTools 中的一些常量。

当完成具体的绘制工作后，修改工作将仅仅是传递 Thematic 参数，首先将 GISFeature 中的 draw 函数修改如下，其中添加部分被加粗显示。

### Lesson_17/BasicClasses.cs/GISFeature

```
public void draw(Graphics graphics, GISView view, bool DrawAttributeOrNot, int index, GISThematic Thematic)
{
    spatialpart.draw(graphics, view, Selected, Thematic);
    if (DrawAttributeOrNot)
        attributepart.draw(graphics, view, spatialpart.centroid, index);
}
```

然后，修改 GISLayer 中的两个 draw 函数，其中添加部分被加粗显示，如下。

## Lesson_17/BasicClasses.cs/GISLayer

```
public void draw(Graphics graphics, GISView view, GISExtent extent)
{
    for (int i = 0; i < Features.Count; i++)
    {
        if (extent.InsertectOrNot(Features[i].spatialpart.extent))
            Features[i].draw(graphics, view, DrawAttributeOrNot, LabelIndex, Thematic);
    }
}
public void draw(Graphics graphics, GISView view)
{
    GISExtent extent = view.getRealExtent();
    for (int i = 0; i < Features.Count; i++)
    {
        if (extent.InsertectOrNot(Features[i].spatialpart.extent))
            Features[i].draw(graphics, view, DrawAttributeOrNot, LabelIndex, Thematic);
    }
}
```

最后，运行程序，看看效果如何。Form1 窗体已经包含一个 GISPanel，可直接运行，但为了展示唯一值地图的效果，再增加一个按钮，其功能是将第一个图层的填充颜色改成红色，当然，以此为例，可以进行各种修改，其处理函数如下。

## Lesson_17/Form1.cs/GISLayer

```
private void button1_Click(object sender, EventArgs e)
{
    gisPanel1.document.layers[0].Thematic.InsideColor = Color.Red;
    gisPanel1.UpdateMap();
}
```

在上述语句中，直接引用了 GISPanel 中 GISDocument 的实例 document，而该成员目前也许还是私有的，因此可能会报错，解决办法就是在其前面增加 public 前缀，如下。

## Lesson_17/GISPanel.cs

```
public GISDocument document = new GISDocument();
```

现在，可以运行程序了，可尝试多次打开图层（鼠标右键选择"layer control"，在弹出对话框中点击【添加图层】），会发现每次图层的显示样式都是不同的。这时，如果点击窗体中的按钮，会发现第一个图层的填充颜色将变成红色。

类似于【button1】的点击处理函数，可以通过代码实现对图层显示方式的控制，但这显然不是最便捷的，接下来尝试将其放入图层管理对话框中。

## 17.3 扩充图层管理对话框

首先，需要在图层管理对话框的界面中增加一些内容。如图 17-2 所示，这个对话框变得宽了一些，增加了一个包括显示设置的 GroupBox，里面有颜色和尺寸的控件，其中颜色实际上是两个按钮【button11】及【button12】，而尺寸对应的是一个文本编辑框 textBox2。

图 17-2　增加显示设置的图层管理对话框

现在来修改相应的代码。当在左边列表框中选中一个图层时，就需要把其当前的显示设置情况反映到右边的 GroupBox 中，具体需要补充的代码在 listBox1 的 SelectedIndexChanged 函数中，将按钮的背景颜色设置成图层显示设置中的颜色，将绘制尺寸显示在文本编辑对话框中，新补充的语句被加粗显示，代码如下。

**Lesson_17/LayerDialog.cs**

```
private void listBox1_SelectedIndexChanged(object sender, EventArgs e)
{
    if (listBox1.SelectedItem == null) return;
    GISLayer layer = Document.getLayer(listBox1.SelectedItem.ToString());
    checkBox1.Checked = layer.Selectable;
    checkBox2.Checked = layer.Visible;
    checkBox3.Checked = layer.DrawAttributeOrNot;
    comboBox1.Items.Clear();
    for (int i = 0; i < layer.Fields.Count; i++)
            comboBox1.Items.Add(layer.Fields[i].name);
    comboBox1.SelectedIndex = layer.LabelIndex;
    label1.Text = layer.Path;
    textBox1.Text = layer.Name;
    button11.BackColor = layer.Thematic.InsideColor;
    textBox2.Text = layer.Thematic.Size.ToString();
    button12.BackColor = layer.Thematic.OutsideColor;
}
```

点击【button11】或【button12】，可以修改设定的颜色，为此可以写一个统一的按钮点击处理函数同时应用于上述两个按钮。

### Lesson_17/LayerDialog.cs

```csharp
private void SettingColor_Click(object sender, EventArgs e)
{
    ColorDialog colorDialog = new ColorDialog();
    colorDialog.Color = ((Button)sender).BackColor;
    if (colorDialog.ShowDialog() == DialogResult.OK)
    {
        ((Button)sender).BackColor = colorDialog.Color;
        Clicked(sender, e);
    }
}
```

上述函数打开一个颜色选择对话框,这是 C#自身提供的,令其初始颜色为按钮的背景颜色,之后,可以在打开的颜色选择对话框中设置颜色,并用新的颜色更新按钮背景,最后调用已有的 Clicked 函数实现在图层中的修改。为此,Clicked 函数需要有所补充,稍后进行。

针对绘制尺寸的修改,可以直接在 textBox2 中进行,同时令其 TextChanged 事件处理函数指向 Clicked,实现对图层中相应参数的修改。补充后的 Clicked 函数如下,其中补充部分被加粗显示。

### Lesson_17/LayerDialog.cs

```csharp
private void Clicked(object sender, EventArgs e)
{
    if (listBox1.SelectedItem == null) return;
    GISLayer layer=Document.getLayer(listBox1.SelectedItem.ToString());
    layer.Selectable = checkBox1.Checked;
    layer.Visible = checkBox2.Checked;
    layer.DrawAttributeOrNot = checkBox3.Checked;
    layer.LabelIndex = comboBox1.SelectedIndex;
    layer.Thematic.InsideColor = button11.BackColor;
    layer.Thematic.OutsideColor = button12.BackColor;
    layer.Thematic.Size = (textBox2.Text == "") ?
    layer.Thematic.Size : Int32.Parse(textBox2.Text);
}
```

在上述函数中,似乎针对绘制尺寸 layer.Thematic.Size 的修改稍显繁琐,其要判断文本编辑框的内容是否为空,如果是空的,就保持原值,否则就把编辑框的内容转成一个整数赋给图层绘制尺寸。这里实际仍有许多漏洞,例如,用户会输入一个非数字的符号,或者输入一个负值,如果这样,程序也许就崩溃了,为了避免出现这种情况,可以使用 try-catch 机制,尝试学习和补充这方面的内容。

现在可以运行一下了,如图 17-3 所示,修改地图显示样式变得非常便捷,当然,能够修改的内容还不多,其他可能融合进入的还包括线性、填充纹理、点对象的样式(目前只是一个圆)等,可以思考一下,如何进一步完善。

图 17-3 实现了唯一值地图的 GIS 控件

## 17.4 总 结

本章介绍了唯一值专题地图的绘制方式,其实际就是实现了自行控制每个图层的显示方式,这是专题地图中最简单的一种,在第 18 章中将学习独立值地图和分级设色地图的实现方法。另外,在进入第 18 章之前,可以考虑对代码进行一些有效的清理,以减少冗余。

首先,GISConst 中的四个关于颜色的静态变量可以删掉了,因为已经可以在图层中分别设置了,这些变量包括 PointColor、LineColor、PolygonBoundaryColor 及 PolygonFillColor。

然后,在 GISLayer 函数中,有两个 draw 函数,其中一个带有 GISExtent 参数,另一个不带这个参数,把它合并起来,代码如下。

**Lesson_17/BasicClasses.cs/GISLayer**

```
public void draw(Graphics graphics, GISView view, GISExtent extent = null)
{
  extent = (extent == null) ? view.getRealExtent() : extent;
  for (int i = 0; i < Features.Count; i++)
  {
    if (extent.InsertectOrNot(Features[i].spatialpart.extent))
        Features[i].draw(graphics, view, DrawAttributeOrNot, LabelIndex, Thematic);
  }
}
```

上述函数实际上在传入参数时就给了 extent 一个缺省值 null，然后在函数体内部进一步确定 extent 的取值，这样，用户在调用这个函数时，既可以使用两个参数，也可以使用三个参数。

与上述方法同理，也可以合并 GISLayer 现有的两个构造函数为一个函数，代码如下。

**Lesson_17/BasicClasses.cs/GISLayer**

```
public GISLayer(string _name, SHAPETYPE _shapetype, GISExtent _extent, List<GISField> _fields = null)
{
    Name = _name;
    ShapeType = _shapetype;
    Extent = _extent;
    Fields = (_fields == null) ? new List<GISField>() : _fields;
    Thematic = new GISThematic(ShapeType);
}
```

在调用上述函数时，_fields 参数同样也允许为 null，之后在函数体中被初始化。

由于图层管理对话框已经可以修改图层显示样式，因此，在 Form1 中的【button1】及其点击处理函数都可以删除了。

# 第 18 章  独立值地图与分级设色地图

相较于唯一值地图，本章要介绍的两种地图则有些复杂，其需要根据属性值来确定空间对象的绘制方式，显然过程要复杂得多，但专题地图的基本绘制过程已经通过第 17 章进行了改进，一定程度上有利于本章内容的简化。

生成新的项目 Lesson_18，并复制 Lesson_17 的全部内容，记得将 Form1.cs 的命名空间改为 Lesson_18。

## 18.1  支持多种专题地图方式的图层定义

首先，因为可能会出现多种专题地图，那么就一个图层来说，需要知道它现在希望呈现的是哪一种专题地图表达形式，为此，定义一个新的枚举类型，用于记录专题地图类型，如下。

**Lesson_18/BasicClasses.cs**

```
public enum THEMATICTYPE
{
    UnifiedValue, UniqueValue, GradualColor
};
```

THEMATICTYPE 类型包含三种取值，分别是 UnifiedValue（唯一值地图）、UniqueValue（独立值地图）及 GradualColor（分级设色地图）。

然后，在 GISLayer 定义中，需要增加和修改属性成员，如下。

**Lesson_18/BasicClasses.cs/GISLayer**

```
public THEMATICTYPE ThematicType;
public GISThematic Thematic;
public Dictionary<Object, GISThematic> Thematics;
public int ThematicFieldIndex;
```

这里，原有的 Thematic 属性被删除了，因为同一图层中空间对象的显示方式会不止一种,所以取而代之的是一个可记录多种显示方式的 Dictionary 类型的属性 Thematics,其将 GISThematic 与一个属性值 Object 关联起来,通过 Object 就可以找到对应的 GISThematic。关于 Dictionary 类型之前曾使用过,不同于简单的列表或数组,它可通过一个对象来查找另外一个对象。此外,新增的属性还包括专题地图类型 ThematicType 及与专题地图相关的属性字段序号 ThematicFieldIndex。

在刚刚打开一个图层或新建一个图层时,总是将专题地图类型定义为唯一值地图,为此,需要修改图层的构造函数,为 ThematicType 及 Thematics 赋初值,此时 ThematicFieldIndex 可不必理会,因为对于唯一值地图来说,属性值没有意义。修改后的构造函数如下,其中新增语句被加粗显示。

**Lesson_18/BasicClasses.cs/GISLayer**

```
public GISLayer(string _name, SHAPETYPE _shapetype, GISExtent _extent, List<GISField> _fields = null)
{
    Name = _name;
    ShapeType = _shapetype;
    Extent = _extent;
    Fields = (_fields == null) ? new List<GISField>() : _fields;
    ThematicType = THEMATICTYPE.UnifiedValue;
    Thematics = new Dictionary<object, GISThematic>();
    Thematics.Add(ThematicType, new GISThematic(ShapeType));
}
```

上述函数中最后一个语句为 Thematics 增加了一个要素,其中用于索引的 Object 为 ThematicType,而实际上对于唯一值地图来说,Thematics 只会有一个元素,因此用于索引的元素可以是任意对象,只要引用起来方便即可。接下来,会有许多函数报错,一一来解决。

首先图层的绘制函数 draw,需要根据 ThematicType 判断绘制时选择哪种绘图样式,目前,因为只实现了唯一值地图,所以其只处理了一种判断,具体修改如下,其中变化代码被加粗显示。

**Lesson_18/BasicClasses.cs/GISLayer**

```
public void draw(Graphics graphics, GISView view, GISExtent extent = null)
{
    extent = (extent == null) ? view.getRealExtent() : extent;
    if (ThematicType == THEMATICTYPE.UnifiedValue)
    {
        GISThematic Thematic = Thematics[ThematicType];
        for (int i = 0; i < Features.Count; i++)
        {
            if (extent.InsertectOrNot(Features[i].spatialpart.extent))
                Features[i].draw(graphics, view, DrawAttributeOrNot, LabelIndex, Thematic);
        }
    }
}
```

类似的,在图层管理对话框中,有两个涉及图层绘图样式的函数,也需要进行相应的修改，它们是图层列表框选择变化处理函数 listBox1_SelectedIndexChanged 及点击事件处理函数 Clicked，代码如下，其中变化代码被加粗显示。

**Lesson_18/LayerDialog.cs**

```
private void listBox1_SelectedIndexChanged(object sender, EventArgs e)
{
  if (listBox1.SelectedItem == null) return;
  GISLayer layer = Document.getLayer(listBox1.SelectedItem.ToString());
  checkBox1.Checked = layer.Selectable;
  checkBox2.Checked = layer.Visible;
  checkBox3.Checked = layer.DrawAttributeOrNot;
  comboBox1.Items.Clear();
  for (int i = 0; i < layer.Fields.Count; i++)
    comboBox1.Items.Add(layer.Fields[i].name);
  comboBox1.SelectedIndex = layer.LabelIndex;
  label1.Text = layer.Path;
  textBox1.Text = layer.Name;
  if (layer.ThematicType == THEMATICTYPE.UnifiedValue)
  {
      GISThematic Thematic = layer.Thematics[layer.ThematicType];
      button11.BackColor = Thematic.InsideColor;
      textBox2.Text = Thematic.Size.ToString();
      button12.BackColor = Thematic.OutsideColor;
  }
}

private void Clicked(object sender, EventArgs e)
{
  if (listBox1.SelectedItem == null) return;
  GISLayer layer=Document.getLayer(listBox1.SelectedItem.ToString());
  layer.Selectable = checkBox1.Checked;
  layer.Visible = checkBox2.Checked;
  layer.DrawAttributeOrNot = checkBox3.Checked;
  layer.LabelIndex = comboBox1.SelectedIndex;
  if (layer.ThematicType == THEMATICTYPE.UnifiedValue)
  {
      GISThematic Thematic = layer.Thematics[layer.ThematicType];
      Thematic.InsideColor = button11.BackColor;
      Thematic.OutsideColor = button12.BackColor;
      Thematic.Size = (textBox2.Text == "") ?
           Thematic.Size : Int32.Parse(textBox2.Text);
  }
}
```

现在，可以运行一下程序，会发现，其效果与第 17 章是完全相同的，当然，不同的地方在于背后的图层定义更加完善了。

## 18.2 独立值地图

独立值地图就是根据空间对象某一属性的取值来确定其绘制方式，只要属性值不同绘制方式就不同。例如，根据土地利用类型绘制面图层的独立值地图，令商业用地为红色、

第 18 章　独立值地图与分级设色地图

居住用地为黄色、交通用地为橙色等。显然，这里的属性值既可以是数值型的，也可以是非数值型的。

为制作独立值地图，首先需要确定的就是用图层的哪一个属性，然后需要算出这一属性下对应了多少种独立值，最后为每个独立值分配一种显示方式。第一个问题比较简单，先从第二个问题开始，在 GISTools 类中，可以增加一个静态的公用函数，用于计算一组数据中有多少不同的数值。

**Lesson_18/BasicClasses.cs/GISTools**

```
public static List<Object> FindUniqueValues(List<Object> values)
{
  if (values.Count == 0) return null;
  values.Sort();
  List<Object> UniqueValues = new List<object>();
  UniqueValues.Add(values[0]);
  for (int i = 1; i < values.Count; i++)
  if (values[i].Equals(values[i - 1])==false)
  {
        UniqueValues.Add(values[i]);
  }
  return UniqueValues;
}
```

FindUniqueValues 函数首先对输入值进行排序，然后逐一比较，如果发现不同值就存储到 UniqueValues 中，最后返回这个列表数组。其中，比较两个对象用了 Equals 函数，而不是"=="，这是因为并不能预先知道这些对象的类型是什么，而"=="对一些数据类型是不适用的。

接下来，在 GISLayer 中增加一个函数，用于为每个独立值分配一种显示方式，其中，就调用了上面的函数，代码如下。

**Lesson_18/BasicClasses.cs/GISLayer**

```
public void MakeUniqueValueMap(int FieldIndex)
{
  //修改专题地图样式
  ThematicType = THEMATICTYPE.UniqueValue;
  //确定专题地图的属性字段
  ThematicFieldIndex = FieldIndex;
  //获取属性值
  List<object> values = new List<object>();
  for (int i = 0; i < Features.Count; i++)
  {
        values.Add(Features[i].getAttribute(ThematicFieldIndex));
  }
  //获取独立值
  List<object> UniqueValues = GISTools.FindUniqueValues(values);
  //获取目前的一些显示设置，这些设置将保持不变
  Color OutsideColor;
  int Size=0;
  foreach(GISThematic Thematic in Thematics.Values)
```

```
    {
        OutsideColor = Thematic.OutsideColor;
        Size = Thematic.Size;
        break;
    }
    //构建 Thematics，其中用 InsideColor 来区别具有不同独立值的空间对象
    Thematics.Clear();
    foreach (Object o in UniqueValues)
    {
        GISThematic Thematic = new GISThematic(OutsideColor, Size,
            GISTools.GetRandomColor());
        Thematics.Add(o, Thematic);
    }
}
```

上述配有注解的函数语句更容易理解，只是在为每一种独立值配备一个 GISThematic 时发现，其 OutsideColor、Size 是沿用了目前已有的，而只有 InsideColor 是采用随机生成的方法。参照表 17-1 不难看出，InsideColor 对三种空间实体均具有意义，而且看起来更加显著，因此，采用不同的 InsideColor 来区别具有不同独立值的空间对象。

上述函数生成的 Thematics 将在 draw 函数中被进一步使用，以最终完成空间对象按既定的样式绘制。完善后的 draw 函数如下，其中新增代码被加粗显示。

### Lesson_18/BasicClasses.cs/GISLayer

```
public void draw(Graphics graphics, GISView view, GISExtent extent = null)
{
    extent = (extent == null) ? view.getRealExtent() : extent;
    if (ThematicType == THEMATICTYPE.UnifiedValue)
    {
        GISThematic Thematic = Thematics[ThematicType];
        for (int i = 0; i < Features.Count; i++)
        {
            if (extent.InsertectOrNot(Features[i].spatialpart.extent))
                Features[i].draw(graphics, view, DrawAttributeOrNot, LabelIndex, Thematic);
        }
    }
    else if (ThematicType == THEMATICTYPE.UniqueValue)
    {
        for (int i = 0; i < Features.Count; i++)
        {
            GISThematic Thematic = Thematics[Features[i].getAttribute(ThematicFieldIndex)];
            if (extent.InsertectOrNot(Features[i].spatialpart.extent))
                Features[i].draw(graphics, view, DrawAttributeOrNot, LabelIndex, Thematic);
        }
    }
}
```

在新增的条件判断语句中，显示方式的获取被放入了针对每个空间对象的内层循环中。现在，已经完成了独立值地图的绘制功能，只要调用图层的 MakeUniqueValueMap 函数，然后重绘地图即可。类似于这个函数，也可以完成一个绘制唯一值地图的函数，这样可以进一步统一专题地图的绘制和切换操作，函数代码如下。

## Lesson_18/BasicClasses.cs/GISLayer

```
public void MakeUnifiedValueMap()
{
    ThematicType = THEMATICTYPE.UnifiedValue;
    Thematics.Clear();
    Thematics.Add(ThematicType, new GISThematic(ShapeType));
}
```

既然有了这个函数，在 GISLayer 的构造函数中，就可以直接调用此函数，而省略之前的多条语句，相关修改如下。

## Lesson_18/BasicClasses.cs/GISLayer

```
public GISLayer(string _name, SHAPETYPE _shapetype, GISExtent _extent, List<GISField> _fields = null)
{
    Name = _name;
    ShapeType = _shapetype;
    Extent = _extent;
    Fields = (_fields == null) ? new List<GISField>() : _fields;
    ThematicType = THEMATICTYPE.UnifiedValue;
    Thematics = new Dictionary<object, GISThematic>();
    Thematics.Add(ThematicType, new GISThematic(ShapeType));
    MakeUnifiedValueMap();
}
```

## 18.3 分级设色地图

分级设色地图通常只对数值型字段有效，它把所有属性值分成几个级别，每个级别被分配一种显示样式，一个级别往往代表一维数轴上的一个范围，不同级别之间顺序分布于数轴上。因此，代表不同级别的空间对象颜色最好也能通过深浅反映级别的大小，这一点是与独立值地图不同的，独立值地图的对象颜色是随机生成的。

关于分级方法有很多种，例如，可以令每个级别的空间对象数量一致，或者令每个级别代表的范围是一致的，或者根据属性值的标准方差来分级。本书采用第一种，而读者可以尝试实现其他分级方法。

如何根据一组数值来确定分级的关键点呢？如图 18-1 所示，20 个属性值沿数轴分布，把它们分成 4 组，每组都有 5 个属性值，则需要找到 3 个关键点，这样就可以把它们分隔开了。当然，如果分组数无法整除属性值数量，或者一些属性值取值相同，则可能每组的对象数量无法完全相同，

图 18-1 属性值分级示意图

在 GISTools 中增加一个静态共用函数 FindLevels 实现上述功能，其同样是先给属性值排序，然后判断每个级别应该有几个属性值，进而确定分割点，该函数给出如下。

### Lesson_18/BasicClasses.cs/GISTools

```
public static List<double> FindLevels(List<double> values, int levelNumber)
{
    if (values.Count == 0) return null;
    //确定每个级别的属性值数量
    int ValueNumber = values.Count / levelNumber;
    values.Sort();
    List<double> Levels = new List<double>();
    //寻找分割点
    for (int i = 0; i < values.Count; i+=ValueNumber)
    {
        Levels.Add(values[i]);
    }
    //如果分割点多于分组数量,就去掉最后一个分割点
    if (Levels.Count > levelNumber) Levels.RemoveAt(Levels.Count - 1);
    return Levels;
}
```

注意,该函数输入值和返回值都已经是 double 类型的列表,另外一个输入参数 levelNumber 就是需要分级的数量。

在 GISTools 中再写一个函数用于判断某个属性值属于哪一分组,其代码如下。

### Lesson_18/BasicClasses.cs/GISTools

```
public static int WhichLevel(List<double> Levels, double value)
{
    //先判断是否属于除最后一组之外的其他组
    for (int i = 0; i < Levels.Count-1; i ++)
    if (value>=Levels[i]&&value<Levels[i+1])
        return i;
    //否则就是属于最后一组
    return Levels.Count-1;
}
```

在 GISTools 中还要写一个生成渐变颜色的函数,它根据当前的级别数及总级别数,确定一个颜色取值,进而生成一个颜色,其中级别数越高,表示属性值越大,颜色应该越深,而颜色取值越小。这里采用了一种比较简单的灰度颜色方案,也就是说,R、G、B 取值相同,而且,级别数不应超过 256,针对第 0 级别,也就是属性值最小的级别,其颜色为白色,之后,随着级别数的增加,颜色逐渐加深。如果希望实现其他颜色的渐变方案,或者破除 256 个级别的限制,建议学习 HSV 颜色定义方法。本函数代码如下。

### Lesson_18/BasicClasses.cs/GISTools

```
public static Color GetGradualColor(int levelIndex, int levelNumber)
{
    int ColorLevel = (int)(255 - (float)levelIndex / levelNumber * 255);
    return Color.FromArgb(ColorLevel, ColorLevel, ColorLevel);
}
```

现在回到 GISLayer,看看应该如何调用上述两个函数。首先,需要新建一个整数型列

## 第 18 章 独立值地图与分级设色地图

表 LevelIndexes，专门用于记录每个空间对象应该属于哪个分组，之后建立函数 MakeGradualColor，制作分级设色图，该函数不同于之前的两个制图函数，它有一个布尔型的返回值，表示是否成功制图，不成功的情况主要是属性值为非数值型。代码如下。

### Lesson_18/BasicClasses.cs/GISLayer

```
public List<int> LevelIndexes = new List<int>();
public bool MakeGradualColor(int FieldIndex,int levelNumber)
{
    List<double> values=new List<double>();
    //尝试把属性值转成 double 类型的列表
    try
    {
        for (int i = 0; i < Features.Count; i++)
        {
            values.Add(Convert.ToDouble(Features[i].getAttribute(ThematicFieldIndex).ToString()));
        }
    }
    //如果不成功，说明属性值为非数值型的
    catch
    {
        return false;
    }
    //修改专题地图样式
    ThematicType = THEMATICTYPE.GradualColor;
    //确定专题地图的属性字段
    ThematicFieldIndex = FieldIndex;
    //获取分级关键点
    List<double> levels = GISTools.FindLevels(values, levelNumber);
    //清空每个空间对象的分级序号
    LevelIndexes.Clear();
    //计算每个属性值的分级序号
    for (int i = 0; i < Features.Count; i++)
    {
        int LevelIndex = GISTools.WhichLevel(levels,
            Convert.ToDouble(Features[i].getAttribute(ThematicFieldIndex).ToString()));
        LevelIndexes.Add(LevelIndex);
    }
    //获取目前的一些显示设置，这些设置将保持不变
    Color OutsideColor = Color.Beige;
    int Size = 0;
    foreach (GISThematic Thematic in Thematics.Values)
    {
        OutsideColor = Thematic.OutsideColor;
        Size = Thematic.Size;
        break;
    }
    //构建 Thematics，为每个级别确定一个绘图样式
    Thematics.Clear();
    for (int i = 0; i < levelNumber; i++)
        Thematics.Add(i, new GISThematic(OutsideColor, Size,
            GISTools.GetGradualColor(i, levelNumber)));
    return true;
}
```

然后，补充 draw 函数，令其支持分级设色图的绘制。代码如下，其中新补充的代码被加粗显示。

**Lesson_18/BasicClasses.cs/GISLayer**

```csharp
public void draw(Graphics graphics, GISView view, GISExtent extent = null)
{
    extent = (extent == null) ? view.getRealExtent() : extent;
    if (ThematicType == THEMATICTYPE.UnifiedValue)
    {
        GISThematic Thematic = Thematics[ThematicType];
        for (int i = 0; i < Features.Count; i++)
        {
            if (extent.InsertectOrNot(Features[i].spatialpart.extent))
                Features[i].draw(graphics, view, DrawAttributeOrNot, LabelIndex, Thematic);
        }
    }
    else if (ThematicType == THEMATICTYPE.UniqueValue)
    {
        for (int i = 0; i < Features.Count; i++)
        {
            GISThematic Thematic = Thematics[Features[i].getAttribute(ThematicFieldIndex)];
            if (extent.InsertectOrNot(Features[i].spatialpart.extent))
                Features[i].draw(graphics, view, DrawAttributeOrNot, LabelIndex, Thematic);
        }
    }
    else if (ThematicType == THEMATICTYPE.GradualColor)
    {
        for (int i = 0; i < Features.Count; i++)
        {
            GISThematic Thematic = Thematics[LevelIndexes[i]];
            if (extent.InsertectOrNot(Features[i].spatialpart.extent))
                Features[i].draw(graphics, view, DrawAttributeOrNot, LabelIndex, Thematic);
        }
    }
}
```

上述函数中新补充的部分就是直接查找 LevelIndexes 列表，获得当前空间对象对应的级别，进而确定其显示样式。

至此，三种专题地图函数都已经完成了，找一个合适的地方调用这个函数，与唯一值地图一样，图层管理对话框是最佳的选择，在下一节中将实现它。

## 18.4 支持专题地图的图层管理对话框

首先更新一下这个对话框的界面，如图 18-2 所示。

其中，专题地图类型 comboBox2 包括唯一值地图、独立值地图和分级设色地图。专题属性 comboBox3 包括当前选中图层的所有字段，与自动标注后面的 ComboBox 的内容是一样的，分级数量 textBox3 用于输入在分级设色地图中的级别数，另外还有一个【修改专题地图类型】按钮 button13。

第 18 章 独立值地图与分级设色地图

图 18-2 支持专题地图的图层管理对话框界面

之后，来修改 listBox1 中图层选择变化处理函数，包括给专题属性 comboBox3 赋值，根据 ThematicType，确定 comboBox2 的选择项，以及初始化相关控件值，代码如下，其中修改部分被加粗显示。

**Lesson_18/LayerDialog.cs**

```
private void listBox1_SelectedIndexChanged(object sender, EventArgs e)
{
  if (listBox1.SelectedItem == null) return;
  GISLayer layer = Document.getLayer(listBox1.SelectedItem.ToString());
  checkBox1.Checked = layer.Selectable;
  checkBox2.Checked = layer.Visible;
  checkBox3.Checked = layer.DrawAttributeOrNot;
  comboBox1.Items.Clear();
  comboBox3.Items.Clear();
  for (int i = 0; i < layer.Fields.Count; i++)
  {
     comboBox1.Items.Add(layer.Fields[i].name);
     comboBox3.Items.Add(layer.Fields[i].name);
  }
  comboBox1.SelectedIndex = layer.LabelIndex;
  comboBox3.SelectedIndex = layer.ThematicFieldIndex;
  label1.Text = layer.Path;
  textBox1.Text = layer.Name;
  if (layer.ThematicType == THEMATICTYPE.UnifiedValue)
  {
     comboBox2.SelectedIndex = 0;
     GISThematic Thematic = layer.Thematics[layer.ThematicType];
     button11.BackColor = Thematic.InsideColor;
     textBox2.Text = Thematic.Size.ToString();
     button12.BackColor = Thematic.OutsideColor;
  }
  else if (layer.ThematicType == THEMATICTYPE.UniqueValue)
```

```
    {
        comboBox2.SelectedIndex = 1;
    }
    else if (layer.ThematicType == THEMATICTYPE.GradualColor)
    {
        comboBox2.SelectedIndex = 2;
        textBox3.Text = layer.Thematics.Count.ToString();
    }
}
```

当专题地图类型 comboBox2 选择内容发生变化时,需要一个处理函数,用于修改相关控件的可见性,这样可以避免用户的错误输入。该函数如下。

### Lesson_18/LayerDialog.cs

```
private void comboBox2_SelectedIndexChanged(object sender, EventArgs e)
{
    //唯一值地图
    if (comboBox2.SelectedIndex == 0)
    {
        comboBox3.Visible = false;
        textBox3.Visible = false;
        button11.Visible = true;
        textBox2.Visible = true;
        button12.Visible = true;
    }
    //独立值地图
    else if (comboBox2.SelectedIndex == 1)
    {
        comboBox3.Visible = true;
        textBox3.Visible = false;
        button11.Visible = false;
        textBox2.Visible = false;
        button12.Visible = false;
    }
    //分级设色地图
    else if (comboBox2.SelectedIndex == 2)
    {
        comboBox3.Visible = true;
        textBox3.Visible = true;
        button11.Visible = false;
        textBox2.Visible = false;
        button12.Visible = false;
    }
}
```

接下来,实现按钮【修改专题地图类型】button13 的事件处理函数。

### Lesson_18/LayerDialog.cs

```
private void button13_Click(object sender, EventArgs e)
{
    if (listBox1.SelectedItem == null) return;
    GISLayer layer = Document.getLayer(listBox1.SelectedItem.ToString());
```

```
//唯一值地图
if (comboBox2.SelectedIndex == 0)
{
    layer.MakeUnifiedValueMap();
    GISThematic Thematic = layer.Thematics[layer.ThematicType];
    Thematic.InsideColor = button11.BackColor;
    Thematic.OutsideColor = button12.BackColor;
    Thematic.Size = (textBox2.Text == "") ?
        Thematic.Size : Int32.Parse(textBox2.Text);
}
//独立值地图
else if (comboBox2.SelectedIndex == 1)
{
    layer.MakeUniqueValueMap(comboBox3.SelectedIndex);
}
//分级设色地图
else if (comboBox2.SelectedIndex == 2)
{
    if (layer.MakeGradualColor(comboBox3.SelectedIndex,Int32.Parse(textBox3.Text))==false)
    {
        MessageBox.Show("基于该属性无法绘制分级设色地图！");
        return;
    }
}
//更新地图绘制
MapWindow.UpdateMap();
```

既然已经有了上述专门用于处理专题地图的函数，就不需要之前在 Clicked 函数中对唯一值地图做单独处理了，可以删掉相关处理语句，如下。

### Lesson_18/LayerDialog.cs

```
private void Clicked(object sender, EventArgs e)
{
    if (listBox1.SelectedItem == null) return;
    GISLayer layer=Document.getLayer(listBox1.SelectedItem.ToString());
    layer.Selectable = checkBox1.Checked;
    layer.Visible = checkBox2.Checked;
    layer.DrawAttributeOrNot = checkBox3.Checked;
    layer.LabelIndex = comboBox1.SelectedIndex;
    if (layer.ThematicType == THEMATICTYPE.UnifiedValue)
    {
        GISThematic Thematic = layer.Thematics[layer.ThematicType];
        Thematic.InsideColor = button11.BackColor;
        Thematic.OutsideColor = button12.BackColor;
        Thematic.Size = (textBox2.Text == "") ?
            Thematic.Size : Int32.Parse(textBox2.Text);
    }
}
```

现在，可以运行一下试试看。

## 18.5 总　　结

　　本章和第 17 章介绍了三种专题地图的制作方法，而实际上，专题地图的类型远不止这三种，其他还有散点图、图标尺寸渐变图等，可以自行尝试、补充。此外，把地图显示方式的设置添加到图层管理对话框中，其目的有二：首先，控件的功能更完善了，操作起来更简便了。其次，可以理解制图函数的调用方式和机制是怎样的。但是，同时也需要注意的是，由于需要用户输入一些信息，如分级数量，它必须是一个整数，否则系统就会崩溃，这里，没有给出相应的错误检测和处理机制，可以尝试用 try-catch 方式加以完善。

# 第 19 章 栅 格 图 层

之前的章节都在处理矢量数据，本章，来尝试处理栅格数据。栅格数据本质上是一张矩形图片，其每一个像素有一个颜色值，代表该像素的属性。从数据结构上讲，栅格数据非常简单，但其分析功能还是很强大的，尤其是在遥感研究方面。在本章中，学习如何将栅格数据作为一个图层添加到地图窗口中，关于其分析功能的实现暂不讨论。

同样，生成新的项目 Lesson_19，并复制 Lesson_18 的全部内容，记得将 Form1.cs 的命名空间改为 Lesson_19。

## 19.1 栅格文件结构

目前，许多商业地理信息系统产品都有各种自定义的栅格文件格式，但由于栅格数据本身比较简单，所以打算在本章中自行设计一种格式，其实都大同小异。采用相似原理，也可以尝试读取其他格式的栅格文件。

栅格数据是由两部分构成的，图片文件（如一个 BMP 或 JPG 的文件）及描述文件（用于记录这个图片的空间参考信息）。关于图片文件，不需要过多考虑，因为通常是已经存在的数据，如遥感影像，而需要定义的是描述文件的内部结构。

描述文件为一个文本文件，这样比较利于编辑，其仅包含如下信息。

（1）图片文件名。
（2）图片覆盖范围的最小横坐标。
（3）图片覆盖范围的最小纵坐标。
（4）图片覆盖范围的最大横坐标。
（5）图片覆盖范围的最大纵坐标。

这样的一个栅格描述文件，完全可以在电脑记事本中自行构造，特别的，定义了一个这种描述文件的扩展名"rst"，这样，在打开文件的时候比较容易识别，为此，在 GISConst 中增加一个静态变量记录这个扩展名，如下。

### Lesson_19/BasicClasses.cs/GISConst

```
public static string RASTER = "rst";
```

图 19-1 中的样例 mexico.rst 就是一个描述文件，其中，图片文件名并不包含文件存储的路径信息，所以要求图片文件与描述文件存在同一目录下，即共享路径信息。此外，感觉比较费解的是如何获知图片覆盖范围。这个范围通常是伴随着遥感图像或其他类型栅格数据的，这就好比矢量数据的空间参考系统，没有空间参考系统的坐标是没有价值的，不知道它到底在地球上的什么地方，同样，没有空间范围信息的栅格数据也是没用的。之前处理矢量数据时，似乎也没有过多地关注过其空间参考系统，不知其是地理坐标还是投影坐标。所以针对数据的很多量测性的分析是没有意义的，而且，如果多个图层基于不同的空间参考系统，则是没办法在同一个窗口中显示的，在今后的章节中，会讨论这个问题。本章先假设所有数据（包括栅格数据和矢量数据）都是采用同样的坐标系统。

图 19-1 构造栅格数据描述文件

## 19.2 扩充的图层类定义

栅格数据结构虽然简单，但是想把栅格数据与矢量数据放入一个地图窗口中同时显示却不是那么容易，为此，需要对原有的类定义做一些调整，同时补充新的栅格图层类。

既然已经出现了两类图层：矢量图层和栅格图层，其中前者就是之前一直所指的图层，那么，就来新建一个枚举类型 LAYERTYPE 用于记载两种图层类型 VectorLayer 及 RasterLayer，如下。

### Lesson_19/BasicClasses.cs

```
public enum LAYERTYPE
{
    VectorLayer, RasterLayer
};
```

关于这两类图层，它们之间共享了一些信息，如图层名称、图层范围等，而且在图层操作上有很多也是可以值得相互借鉴的，为此，考虑是否让它们成为兄弟关系，然后给它们找一个共同的父亲，这类似于 GISSpatial 与其子类 GISPoint、GISLine 及 GISPolygon 的形式。这个图层父类的名称叫 GISLayer 最好，尽管之前矢量图层类就是叫这个名字，不过没关系，可以把矢量图层类的名字改掉。

首先，这个图层父类 GISLayer 的定义给出如下。

**Lesson_19/BasicClasses.cs**

```
public abstract class GISLayer
{
    public string Name;
    public GISExtent Extent;
    public bool Visible = true;
    public string Path = "";
    public LAYERTYPE LayerType;
    public abstract void draw(Graphics graphics, GISView view, GISExtent extent = null);
}
```

这个新的 GISLayer 是一个抽象类，包括图层名称、图层范围、是否可见、图层数据文件地址、图层类型及一个抽象函数 draw。

添加了上述新类以后，代码中肯定立刻出现了大量的错误，先来处理最紧急的，也就是原来的矢量图层类，把它的名字改成 GISVectorLayer，同时删除部分父类已经有的属性成员定义，并修改部分函数定义。具体修改如下，其中无需修改的代码用省略号代替。其类名及构造函数名称均改为 GISVectorLayer，构造函数的第一句就是定义该图层类型为 VectorLayer，draw 函数加了一个表明重载的 override 关键词。

**Lesson_19/BasicClasses.cs**

```
public class ~~GISLayer~~ GISVectorLayer : GISLayer
{
    ~~public string Name;~~
    ~~public GISExtent Extent;~~
    … …
    ~~public bool Visible = true;~~
    ~~public string Path = "";~~
    … …
    public ~~GISLayer~~ GISVectorLayer(string _name, SHAPETYPE _shapetype, GISExtent _extent, List<GISField> _fields = null)
    {
        LayerType = LAYERTYPE.VectorLayer;
        … …
    }
    … …
    public override void draw(Graphics graphics, GISView view, GISExtent extent = null)
    {
        … …
    }
    … …
}
```

现在补充栅格图层类 GISRasterLayer 的定义，其同样是 GISLayer 的一个子类，代码如下。

#### Lesson_19/BasicClasses.cs

```csharp
public class GISRasterLayer : GISLayer
{
    public Bitmap rasterimage;
    public GISRasterLayer(string filename)
    {
        LayerType = LAYERTYPE.RasterLayer;
        StreamReader objReader = new StreamReader(filename);
        //图层名称
        Name = filename;
        //获得图片文件路径，其与描述文件相同
        FileInfo fi = new FileInfo(filename);
        //打开图片文件
        rasterimage = new Bitmap(fi.DirectoryName + "\\" + objReader.ReadLine());
        //图片范围
        double x1 = Double.Parse(objReader.ReadLine());
        double y1 = Double.Parse(objReader.ReadLine());
        double x2 = Double.Parse(objReader.ReadLine());
        double y2 = Double.Parse(objReader.ReadLine());
        Extent = new GISExtent(new GISVertex(x1, y1), new GISVertex(x2, y2));
        Path = filename;
        objReader.Close();
    }
    public override void draw(Graphics graphics, GISView view, GISExtent extent = null)
    {
        //根据当前地图可视范围确定图片的显示范围
        extent = (extent == null) ? view.getRealExtent() : extent;
        int x = (int)((extent.getMinX() - Extent.getMinX()) / Extent.getWidth() * rasterimage.Width);
        int y = (int)((Extent.getMaxY() - extent.getMaxY()) / Extent.getHeight() * rasterimage.Height);
        int width = (int)(extent.getWidth() / Extent.getWidth() * rasterimage.Width);
        int height = (int)(extent.getHeight() / Extent.getHeight() * rasterimage.Height);
        Rectangle sourceRect = new Rectangle(new Point(x, y), new Size(width, height));
        //图片应该出现的当前窗口范围
        Rectangle destRect = view.MapWindowSize;
        graphics.DrawImage(rasterimage, destRect, sourceRect, GraphicsUnit.Pixel);
    }
}
```

GISRasterLayer 类的唯一一个属性成员就是 Bitmap 类型的 rasterimage，它代表了实际打开的栅格数据，即一张图片。该类的构造函数就是根据输入的栅格描述文件打开一个图片，并初始化其他属性成员。draw 函数同样是重载其父类同名函数，其中 extent 代表当前窗口应该显示的范围，需要获取这个范围在图片中的像素位置，其中各相关变量之间的关系如图 19-2 所示，其中每个文本框的第一行都是用地理范围描述的坐标或距离，而第二行是用像素描述的，其中 x、y、height 及 width 是待求的变量。

# 第 19 章 栅格图层

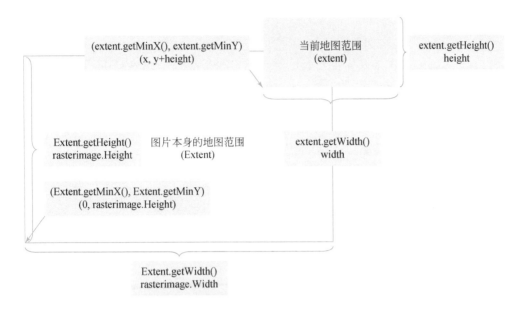

图 19-2 栅格数据坐标转换示意图

根据图 19-2，可得出如下等式，通过求解，即可获得未知变量的值，这也就是 draw 函数中用到的求解公式。其中，

Extent. getHeight（）= Extent. getMaxY（）−Extent. getMinY（）

并且，extent. getHeight（）= extent. getMaxY（）−extent. getMinY（）

x/rasterimage. Width =（extent. getMinX（）− Extent. getMinX（））/ Extent. getWidth（）

y/rasterimage. Height =（Extent. getMaxY（）− extent. getMaxY（））/ Extent. getHeight（）

width/rasterimage. Width = extent. getWidth（）/ Extent. getWidth（）

height/rasterimage. Height = extent. getHeight（）/ Extent. getHeight（）

注意，由 x、y、height 及 width 构成的矩形区域 sourceRect 也许已经不完全在原有图片的像素范围以内了，例如，y 可能是负值或者大于 rasterimage. Height，不过这并不要紧，因为 DrawImage 函数会忽略无图片内容部分的绘制。这个函数非常有用，它把 sourceRect 投影绘制到一个目标区域 destRect，这其中实际上完成了缩放的动作，关于这个函数的具体使用可参照 C#的在线帮助。这里 destRect 实际上就是当前地图窗口的像素范围，可以通过 view. MapWindowSize 获取，但是这个 MapWindowSize 目前还不是公有的，为此，需要在它前面加一个 public 前缀，代码如下。

## Lesson_19/BasicClasses.cs/GISView

```
public Rectangle MapWindowSize;
```

至此，图层父类及两个图层子类都已经完成了，下面需要逐一修改代码中其他报错的地方，这是一个细致的工作，因为要仔细甄别，出错的地方到底需要哪一类图层。

## 19.3  针对新的图层类更新类库

在 BasicClasses.cs 中涉及需要更新的类包括 GISShapefile、GISMyFile 及 GISDocument，其中前两个类中涉及的全部都是矢量图层 GISVectorLayer。因此，需要把在这两个类中出现的 GISLayer 都替换成 GISVectorLayer。相应的修改如下。

### Lesson_19/BasicClasses.cs/GISShapefile

```
public static ~~GISLayer~~ GISVectorLayer ReadShapefile(string shpfilename)
{
    ……
    ~~GISLayer~~ GISVectorLayer layer = new ~~GISLayer~~ GISVectorLayer(shpfilename,
        ShapeType, extent, ReadFields(table));
    ……
}
```

### Lesson_19/BasicClasses.cs/GISMyFile

```
public static ~~GISLayer~~ GISVectorLayer ReadFile(string filename)
{
    ……
    ~~GISLayer~~ GISVectorLayer layer = new ~~GISLayer~~ GISVectorLayer(layername, ShapeType, Extent, Fields);
}
……
public static void WriteFile(~~GISLayer~~ GISVectorLayer layer, string filename)
……
static void WriteFileHeader(~~GISLayer~~ GISVectorLayer layer, BinaryWriter bw)
……
static void ReadFeatures(~~GISLayer~~ GISVectorLayer layer, BinaryReader br, int FeatureCount)
……
static void WriteFeatures(~~GISLayer~~ GISVectorLayer layer, BinaryWriter bw)
```

针对 GISDocument 的修改显然要麻烦一些，因为这是一个专门负责处理多图层的类，几乎每个函数都要改动，逐一加以介绍。首先是 AddLayer 函数，其中针对栅格类型的图层，采取了不同的打开方式，也发现其接下去的代码似乎没有太大的改动，这得益于定义的图层类继承关系，即便函数返回值是子类（如 GISRasterLayer），也可以赋值给其父类（如 GISLayer），并共享接下去的代码，这样的机制在其他地方也会出现。代码如下，其中新增部分被加粗显示。

### Lesson_19/BasicClasses.cs/GISDocument

```
public GISLayer AddLayer(string path)
{
    GISLayer layer = null;
    string filetype = System.IO.Path.GetExtension(path).ToLower();
    if (filetype == "." + GISConst.SHPFILE)
        layer = GISShapefile.ReadShapefile(path);
    else if (filetype == "." + GISConst.MYFILE)
```

```
    layer = GISMyFile.ReadFile(path);
    else if (filetype == "." + GISConst.RASTER)
    layer = new GISRasterLayer(path);
    layer.Path = path;
    getUniqueName(layer);
    layers.Add(layer);
    UpdateExtent();
    return layer;
}
```

栅格图层目前是不支持选择操作的，因此，在 GISDocument 中所有选择操作都是基于 GISVectorLayer 的。在代码中，需要先判断其图层类型，然后进行相应操作，这些被修改的函数被集中列起来，如下。

### Lesson_19/BasicClasses.cs/GISDocument

```
public void ClearSelection()
{
    for (int i = 0; i < layers.Count; i++)
    if (layers[i].LayerType == LAYERTYPE.VectorLayer)
            ((GISVectorLayer)layers[i]).ClearSelection();
}
public SelectResult Select(GISVertex v, GISView view)
{
    SelectResult sr = SelectResult.TooFar;
    for (int i = 0; i < layers.Count; i++)
    if (layers[i].LayerType == LAYERTYPE.VectorLayer)
            if (((GISVectorLayer)layers[i]).Selectable)
                if (((GISVectorLayer)layers[i]).Select(v, view) == SelectResult.OK)
                    sr = SelectResult.OK;
    return sr;
}
public SelectResult Select(GISExtent extent)
{
    SelectResult sr = SelectResult.TooFar;
    for (int i = 0; i < layers.Count; i++)
    if (layers[i].LayerType == LAYERTYPE.VectorLayer)
            if (((GISVectorLayer)layers[i]).Selectable)
                if (((GISVectorLayer)layers[i]).Select(extent) == SelectResult.OK)
                    sr = SelectResult.OK;
    return sr;
}
```

在 GISDocument 中最后两个需要修改的函数是读写地图文档的函数 Write 和 Read，由于图层类型不同，可读写的内容也有所差异，所以要分别处理。另外，由于第 18 章介绍了专题地图，因此，对于把专题地图的信息放入地图文档中来说是个好机会。

修改后的地图文档结构如图 19-3 所示。栅格图层包含三个参数，矢量图层包含九个参数，其中，Thematics.Count 是特别针对分级设色地图的，用于确定分级的数量。由于栅格图层的三个参数均来自于父类，且与矢量图层共享，因此在 Write 函数中可以不必区分图层类型直接写入，相关代码如下。

### Lesson_19/BasicClasses.cs/GISDocument

```
public void Write(string filename)
{
    FileStream fsr = new FileStream(filename, FileMode.Create);
    BinaryWriter bw = new BinaryWriter(fsr);
    for (int i = 0; i < layers.Count; i++)
    {
        GISTools.WriteString(layers[i].Path, bw);
        GISTools.WriteString(layers[i].Name, bw);
        bw.Write(layers[i].Visible);
        if (layers[i].LayerType == LAYERTYPE.VectorLayer)
        {
            GISVectorLayer layer = (GISVectorLayer)layers[i];
            bw.Write(layer.DrawAttributeOrNot);
            bw.Write(layer.LabelIndex);
            bw.Write(layer.Selectable);
            bw.Write((int)layer.ThematicType);
            bw.Write(layer.ThematicFieldIndex);
            bw.Write(layer.Thematics.Count);
        }
    }
    bw.Close();
    fsr.Close();
}
```

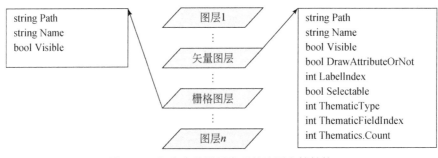

图 19-3 包含多种图层类型的地图文档结构

相应地，在读地图文档函数 Read 中，也按照同样的顺序把它们读出来。根据之前的定义，当一个图层被生成以后，它的专题地图类型是唯一值地图。之后，根据在地图文档中记录的该图层的类型，再生成相应的专题地图。

### Lesson_19/BasicClasses.cs/GISDocument

```
public void Read(string filename)
{
    layers.Clear();
    FileStream fsr = new FileStream(filename, FileMode.Open);
    BinaryReader br = new BinaryReader(fsr);
    while (br.PeekChar() != -1)
    {
        string path = GISTools.ReadString(br);
```

```
        GISLayer layer = AddLayer(path);
        layer.Path = path;
        layer.Name = GISTools.ReadString(br);
        layer.Visible = br.ReadBoolean();
        if (layer.LayerType == LAYERTYPE.VectorLayer)
        {
            GISVectorLayer vlayer = (GISVectorLayer)layer;
            vlayer.DrawAttributeOrNot = br.ReadBoolean();
            vlayer.LabelIndex = br.ReadInt32();
            vlayer.Selectable = br.ReadBoolean();
            vlayer.ThematicType = (THEMATICTYPE)Enum.Parse(typeof(THEMATICTYPE), br.ReadInt32().ToString());
            vlayer.ThematicFieldIndex = br.ReadInt32();
            int levelnumber = br.ReadInt32();
            //完成独立值或分级设色地图的绘制
            if (vlayer.ThematicType == THEMATICTYPE.UniqueValue)
                vlayer.MakeUniqueValueMap(vlayer.ThematicFieldIndex);
            else if (vlayer.ThematicType == THEMATICTYPE.GradualColor)
                vlayer.MakeGradualColor(vlayer.ThematicFieldIndex, levelnumber);
        }
    }
    br.Close();
    fsr.Close();
}
```

至此，完成了在 BasicClasses.cs 中的一切更新，下面开始对图层管理对话框进行修改。目前的对话框是基于矢量图层的，如果当前选中的是栅格图层，则需要记得隐藏掉一些不该存在的控件，包括可选择 checkBox1、自动标注 checkBox3、标注属性 comboBox1、【导出图层】按钮 button2、【打开属性表】按钮 button5 及负责专题地图的那组控件 groupBox1。把这部分操作放在图层选择列表框发生变化的处理函数里，相应代码如下，其中后半部分与原有代码完全一致，用省略号代替。

### Lesson_19/LayerDialog.cs

```
private void listBox1_SelectedIndexChanged(object sender, EventArgs e)
{
    if (listBox1.SelectedItem == null) return;
    GISLayer onelayer = Document.getLayer(listBox1.SelectedItem.ToString());
    //初始化与共享属性相关的各个控件
    label1.Text = onelayer.Path;
    textBox1.Text = onelayer.Name;
    checkBox2.Checked = onelayer.Visible;
    //根据图层类型更新控件的可用性
    checkBox1.Visible = onelayer.LayerType == LAYERTYPE.VectorLayer;
    checkBox3.Visible = onelayer.LayerType == LAYERTYPE.VectorLayer;
    comboBox1.Visible = onelayer.LayerType == LAYERTYPE.VectorLayer;
    button2.Visible = onelayer.LayerType == LAYERTYPE.VectorLayer;
    button5.Visible = onelayer.LayerType == LAYERTYPE.VectorLayer;
    groupBox1.Visible = onelayer.LayerType == LAYERTYPE.VectorLayer;
    //栅格图层的操作到此结束，可以退出
    if (onelayer.LayerType == LAYERTYPE.RasterLayer) return;
    //以下为原有矢量图层的操作
    GISVectorLayer layer = (GISVectorLayer)onelayer;
```

```
checkBox1.Checked = layer.Selectable;
......
}
```

同样地,在同一点击事件处理函数 Clicked 中,也采用上述类似处理方法。

**Lesson_19/LayerDialog.cs**

```
private void Clicked(object sender, EventArgs e)
{
  if (listBox1.SelectedItem == null) return;
  GISLayer onelayer = Document.getLayer(listBox1.SelectedItem.ToString());
  onelayer.Visible = checkBox2.Checked;
  //栅格图层的操作到此结束,可以退出
  if (onelayer.LayerType == LAYERTYPE.RasterLayer) return;
  GISVectorLayer layer = (GISVectorLayer)onelayer;
  layer.Selectable = checkBox1.Checked;
  layer.DrawAttributeOrNot = checkBox3.Checked;
  layer.LabelIndex = comboBox1.SelectedIndex;
}
```

针对【导出图层】按钮,当其被点击时,一定是矢量图层被选中了,否则,这个按钮是被隐藏的,所以只需在写图层时转成 GISVectorLayer 即可,代码如下。

**Lesson_19/LayerDialog.cs**

```
private void button2_Click(object sender, EventArgs e)
{
  ......
  GISMyFile.WriteFile((GISVectorLayer)layer, saveFileDialog1.FileName);
  ......
}
```

同理,可以把【打开属性表】按钮的事件处理函数修改如下。

```
private void button5_Click(object sender, EventArgs e)
{
  ......
  MapWindow.OpenAttributeWindow((GISVectorLayer)layer);
}
```

在【修改专题地图类型】按钮被点击时,一定也是矢量图层被选中了,所以在读图层时,直接应用强制类型转换即可,代码如下。

**Lesson_19/LayerDialog.cs**

```
private void button13_Click(object sender, EventArgs e)
{
  if (listBox1.SelectedItem == null) return;
  GISVectorLayer layer = (GISVectorLayer)Document.getLayer(listBox1.SelectedItem.ToString());
  ......
}
```

在【添加图层】按钮点击处理函数中，需要加入栅格文件类型，也就是 GISConst. RASTER，其他不需要改变，代码如下。

**Lesson_19/LayerDialog.cs**

```
private void button3_Click(object sender, EventArgs e)
{
    OpenFileDialog openFileDialog = new OpenFileDialog();
    openFileDialog.Filter = "GIS Files (*."+GISConst.SHPFILE+", *."+GISConst.MYFILE+", *."+GISConst.RASTER+") | *."+
    GISConst.SHPFILE + ";*." + GISConst.MYFILE + ";*." + GISConst.RASTER;
    ……
}
```

发现在图层管理对话框中漏掉了打开地图文档的按钮，正好趁此机会添加进去，在【添加图层】按钮前面增加一个【打开文档】的按钮，其处理函数如下。

**Lesson_19/LayerDialog.cs**

```
private void button14_Click(object sender, EventArgs e)
{
    OpenFileDialog openFileDialog = new OpenFileDialog();
    openFileDialog.Filter = "GIS Document (*." + GISConst.MYDOC +
        ") | *." + GISConst.MYDOC;
    openFileDialog.RestoreDirectory = false;
    openFileDialog.FilterIndex = 1;
    openFileDialog.Multiselect = false;
    if (openFileDialog.ShowDialog() != DialogResult.OK) return;
    //读入文档
    MapWindow.document.Read(openFileDialog.FileName);
    //更新地图窗口
    MapWindow.UpdateMap();
}
```

图层管理对话框也修改完毕了，仍旧报错的还有属性窗口 AttributeForm，这个窗口显然也是针对矢量图层的，只需把其所有的 GISLayer 换成 GISVectorLayer 即可，更改如下。

**Lesson_19/AttributeForm.cs**

```
~~GISLayer~~ GISVectorLayer Layer;
……
public AttributeForm(~~GISLayer~~ GISVectorLayer _layer, GISPanel _mapwindow)
```

最后，来到 GISPanel. cs 中，这里只有一个需要修改的地方，就是打开属性表功能的函数定义，代码修改如下。

**Lesson_19/GISPanel.cs**

```
public void OpenAttributeWindow(~~GISLayer~~ GISVectorLayer layer)
```

现在，已经完成了所有的代码修改工作，该到验证的时候了，但是栅格数据从哪里来保留呢？在下一节中，将介绍一种简单的方法。

## 19.4 构建栅格数据

目前已经有大量免费的遥感影像可以获取，而且每幅遥感影像均带有元数据信息，可以用于构建前文提到的栅格描述文件。这里以美国国家地质调查局（USGS）提供的数据下载网站为例，介绍如何构建栅格数据。

通过输入网址 http：//earthexplorer.usgs.gov/ 就可以进入这个网站，如图19-4所示。在右侧的地图窗口中，可以通过平移和缩放导航到需要的地图区域。之前使用的样本数据一直是墨西哥的，因此，可以下载覆盖墨西哥的遥感数据，当地图窗口中显示墨西哥区域后，可点击左侧的【Use Map】按钮，这时，当缩小地图后，会看到这个选中的区域被加上了一层红色的透明模板。

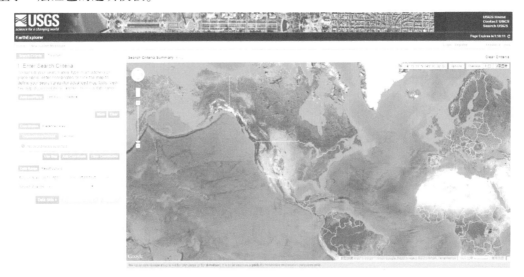

图19-4　http：//earthexplorer.usgs.gov/数据下载浏览界面

点击【Data Sets】，就可以进入可用数据的选择列表。但是，千万不要认为一定会有一张图片恰好完整覆盖了选择的区域，至少原始的、未经过拼接和切割的遥感影像一般是没有的，已有的遥感影像通常只会覆盖这个区域的一小部分。这里，选择"Landsat Legacy"—>"ETM+ Pan Mosaics (1999–2003)"，如图19-5所示。

点击【Results】按钮，就会看到一列查询到的图像结果，可以选择一幅图像，点击【Show Browse Overlay】，将会看到这个图像在右侧地图窗口中显示出来，它只覆盖了研究区的一小块（图19-6）。

点击图像的【Show Metadata and Browse】，将看到元数据，如图19-7所示，其中就包括地图范围数据，用它可以构造栅格描述文件。也许会发现，该图像的范围是用经纬度描述的，但由其四个角点经纬度构成的似乎并不是一个矩形，这一方面是因为经纬度本来就不具备可量测的性质，如平行于赤道的、经度差相同的两条线在不同纬度上实际长度是不一样的；另一方面是因为投影及遥感数据采集本身的特性造成图像的倾斜。但通过观察数据发现，这样的倾斜角度还比较小，暂且忽略不计，直接从8个坐标值中选出4个坐标极值写入描述文件中。

图 19-5　选择遥感数据集

图 19-6　叠加在地图上的一幅遥感图像

现在可以下载数据了，但是，当点击下载按钮时会发现，其文件大小达到 990MB，似乎有些太大了，当然，可以下载原文件，或者直接采用屏幕拷贝的方式截取一张低分辨率的影像。不管何种方式，保存这张图片文件，假设其名称为 MEN-14-20_ LR_ 2000. BMP，则在同一目录下，可建立一个栅格描述文件，其各行内容如下。

（1）MEN-14-20_ LR_ 2000. BMP。

（2）-99.004811。

（3）19.957075。

（4）-95.46415。

（5）22.509843。

现在，终于可以运行程序了，试着添加上述栅格数据到地图窗口，再接着添加几个矢量图层，调整一下图层顺序，看看各个图层是否可以正常显示。如图 19-8 所示，矢量图层与栅格图层的匹配效果还是非常不错的。

图 19-7　遥感图像元数据

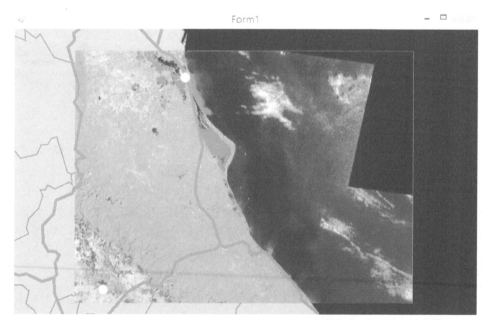

图 19-8　栅格图层与矢量图层并存的地图窗口

## 19.5 总　　结

　　本章内容较多，但实际上真正涉及栅格数据本身的内容并不多，更多的内容在于调整原有的类库结构，令其具有更强的可扩充性。

　　与栅格数据相关的分析内容很多，本章只介绍了基本的栅格图层操作功能，其将在未来补充。

　　在将面状矢量图层叠加到栅格图层上时，如果矢量图层的填充部分能具有一定的透明度，能透过矢量图层看到下面的栅格图层，做到这一点并不难，只要将图层 Thematics 属性中涉及的 InsideColor 的透明度修改一下即可，但具体实现有诸多细节需要考虑，可以试试看。

# 第 20 章 网络数据模型基础

网络模型可以用来表达现实社会中的很多实体或现象，如交通网络、社会网络，但其本质都是一样的，就是点与线的拓扑关系组合。本章将学习如何构造这种拓扑关系，建立网络数据模型。

同样地，生成新的项目 Lesson_20，并复制 Lesson_19 的全部内容，记得将 Form1.cs 的命名空间改为 Lesson_20。

## 20.1 基本的网络要素

网络由弧段（arc）和结点（node）组成，如图 20-1 所示，一个弧段通常对应于两个结点，起始结点和终止结点，而弧段之间如果相交，那么交点必定是在结点上。上述内容实际上就基本概况了网络的要素及其之间的拓扑关系。

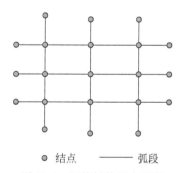

● 结点 ——— 弧段

图 20-1 网络结构基本要素

弧段本身是一个线实体，而结点是一个点实体。针对一个网络，它通常是由大量弧段和结点构成的。此外，构建网络结构的目的是分析，例如，计算最短路径，这时就需要有一个指标来定义"最短"的概念，它可以是长度，也可以是费用或者时间等，把这个指标命名为"阻抗"（impedance），这一属性是需要赋给每条弧段的。

综上所述，可以新增两个类，弧段类（GISArc）及结点类（GISNode）。由于网络数据模型本身内容较多，把这两个类及之后的相关类定义放置于一个单独的文件中。为此，需要在 Lesson_20 项目中增加一个类文件，取名为 GISNetwork.cs，其中，GISNetwork 就是网络数据结构类，这个类文件的缺省命名空间是 Lesson_20，但它显然是 MyGIS 的一部分，所以记得把其改成 MyGIS。GISNetwork.cs 最初的内容如下。

### Lesson_20/GISNetwork.cs

```csharp
using System;
using System.Collections.Generic;
using System.Linq;
using System.Text;
using System.Threading.Tasks;

namespace MyGIS
{
    public class GISNode
    {
        //结点位置
        public GISVertex location;
        public GISNode(GISVertex v)
        {
            location = v;
        }
    }
    public class GISArc
    {
        //弧段对应的线空间对象
        public GISFeature feature;
        //两个对应结点在列表中的序号
        public int FromNodeIndex;
        public int ToNodeIndex;
        //阻抗
        public double Impedence;
        public GISArc(GISFeature f, int from, int to, double impedence)
        {
            feature = f;
            FromNodeIndex = from;
            ToNodeIndex = to;
            Impedence = impedence;
        }
    }
}
```

GISNetwork 是网络数据结构的主体（尚未定义），包含结点列表和弧段列表。在上述弧段定义中，FromNodeIndex 和 ToNodeIndex 指的是与该弧段相关的两个结点在结点列表中的序号。虽然，通过这两个属性已经可以建立结点和弧段之间的联系了，但是，在通常的网络分析中，邻接矩阵是一种更便捷的表达形式，该矩阵记载从一个结点到其他任意结点直接相连的弧段。因此，弧段是这个矩阵的基本要素，而矩阵的大小等同于结点的数量，如果弧段上的交通流是双向的，而且双向阻抗均相同，则这个矩阵就是一个对称矩阵。本书中，假设上述情况为真。

构建网络数据结构的核心是填写结点列表和弧段列表，而数据源就是普通的线图层。

最初，在线图层中，是没有任何拓扑关系存在的，也就是说，无法获知一条线是否与另一条线通过同一个结点相连，在线图层中，每一条线都是孤立存在的，即使在地图窗口中它们可能看起来像一个网络，但实际上，它们彼此之间的连接关系，或者说拓扑关系是没有被建立的，接下来的任务就是建立这种关系。在此之前，先列出 GISNetwork 的基本属性定义，如下。

### Lesson_20/GISNetwork.cs

```
public class GISNetwork
{
    //结点列表
    public List<GISNode> Nodes = new List<GISNode>();
    //弧段列表
    public List<GISArc> Arcs = new List<GISArc>();
    //邻接矩阵
    public GISArc[,] Matrix;
    //原始线图层
    public GISVectorLayer LineLayer;
}
```

## 20.2 建立拓扑关系

　　填写结点列表是一个繁琐的事情，因为每个线实体都有两个结点，但并不是每个结点都会被增加到 GISNetwork 的结点列表 Nodes 中，因为多个结点在空间上可能指代的是同一个位置，因此，只能有一个结点存在，而这也是建立线与线之间关系的基础。所以首先要搞清楚，到底有多少个独立存在的结点位置。然而，这时，一个新的问题又出现了，由于误差的存在，两个结点虽然坐标不完全相同，但距离非常近，并且小于一个给定的阈值，那么也应该被认为是一个结点，但这个阈值如何确定呢？有时可以请用户输入，但有时用户也不清楚该是多少，因此要想办法确定。

　　填写弧段列表时，需要获知这个弧段的两个结点序号，还要知道它的阻抗，它可以是用户指定的一个特殊属性字段，或者是用弧段的长度代替。此外，线图层中每个空间对象都对应于一个弧段。因此，弧段列表的长度等于线图层的空间对象个数。

　　把上述过程放在 GISNetwork 的构造函数中，其代码如下。

### Lesson_20/GISNetwork.cs/GISNetwork

```
public GISNetwork(GISVectorLayer lineLayer, int FieldIndex = -1, double Tolerance = -1)
{
    LineLayer = lineLayer;
    //如果该图层不是线图层，则返回
    if (LineLayer.ShapeType != SHAPETYPE.line) return;
    //如果用户没有提供，计算 Tolerance
    if (Tolerance < 0)
    {
        Tolerance = double.MaxValue;
        for (int i = 0; i < LineLayer.FeatureCount(); i++)
        {
```

```
    GISLine line = (GISLine)(LineLayer.GetFeature(i).spatialpart);
    Tolerance = Math.Min(Tolerance, line.Length);
  }
  //找出最小的线实体长度，令其缩小 100 倍，作为 Tolerance
  Tolerance /= 100;
}
//填充结点列表和弧段列表
for (int i = 0; i < LineLayer.FeatureCount(); i++)
{
  GISLine line = (GISLine)(LineLayer.GetFeature(i).spatialpart);
  //获得对应的结点
  int from = FindOrInsertNode(line.FromNode(), Tolerance);
  int to = FindOrInsertNode(line.ToNode(), Tolerance);
  //获得阻抗，可以是已有的一个属性或者是弧段长度
  double impedence = (FieldIndex > 0) ? (double)(LineLayer.GetFeature(i).
      getAttribute(FieldIndex)) : line.Length;
  //增加到弧段列表
  Arcs.Add(new GISArc(LineLayer.GetFeature(i), from, to, impedence));
}
//建立邻接矩阵
BuildMatrix();
}
```

该函数首先验证输入的图层是否为线图层，如果不是就不需要继续了。然后，计算前面提到的阈值 Tolerance，这里，如果用户没有提供 Tolerance，即 Tolerance = -1，则寻找最短弧段，并取其 1/100 的长度作为 Tolerance。最后，开始填写结点和弧段列表；针对每个线图层的对象，都调用两次 FindOrInsertNode 完成结点填写，之后填写一个弧段记录；针对阻抗，需要看用户是否有指定特殊属性字段，如果没有，即 FieldIndex = -1，则用弧段长度代替。函数 FindOrInsertNode 的作用是在已有的弧段记录中查找，看同一位置是否已经有一条记录了，如果有，就直接返回记录序号，否则，新插入一条记录，同时返回该记录序号，其代码如下。

**Lesson_20/GISNetwork.cs/GISNetwork**

```
private int FindOrInsertNode(GISVertex vertex, double Tolerance)
{
  //在 Nodes 中查看该位置是否已经存在一个结点，如果是就直接返回这个结点
  for (int i = 0; i < Nodes.Count; i++)
  {
      if (Nodes[i].location.Distance(vertex) < Tolerance) return i;
  }
  //该位置尚无结点，则新增一个结点。
  Nodes.Add(new GISNode(vertex));
  return Nodes.Count - 1;
}
```

当在构造函数中完成结点和弧段列表的填写工作时，需要完成邻接矩阵的构建，即 BuildMatrix 函数，包括矩阵初始化，然后，在有邻接关系的位置填上相应弧段记录，其代码如下。

### Lesson_20/GISNetwork.cs/GISNetwork

```
private void BuildMatrix()
{
  //初始化邻接矩阵
  Matrix = new GISArc[Nodes.Count, Nodes.Count];
  for (int i = 0; i < Nodes.Count; i++)
   for (int j = 0; j < Nodes.Count; j++)
    Matrix[i, j] = null;
  //填充邻接矩阵，假定每个弧段都为双向通行，且阻抗相同
  for (int i = 0; i < Arcs.Count; i++)
  {
     Matrix[Arcs[i].FromNodeIndex, Arcs[i].ToNodeIndex] = Arcs[i];
     Matrix[Arcs[i].ToNodeIndex, Arcs[i].FromNodeIndex] = Arcs[i];
  }
}
```

至此，拓扑关系构建完成，该到验证它的时候了，最好的办法就是计算两结点间的最短路径。

## 20.3 最短路径分析

计算网络中两点间的最短路径实际上是大部分网络分析的基础，本节将介绍最常用的最短路径计算方法 Dijkstra 算法，以及其实现过程。用图示的方式来介绍这个算法，并假设网络结构，如图 20-2 所示。

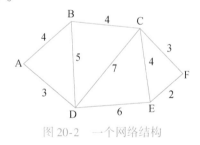

图 20-2 一个网络结构

根据图 20-2 知道这个网络有 6 个结点，9 个弧段，在弧段上标注的是该弧段上的阻抗，用单个字母表示一个结点，用两个字母表示连接两个结点的弧段阻抗，则可以构造一个邻接矩阵，如下。

|   | A | B | C | D | E | F |
|---|---|---|---|---|---|---|
| A | null | AB | null | AD | null | null |
| B | BA | null | BC | BD | null | null |
| C | null | CB | null | CD | CE | CF |
| D | DA | DB | DC | null | DE | null |
| E | null | null | EC | ED | null | EF |
| F | null | null | FC | null | FE | null |

令 FromNodeIndex 及 ToNodeIndex 表示计算最短路径的两个结点序号，令集合 Q 包含所有尚未确定与 FromNodeIndex 最短路径的结点；令集合 dist 记录每个结点到 FromNodeIndex 的最短路径距离；令集合 prev 记录每个结点在沿 FromNodeIndex 到该结点的最短路径上的前一个结点。假设要计算从 B 到 F 的最短路径，则算法步骤如下。

第一步，初始化所有变量，其中，因从 B 到 B 的距离显然是 0，所以在 dist 中其值为 0，而其他值为无穷大 $\infty$，即

FromNodeIndex = B，ToNodeIndex = F

$Q = \{A, C, D, E, F\}$

dist = $\{\infty, 0, \infty, \infty, \infty, \infty\}$

prev = {null, null, null, null, null, null}

第二步，从 Q 中找出在 dist 中最小的距离及对应的结点（假设为 X），其 dist [X] 也就是从 FromNodeIndex 到 X 的最短距离，最短距离已经确定的值用加粗来表示。把 X 从 Q 中移除，表示其到 B 的最短距离已经找到。计算以 X 为中介，从 B 到其他在 Q 中结点的距离，例如，针对结点 Y，如果 dist [X] + XY < dist [Y]，令 dist [Y] = dist [X] + XY，同时，令 prev [Y] = X，即以 X 为 Y 前序结点，这里 XY 即来自于上述的邻接矩阵。在此步骤中，显然 X = B，即

$Q = \{C, D, E, F\}$

dist = $\{4, 0, 4, 5, \infty, \infty\}$

prev = {B, null, B, B, null, null}

第三步，重复第二步，此时 X = A 或 C，可任选其一，例如 A，由于从 A 到其他结点的距离加上 B 到 A 的最短距离都不小于原有的 dist 中的距离，所以，dist 没发生变化，相应的 prev 也未发生变化。

$Q = \{C, D, E, F\}$

dist = $\{4, 0, 4, 5, \infty, \infty\}$

prev = {B, null, B, B, null, null}

第四步，继续重复第二步，此时 X = C（在剩余的 C、D、E 及 F 中选），则

$Q = \{D, E, F\}$

dist = $\{4, 0, 4, 5, 8, 7\}$

prev = {B, null, B, B, C, C}

第五步，继续重复第二步，此时 X = D（在剩余的 D、E 及 F 中选），则

$Q = \{E, F\}$

dist = $\{4, 0, 4, 5, 8, 7\}$

prev = {B, null, B, B, C, C}

第六步，继续重复第二步，此时 X = F（在剩余的 E 及 F 中选），由于 F 恰好就是 ToNodeIndex，则搜索结束，从 dist 中可知，B 到 F 的最短距离为 7，然后根据 prev 可推导出路径，prev [F] = C，表示 F 的前序结点为 C，同理，prev [C] = B，表示 C 的前序结点为 B，而 prev [B] = null，表示无前序结点，到达起点，这样，B 到 F 的路径顺序就出来了：BC→CF。

如果不限定终止结点，该算法实际上可以计算一个结点到其他所有结点的最短距离，当然，有时两个结点间并无路径存在，则距离保持为无穷大。

按照上述原理，编码如下。

**Lesson_20/GISNetwork.cs/GISNetwork**

```csharp
public List<GISFeature> FindRoute(int FromNodeIndex, int ToNodeIndex)
{
    //初始化路径记录
    List<GISFeature> route = new List<GISFeature>();
    //起点终点相同，所以直接返回空路径
    if (FromNodeIndex == ToNodeIndex) return route;
    //定义并初始化相关变量
    double[] dist = new double[Nodes.Count];
    int[] prev = new int[Nodes.Count];
    List<int> Q = new List<int>();
    for (int i = 0; i < Nodes.Count; i++)
    {
        dist[i] = double.MaxValue;
        prev[i] = -1;
        Q.Add(i);
    }
    dist[FromNodeIndex] = 0;

    bool FindPath = false;
    while (Q.Count > 0)
    {
        //寻找 Q 中 dist 值最小的结点
        int minindex = 0;
        for (int i = 1; i < Q.Count; i++)
            if (dist[Q[i]] < dist[Q[minindex]]) minindex = i;
        //如果结点是终点，则退出循环
        if (Q[minindex] == ToNodeIndex)
        {
            FindPath = true;
            break;
        }
        //更新 dist 及 prev
        for (int i = 0; i < Q.Count; i++)
        {
            if (minindex == i) continue;
            if (Matrix[Q[minindex], Q[i]]==null) continue;

            double newdist = dist[Q[minindex]] + Matrix[Q[minindex], Q[i]].Impedence;
            if (newdist < dist[Q[i]])
            {
                dist[Q[i]] = newdist;
                prev[Q[i]] = Q[minindex];
            }
        }
        //移除已经确定最短距离的结点
        Q.RemoveAt(minindex);
    }
```

```
//如果有路径存在，通过倒序的方法找到沿路的弧段
if (FindPath)
{
    int i = ToNodeIndex;
    while (prev[i] > -1)
    {
        route.Insert(0, Matrix[prev[i], i].feature);
        i = prev[i];
    }
}
return route;
}
```

上述函数中两次用到邻接矩阵 Matrix，一个是获取两结点间阻抗，一个是获取连接两结点的线图层空间对象，因为上述两个值都是 GISArc 类的属性成员，因此邻接矩阵的元素是 GISArc，否则，可能需要至少两个矩阵来记录上述数值。

上述函数的输入是两个结点的序号，而这个序号实际上是给每个结点编制的，而对于外部函数来说，其并不知道这个序号代表地图中哪个位置。因此，需要另外一个函数以起止点位置为输入参数，然后，根据位置找到临近的结点及其序号，计算最短路径，其实现过程包含两个函数，代码如下。

### Lesson_20/GISNetwork.cs/GISNetwork

```
//根据位置找到最近的结点序号
private int FindNearestNodeIndex(GISVertex vertex)
{
    double mindist = double.MaxValue;
    int minindex=-1;
    for (int i = 0; i < Nodes.Count; i++)
    {
        double dist=Nodes[i].location.Distance(vertex);
        if (dist < mindist)
        {
            minindex = i;
            mindist = dist;
        }
    }
    return minindex;
}

//根据起止点位置计算最短路径
public List<GISFeature> FindRoute(GISVertex vfrom, GISVertex vto)
{
    int FromNodeIndex=FindNearestNodeIndex(vfrom);
    int ToNodeIndex=FindNearestNodeIndex(vto);
    return FindRoute(FromNodeIndex, ToNodeIndex);
}
```

不论是哪个 FindRoute 函数，其返回值 Route 都包含了构成路径的所有属于基础线图层的空间对象，但如何将这个结果可视化出来呢？这是下一节需要尝试的工作。

## 20.4 展示分析结果

完成一项功能，它能够应用前面的网络数据结构，计算两点间最短路径，并把这个路径展示出来。先采用一种简单的方法快速实现，在第 21 章中将介绍更有效的操作方法。

Form1 中如果还没有 GISPanel 控件，增加一个，名为 gisPanel1。另外，记得加上 "using MyGIS;"。然后，在 Form1 中增加一个按钮【button1】，这个按钮的功能就是构建网络，计算最短路径，其点击处理函数如下。

**Lesson_20/GISNetwork.cs/GISNetwork**

```
private void button1_Click(object sender, EventArgs e)
{
    //假定第一个图层就是一个线图层
    GISVectorLayer layer = (GISVectorLayer)gisPanel1.document.layers[0];
    //构建网络结构
    GISNetwork network = new GISNetwork(layer);
    //清空图层的选择集
    layer.ClearSelection();
    //获得指定两点间的最短路径
    List<GISFeature> fs = network.FindRoute(new GISVertex(-115, 33), new GISVertex(-88, 14));
    //令路径上的空间对象被选中
    foreach (GISFeature f in fs)
    {
        f.Selected = true;
        layer.Selection.Add(f);
    }
    //重绘地图
    gisPanel1.UpdateMap();
}
```

通过阅读注释，相信上述代码还是很容易理解的。它通过把构成路径的空间对象增加到选择集里，实现路径的可视化显示。这个函数里面使用的起止点坐标位置是专门针对一直采用的墨西哥路网图层来设计的。

现在，运行程序，增加样本数据中的 roads.shp 到地图窗口中，然后点击【button1】，看是否会获得类似图 20-3 的结果，其中蓝线表示最短路径，看来网络结构构建是成功的，最短路径也似乎是正确的。

也可以修改 button1 事件处理函数中的坐标位置，试试看是否仍然能够找到最短路径。

图 20-3　最短路径结果展示

## 20.5　总　　结

本章介绍了网络数据模型的基本要素，构建要素间的拓扑关系及基于网络数据模型实现的最短路径分析，而更复杂的网络分析功能可以基于上述模型和分析方法实现。

网络数据模型在 GIS 中应用广泛，本章的介绍还有很多不足，例如，这样一种数据模型的构建有时会比较耗时，是否可一次构建多次使用？20.4 节介绍的分析结果展示方法似乎太死板，也很不友好，还有没有更好的方式？等等，在第 21 章中将有所改进。

# 第 21 章 操作网络数据模型

本章介绍网络数据模型的存储（这对大型网络来说很有必要）及网络分析专用对话框的实现。生成新的项目 Lesson_21，并复制 Lesson_20 的全部内容，将 Form1.cs 的命名空间改为 Lesson_21。当然，Form1 中的 button1 及其处理函数可以删掉了，因为本章会有更好的替代方法。

## 21.1 生成弧段及结点图层

在 GISNetwork 的构造函数中，虽然代码不多，但计算量还是不小的，每新增一个结点，都要与已有的所有结点进行比较，当结点数量很多时，计算时间会比较长。考虑这种情况，如果能够把结算结果保存下来，那么下次使用就可以直接打开，将节约很多时间。

GISNetwork 中核心的数据是两个列表 Arcs 及 Nodes，保存它们似乎并不难，但仍需要定义一种新的文件结构才行，并完成相应的读写函数。同时，也已经有了一种自定义的图层文件类 GISMyFile，其已经包含了比较完整的读写函数，那么，是否可以把 Arcs 及 Nodes 转成图层，然后以图层的方式存储起来呢？这似乎是一个不错的想法。

Nodes 列表非常简单，可以生成一个不含任何属性字段的点图层，记录其中每一个 GISNode 实例。为此，在 GISNetwork 中添加一个生成 Nodes 图层的函数，如下。

**Lesson_21/GISNetwork.cs/GISNetwork**

```
public GISVectorLayer CreateNodeLayer()
{
    GISVectorLayer NodeLayer = new GISVectorLayer("nodes", SHAPETYPE.point, LineLayer.Extent);
    for (int i = 0; i < Nodes.Count; i++)
        NodeLayer.AddFeature(new GISFeature(new GISPoint(Nodes[i].location), new GISAttribute()));
    return NodeLayer;
}
```

Arcs 列表稍微复杂一点，因为 GISArc 有四个属性，而且其中一个是 GISFeature 类型的属性 feature，而这个属性就是基础线图层 LineLayer 的空间对象。因此，可以直接通过存储 LineLayer 来实现这一属性的保存，而对于 GISArc 中其他属性可以作为字段存储到一个图层中。实际上这个图层不需要空间实体，但为了保证数据的完整性，也为了以后提供一些应用的可能，令其为线图层，而空间实体就来自于对应的 LineLayer 的空间对象。生成 Arcs 图层的函数如下。

### Lesson_21/GISNetwork.cs/GISNetwork

```csharp
public GISVectorLayer CreateArcLayer()
{
    //生成属性字段
    List<GISField> fields = new List<GISField>();
    fields.Add(new GISField(typeof(Int32), "FromNodeIndex"));
    fields.Add(new GISField(typeof(Int32), "ToNodeIndex"));
    fields.Add(new GISField(typeof(double), "Impedence"));
    //生成图层
    GISVectorLayer arcLayer = new GISVectorLayer("arcs", SHAPETYPE.line, LineLayer.Extent, fields);
    for (int i = 0; i < Arcs.Count; i++)
    {
        GISAttribute a = new GISAttribute();
        a.AddValue(Arcs[i].FromNodeIndex);
        a.AddValue(Arcs[i].ToNodeIndex);
        a.AddValue(Arcs[i].Impedence);
        //添加控件对象
        arcLayer.AddFeature(new GISFeature(Arcs[i].feature.spatialpart, a));
    }
    return arcLayer;
}
```

根据上述两个函数，可以很容易写出从读到的图层中恢复 Arcs 列表及 Nodes 列表，函数如下。

### Lesson_21/GISNetwork.cs/GISNetwork

```csharp
public void ReadNodeLayer(GISVectorLayer NodeLayer)
{
    Nodes.Clear();
    for (int i = 0; i < NodeLayer.FeatureCount(); i++)
    {
        Nodes.Add(new GISNode(NodeLayer.GetFeature(i).spatialpart.centroid));
    }
}

public void ReadArcLayer(GISVectorLayer ArcLayer)
{
    Arcs.Clear();
    for (int i = 0; i < ArcLayer.FeatureCount(); i++)
    {
        GISFeature gf = ArcLayer.GetFeature(i);
        int from = (int)gf.getAttribute(0);
        int to = (int)gf.getAttribute(1);
        double impedence = (double)gf.getAttribute(2);
        Arcs.Add(new GISArc(LineLayer.GetFeature(i), from, to, impedence));
    }
}
```

上述 ReadArcLayer 函数中用到了基础线图层 LineLayer，因此，记住在调用这个函数之前，需要令 LineLayer 已知。

现在，可以把 Arcs 图层、Nodes 图层及 LineLayer 图层都利用 GISMyFile 的函数存储成硬盘文件。然而，在完成统一的读写函数之前，如果把一个网络结构存储成三个单独的文件，那显然是很脆弱而且麻烦的，如果能把三个图层文件合成一个应该是一种更稳妥的方法，将在下一节来实现它。

## 21.2　单一文件多图层读写

现在来改进 GISMyFile 中相关函数，实现单一文件的多图层读写，其主要涉及的是 WriteFile 及 ReadFile 函数。考虑在大部分情况下，是单一文件单一图层的读写，因此保留了目前的单一文件单一图层读写函数 WriteFile 及 ReadFile 的定义，但将实际的读写过程放入单一文件多图层读写函数 WriteFileMultiLayers 及 ReadFileMultiLayers 中，WriteFile 及 ReadFile 函数调用 WriteFileMultiLayers 及 ReadFileMultiLayers 完成单一文件单一图层的读写。这样，单一图层的读写就可以作为一个特例与多图层读写共享代码。

针对写函数，改写代码如下。

### Lesson_21/GISBasicClasses.cs/GISMyFile

```
public static void WriteFile(GISVectorLayer layer, string filename)
{
    List<GISVectorLayer> layers = new List<GISVectorLayer>();
    layers.Add(layer);
    WriteFileMultiLayers(layers, filename);
}

public static void WriteFileMultiLayers(List<GISVectorLayer> layers, string filename)
{
    FileStream fsr = new FileStream(filename, FileMode.Create);
    BinaryWriter bw = new BinaryWriter(fsr);
    foreach (GISVectorLayer layer in layers)
    {
        //写单一图层
        WriteFileHeader(layer, bw);
        GISTools.WriteString(layer.Name, bw);
        WriteFields(layer.Fields, bw);
        WriteFeatures(layer, bw);
    }
    bw.Close();
    fsr.Close();
}
```

其中，WriteFileMultiLayers 完成了多图层顺序写入一个文件的功能，其主体也是来自原来的 WriteFile 函数，而现在的 WriteFile 函数定义与之前相同，其生成了一个只包含单个图层的列表，并调用 WriteFileMultiLayers 完成写入操作。同理，读函数改写如下。

### Lesson_21/GISBasicClasses.cs/GISMyFile

```csharp
public static GISVectorLayer ReadFile(string filename)
{
    List<GISVectorLayer> layers = ReadFileMultiLayers(filename);
    return layers[0];
}

public static List<GISVectorLayer> ReadFileMultiLayers(string filename)
{
    FileStream fsr = new FileStream(filename, FileMode.Open);
    BinaryReader br = new BinaryReader(fsr);
    List<GISVectorLayer> layers = new List<GISVectorLayer>();
    while (br.PeekChar() != -1)
    {
        //读单一图层
        MyFileHeader mfh = (MyFileHeader)(GISTools.FromBytes(br, typeof(MyFileHeader)));
        SHAPETYPE ShapeType = (SHAPETYPE)Enum.Parse(typeof(SHAPETYPE), mfh.ShapeType.ToString());
        GISExtent Extent = new GISExtent(mfh.MinX, mfh.MaxX, mfh.MinY, mfh.MaxY);
        string layername = GISTools.ReadString(br);
        List<GISField> Fields = ReadFields(br, mfh.FieldCount);
        GISVectorLayer layer = new GISVectorLayer(layername, ShapeType, Extent, Fields);
        ReadFeatures(layer, br, mfh.FeatureCount);
        layers.Add(layer);
    }
    br.Close();
    fsr.Close();
    return layers;
}
```

现在，回到 GISNetwork 类，完成最后的读写函数，其中写函数代码如下。

### Lesson_21/GISNetwork.cs/GISNetwork

```csharp
public void Write(String filename)
{
    List<GISVectorLayer> layers = new List<GISVectorLayer>();
    layers.Add(LineLayer);
    layers.Add(CreateNodeLayer());
    layers.Add(CreateArcLayer());
    GISMyFile.WriteFileMultiLayers(layers, filename);
}
```

这个写函数相继把基础线图层 LineLayer、结点图层及弧段图层添加到一个列表中，然后写入一个文件。关于读网络结构，把它作为一个构造函数来实现，代码如下。

### Lesson_21/GISNetwork.cs/GISNetwork

```csharp
public GISNetwork(String filename)
{
    List<GISVectorLayer> layers = GISMyFile.ReadFileMultiLayers(filename);
    LineLayer = layers[0];
    ReadNodeLayer(layers[1]);
```

```
ReadArcLayer(layers[2]);
//建立邻接矩阵
BuildMatrix();
}
```

至此，网络数据结构的存储功能实现了。

## 21.3 网络分析对话框设计

在第 20 章中，用一个按钮的点击函数展示了可视化网络分析的结果，现在的网络结构有了更多的功能。因此，需要一种更一般的形式，允许更便捷的用户交互。为此，可以设计一个网络分析对话框，这个对话框跟图层管理对话框一样，都是 MyGIS 类库的一部分，并且作为一个单独文件存在。

首先，在项目中添加一个新的窗体，其名称可以是 NetworkForm。缺省情况下，它所在的命名空间是 Lesson_21，记得把它改成 MyGIS。

然后，在 NetworkForm 中添加一些控件，如图 21-1 所示，其中，左边的 comboBox1 会列出当前所有在右边地图窗口 gisPanel1 中被打开的线图层，当某一个线图层被选中后，点击构建网络数据结构按钮【button1】就可以生成网络结构。此外，也可点击读取网络结构按钮【button4】打开一个记载了网络结构的文件。当然，它一定是之前点击导出网络结构按钮【button5】后存储的一个文件。lisiBox1 里会列出需要计算最短路径的起止点，可能不止两个点，每前后相继的两个点间的最短路径都可被计算。当添加起止点 checkBox1 被选中时，可以在右侧的地图上需要添加起止点的地方双击鼠标左键，或者，可以点击加载起止点按钮【button6】，它会打开一个点图层，加载其中的点位置到当前的起止点图层中。清空起止点按钮【button2】会清空地图窗口和 listBox1 中的所有起止点，以及起止点图层中的记录。显示最短路径按钮【button3】会计算顺序途径所有

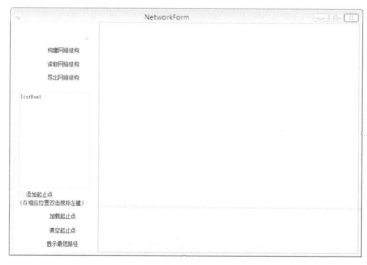

图 21-1 网络分析对话框设计

起止点的一条最短路径，并显示出来，其中显示的原理与第 20 章是一样的，令构成最短路径的空间对象被选中。

如何记录起止点呢？本书采用的办法是生成一个临时的点图层，这个点图层只有一个字段，就是点的序号，并且之后按照这个点的序号计算最短路径，为便于观察顺序，令该字段标注在点旁边。此外，在没有网络结构存在时，一些控件应该是不可用的。因此，在自动生成的 NetworkForm 的构造函数中增加对这些控件可用性的设置。NetworkForm.cs 最初的样子如下。

### Lesson_21/NetworkForm.cs

```
using System;
using System.Collections.Generic;
using System.ComponentModel;
using System.Data;
using System.Drawing;
using System.Linq;
using System.Text;
using System.Threading.Tasks;
using System.Windows.Forms;

namespace MyGIS
{
    public partial class NetworkForm : Form
    {
        GISNetwork network;
        GISVectorLayer StopsLayer;
        GISVectorLayer LineLayer;

        public NetworkForm()
        {
            InitializeComponent();
            //生成起止点图层
            List<GISField> fields = new List<GISField>();
            fields.Add(new GISField(typeof(Int32), "Index"));
            StopsLayer = new GISVectorLayer("stops"+DateTime.Now.Ticks, SHAPETYPE.point, null, fields);
            //令起止点图层自动标注序号
            StopsLayer.LabelIndex = 0;
            StopsLayer.DrawAttributeOrNot = true;
            //设置控件可用性
            checkBox1.Checked = false;
            checkBox1.Enabled = false;
            button2.Enabled = false;
            button3.Enabled = false;
            button5.Enabled = false;
            button6.Enabled = false;
        }
    }
}
```

在起止点图层的名字中包含当前时间的 Ticks 值，即 DateTime.Now.Ticks（这是一个记录从公元 0001 年至今的百纳秒值），其目的是避免与已有图层发生重名，这样，就可以保证这个名字在整个对话框生命期内都是唯一的。此外，这个起止点图层 StopsLayer 比较特殊，它是临时生成的一个图层，为此，要把它添加到地图窗口中，可能需要增加原有函数的处理能力。

首先，需要在 GISDocument 中新建一个函数 AddLayer，其参数是一个已经存在的图层，补充如下。

**Lesson_21/BasicClasses.cs/GISDocument**

```
public GISLayer AddLayer(GISLayer layer)
{
    getUniqueName(layer);
    layers.Add(layer);
    UpdateExtent();
    return layer;
}
```

其次，由于 StopsLayer 图层并不与硬盘中存储的某个文件关联，因此，其 path 属性是空的，而在 GISDocument 的写文档函数 Write 中，忽视了这一点，这也许会成为未来的隐患。所以，现在就要解决这个问题，对于没有 path 的图层，不予存储到地图文档中，代码如下，其中新增代码被加粗显示。

**Lesson_21/BasicClasses.cs/GISDocument**

```
public void Write(string filename)
{
    ……
    for (int i = 0; i < layers.Count; i++)
    {
        if (layers[i].Path == "") continue;
        ……
    }
    ……
}
```

然后，StopsLayer 图层在最初的时候，其 Extent 为空，在更新地图窗口的范围时也会出错，为此，需要修正 GISExtent 中原有的 Merge 函数，考虑 Extent 为空的情况，代码如下，新补充的语句被加粗显示。

**Lesson_21/BasicClasses.cs/GISDocument**

```
public void Merge(GISExtent extent)
{
    if (extent == null) return;
    upright.x = Math.Max(upright.x, extent.upright.x);
    ……
}
```

最后，在现有的构建 GISVectorLayer 图层函数中，空间对象都来自于已经存储的数据文件，所以，在每次添加空间对象时，并不需要更新图层的范围，因为那个范围是直接从数据文件中一次性读取的，不需更新。然而，在向 StopsLayer 添加空间对象时，需要同时更新其范围，为此，改进了 GISVectorLayer 中的 AddFeature 函数，令其可以处理上述两种情况，代码如下，其中新补充的语句被加粗显示。

**Lesson_21/BasicClasses.cs/GISVectorLayer**

```
public void AddFeature(GISFeature feature, bool UpdateExtent = false)
{
  if (Features.Count == 0) feature.ID = 0;
  else feature.ID = Features[Features.Count - 1].ID + 1;
  Features.Add(feature);
  if (UpdateExtent == false) return;
  if (Features.Count == 1)
  {
      Extent = new GISExtent(feature.spatialpart.extent);
  }
  else
  {
      Extent.Merge(feature.spatialpart.extent);
  }
}
```

显然，上述函数因为使用了为传入参数设定初始值（UpdateExtent = false）的方式，所以，其还是可以与已有代码兼容的。

至此，完成了针对起止点图层的完善工作，实际上，这也解决了今后添加临时图层或者建立空白新图层的相关问题。

## 21.4　实现对话框功能

建立网络结构有两种方式，或者从一个线图层的基础上重新建立网络结构，或者打开一个之前存储的网络结构文件。先来实现第一种，这之前，需要为 NetworkForm 增加两个属性成员，基础线图层和网络结构，如下。

**Lesson_21/NetworkForm.cs**

```
GISVectorLayer LineLayer;
GISNetwork network;
```

然后，需要将当前地图窗口中的线图层名称加入到 comboBox1 的列表中以便用户选择，加入的时机就是当用户点击这个控件时，代码如下。

**Lesson_21/NetworkForm.cs**

```
private void comboBox1_MouseClick(object sender, MouseEventArgs e)
{
  comboBox1.Items.Clear();
  for(int i=0;i<gisPanel1.document.layers.Count;i++)
  {
      GISLayer layer = gisPanel1.document.layers[i];
      //如果非矢量图层，则继续
```

```csharp
        if (layer.LayerType != LAYERTYPE.VectorLayer) continue;
        //如果非线图层,则继续
        if (((GISVectorLayer)layer).ShapeType != SHAPETYPE.line) continue;
        comboBox1.Items.Add(layer.Name);
    }
}
```

现在,可以实现【构建网络结构】按钮的点击功能了,代码如下。

### Lesson_21/NetworkForm.cs

```csharp
private void button1_Click(object sender, EventArgs e)
{
    //获得基础线图层
    LineLayer = (GISVectorLayer)gisPanel1.document.getLayer(comboBox1.SelectedItem.ToString());
    //获取不到线图层,退出
    if (LineLayer == null) return;
    //构造网络结构
    network = new GISNetwork(LineLayer);
    //初始化相关设置
    Init();
    MessageBox.Show("成功!");
}
```

上述函数似乎有些费解,为什么 LineLayer 还有可能为 null,这是因为,用户在点击【comboBox1】获取 LineLayer 名称后,也可能会在点击【button1】前无意中移除这个图层(如通过图层管理对话框)。因此,为保险考虑,增加了这个判断。此外,Init 函数要实现一些网络结构建立后的初始化工作,其代码如下。

### Lesson_21/NetworkForm.cs

```csharp
private void Init()
{
    //检查图层是否存在于地图窗口
    CheckLayers();
    //清空起止点图层和 listBox1
    StopsLayer.DeleteAllFeatures();
    listBox1.Items.Clear();
    //清空基础线图层选择集
    LineLayer.ClearSelection();
    //设置控件的可用性
    checkBox1.Checked = true;
    checkBox1.Enabled = true;
    button2.Enabled = true;
    button3.Enabled = true;
    button5.Enabled = true;
    button6.Enabled = true;
    //更新地图
    gisPanel1.UpdateMap();
}
```

上述函数中调用的 CheckLayers 也是为了确保所需的起止点图层和基础线图层已经在

地图窗口中被加载了，如果没有被加载，就完成加载，其代码如下。

### Lesson_21/NetworkForm.cs

```csharp
private void CheckLayers()
{
    if (gisPanel1.document.getLayer(LineLayer.Name) == null)
        gisPanel1.document.AddLayer(LineLayer);
    if (gisPanel1.document.getLayer(StopsLayer.Name) == null)
        gisPanel1.document.AddLayer(StopsLayer);
}
```

在 Init 函数中，还有一个删除图层中所有空间对象的函数 DeleteAllFeatures，它是属于 GISVectorLayer 的，补充如下。

### Lesson_21/BasicClasses.cs/GISVectorLayerLayer

```csharp
public void DeleteAllFeatures()
{
    Features.Clear();
    Extent = null;
}
```

现在，来实现建立网络结构的第二种方式，读取网络结构文件，即【button4】的点击处理函数，有了前面的基础，这个处理函数就变得非常简单，代码如下。

### Lesson_21/NetworkForm.cs

```csharp
private void button4_Click(object sender, EventArgs e)
{
    //打开一个扩展名为 GISConst.NETFILE 的文件
    OpenFileDialog openFileDialog = new OpenFileDialog();
    openFileDialog.Filter = "GIS Files (*." + GISConst.NETFILE + ") |*." + GISConst.NETFILE;
    if (openFileDialog.ShowDialog() != DialogResult.OK) return;
    //恢复网络结构
    network=new GISNetwork(openFileDialog.FileName);
    //提取基础线图层
    LineLayer = network.LineLayer;
    //初始化相关设置
    Init();
}
```

上述函数中，似乎网络结构文件的扩展名还没有定义，现在，在 GISConst 中补充，可定义为"net"，如下。

### Lesson_21/BasicClasses.cs/GISConst

```csharp
//网络结构文件扩展名
public static string NETFILE = "net";
```

相应地，存储网络结构文件处理函数如下。

### Lesson_21/NetworkForm.cs

```csharp
private void button5_Click(object sender, EventArgs e)
{
    SaveFileDialog saveFileDialog1 = new SaveFileDialog();
    saveFileDialog1.Filter = "GIS file (*." + GISConst.NETFILE + ") |*." + GISConst.NETFILE;
    if (saveFileDialog1.ShowDialog() == DialogResult.OK)
    {
        network.Write(saveFileDialog1.FileName);
        MessageBox.Show("成功！");
    }
}
```

不管用何种方式，建立好的网络结构都是一样的，可以开始实现分析功能。需要有一系列的起止点，如前所述，可以自行添加，或者打开已有的点图层加载起止点。先来实现后者，也就是【button6】的点击处理函数，代码如下。

### Lesson_21/NetworkForm.cs

```csharp
private void button6_Click(object sender, EventArgs e)
{
    OpenFileDialog openFileDialog = new OpenFileDialog();
    openFileDialog.Filter = "GIS Files (*." + GISConst.SHPFILE + ", *." + GISConst.MYFILE + ") |*." +
    GISConst.SHPFILE + ";*." + GISConst.MYFILE;
    if (openFileDialog.ShowDialog() != DialogResult.OK) return;
    GISLayer layer = GISTools.GetLayer(openFileDialog.FileName);
    //如果非矢量图层，则退出
    if (layer.LayerType != LAYERTYPE.VectorLayer) return;
    //如果非点图层，则退出
    if (((GISVectorLayer)layer).ShapeType != SHAPETYPE.point) return;
    //初始化相关设置
    Init();
    GISVectorLayer pointlayer = (GISVectorLayer)layer;
    for (int i = 0; i < pointlayer.FeatureCount; i++)
    {
        //获得点击处的地图坐标
        GISVertex v = pointlayer.GetFeature(i).spatialpart.centroid;
        //添加到 listBox1 中
        listBox1.Items.Add(v.x + "," + v.y);
        //添加到起止点图层中
        GISAttribute a = new GISAttribute();
        a.AddValue(listBox1.Items.Count);
        StopsLayer.AddFeature(new GISFeature(new GISPoint(v), a), true);
    }
    //更新地图
    gisPanel1.UpdateMap();
    MessageBox.Show("成功！");
}
```

上述函数中，调用了一个 GISTools 的静态函数 GetLayer，其用于打开一个图层文件，并返回该图层。这个函数尚未实现，补充如下。

## Lesson_21/BasicClasses.cs/GISTools

```csharp
public static GISLayer GetLayer(string path)
{
    GISLayer layer = null;
    string filetype = System.IO.Path.GetExtension(path).ToLower();
    if (filetype == "." + GISConst.SHPFILE)
        layer = GISShapefile.ReadShapefile(path);
    else if (filetype == "." + GISConst.MYFILE)
        layer = GISMyFile.ReadFile(path);
    else if (filetype == "." + GISConst.RASTER)
        layer = new GISRasterLayer(path);
    layer.Path = path;
    return layer;
}
```

看到这个函数，也许似曾相识，是的，它的很多语句在 GISDocument 的 AddLayer 函数中出现过，既然有了这个共用的函数，AddLayer 函数中这些语句就可以替换掉了，修改如下。

## Lesson_21/BasicClasses.cs/GISDocument

```csharp
public GISLayer AddLayer(string path)
{
    // GISLayer layer = null;
    // string filetype = System.IO.Path.GetExtension(path).ToLower();
    // if (filetype == "." + GISConst.SHPFILE)
    //     layer = GISShapefile.ReadShapefile(path);
    // else if (filetype == "." + GISConst.MYFILE)
    //     layer = GISMyFile.ReadFile(path);
    // else if (filetype == "." + GISConst.RASTER)
    //     layer = new GISRasterLayer(path);
    // layer.Path = path;
    GISLayer layer = GISTools.GetLayer(path);
    getUniqueName(layer);
    layers.Add(layer);
    UpdateExtent();
    return layer;
}
```

下面，来尝试自行添加起止点的方法。在 gisPanel1 中增加一个鼠标双击的事件，用于增加一个起止点，其处理函数如下。

## Lesson_21/NetworkForm.cs

```csharp
private void gisPanel1_MouseDoubleClick(object sender, MouseEventArgs e)
{
    //如果添加起止点开关打开了
    if (checkBox1.Checked)
    {
        //检查所需图层是否已经加载
        CheckLayers();
        //获得点击处的地图坐标
```

```
    GISVertex v = gisPanel1.view.ToMapVertex(new Point(e.X, e.Y));
    //添加到 listBox1 中
    listBox1.Items.Add(v.x + "," + v.y);
    //添加到起止点图层中
    GISAttribute a = new GISAttribute();
    a.AddValue(listBox1.Items.Count);
    StopsLayer.AddFeature(new GISFeature(new GISPoint(v), a),true);
    //更新地图
    gisPanel1.UpdateMap();
}
```

其中，获取鼠标点击处地图坐标位置时，引用了 GISPanel 的 view 属性，而这个属性似乎还是私有的，需要在它的前面加个 public 前缀，如下。

### Lesson_21/GISPanel.cs

```
public GISView view = null;
```

现在，来实现剩下两个按钮的处理函数。首先，清空起止点操作相当简单，只有一条语句，如下。

### Lesson_21/NetworkForm.cs

```
private void button2_Click(object sender, EventArgs e)
{
    Init();
}
```

显示最短路径操作稍微有些复杂。其处理函数如下。

### Lesson_21/NetworkForm.cs

```
private void button3_Click(object sender, EventArgs e)
{
    //不足两个点，不能计算最短路径
    if (StopsLayer.FeatureCount() < 2) return;
    //检查图层是否存在于地图窗口
    CheckLayers();
    //清空基础线图层选择集
    LineLayer.ClearSelection();
    //逐对计算最短路径
    for (int i=1; i<StopsLayer.FeatureCount();i++)
    {
        GISVertex vfrom = StopsLayer.GetFeature(i - 1).spatialpart.centroid;
        GISVertex vto = StopsLayer.GetFeature(i).spatialpart.centroid;
        List<GISFeature> fs = network.FindRoute(vfrom, vto);
        //令涉及的空间对象被选中
        LineLayer.Select(fs);
    }
    //重绘地图
    gisPanel1.UpdateMap();
}
```

上述函数中，属于 GISVectorLayer 的 Select 函数用于设置一组空间对象的选择状态，现补充如下。

### Lesson_21/BasicClasses.cs/GISVectorLayerLayer

```
public void Select(List<GISFeature> fs)
{
    foreach (GISFeature f in fs)
    {
        f.Selected = true;
        Selection.Add(f);
    }
}
```

至此，整个网络分析对话框的功能都已经实现了，修改一下项目中 Program.cs 文件的 main 函数，让程序直接打开 NetworkForm 窗体，如下。

### Lesson_21/Program.cs

```
static void Main()
{
    Application.EnableVisualStyles();
    Application.SetCompatibleTextRenderingDefault(false);
    Application.Run(new Form1 MyGIS.NetworkForm());
}
```

运行一下，试试看，是否能获得类似图 21-2 的结果。

图 21-2　运行中的网络分析对话框

## 21.5 总　　结

本章补充了网络结构的存储功能，设计了专有的分析对话框，令网络结构的应用变得更为便捷。更复杂的网络结构（如单向的弧段、结点上的转弯限制等）及更复杂的分析功能（如覆盖分析、设施点选择等）留待在此基础上进一步探索。

# 第 22 章 约简、纠错、完善与优化

已经连续介绍了多个比较复杂的数据结构或操作方法,在进入另一个稍显艰深的题目之前,整理一下之前的代码。在运行代码过程中,会不断遇到各种问题,这是必然的,因为,在任何一个系统开发的过程中,写代码的时间其实都少于挑错误(debug)的时间。本书写代码与挑错误也是在交替进行的,只不过在成书之后,仅把尽量正确的代码保留下来,即便如此,仍旧会有一些错误发生,这经常源于没有完整考虑各种可能的情形。本章,将试图解决其中一部分。此外,也会改进代码中一些繁琐和低效的处理手段。当然,上述工作尚无法完整解决代码中存在的所有问题。

生成新的项目 Lesson_22,并复制 Lesson_21 中属于 MyGIS 类库的全部内容,然后,在 Lesson_22 的 Form1 中添加一个 GISPanel。

## 22.1 关于图层名

在利用图层管理对话框查看图层信息时会发现一个问题,图层的名字通常与图层的文件路径相同,非常长,而且,如果将一个图层导出后,在导出文件中,其图层名还可能是原有图层的文件路径,而并非当前存储的文件路径。这与直观理解是不一致的,图层名应该与物理文件的名字部分(去掉所属路径和扩展名信息)一致。为做到这一点,首先在 GISTools 中增加一个提取上述名字部分的静态函数。代码如下:

**Lesson_22/BasicClasses.cs/GISTools**

```
public static string NamePart(string filename)
{
    FileInfo fi = new FileInfo(filename);
    //获得除去文件路径及扩展名后的部分
    return fi.Name.Replace(fi.Extension, "");
}
```

现在来看看,在代码中,哪些地方需要引用这个函数。这通常在新建一个图层时会遇到,因此,通过搜索 new GISVectorLayer 或 new GISRasterLayer 就可发现。

首先，在 GISShapefile 中读 Shapefile 文件时需要，把它改过来，就是把原有直接引用文件名作为图层名的方式，改成调用 NamePart 函数获取单独名字部分的方式，代码如下。

**Lesson_22/BasicClasses.cs/GISShapefile**

```
public static GISVectorLayer ReadShapefile(string shpfilename)
{
    ……
    GISVectorLayer layer = new GISVectorLayer(shpfilename
        GISTools.NamePart(shpfilename), ShapeType, extent, ReadFields(table));
    ……
}
```

然后，就是在 GISMyFile 中读自定义的文件，其原来是将图层名存储于文件内部，把它读出来。现在，可以不去读它了，直接从文件中提取，代码如下。

**Lesson_22/BasicClasses.cs/GISMyFile**

```
public static List<GISVectorLayer> ReadFileMultiLayers(string filename)
{
    ……
    string layername = GISTools.ReadString(br) GISTools.NamePart(filename);
    ……
}
```

既然图层名无需被读取了，那么在导出图层时也不必再被写入文件了，因此，相关代码要删除，更改如下。

**Lesson_22/BasicClasses.cs/GISMyFile**

```
public static void WriteFileMultiLayers(List<GISVectorLayer> layers, string filename)
{
    ……
    GISTools.WriteString(layer.Name, bw);
    ……
}
```

栅格图层在构建时同样需要修改关于图层名称的定义，如下。

**Lesson_22/BasicClasses.cs/GISRasterLayer**

```
public GISRasterLayer(string filename)
{
    ……
    //图层名称
    Name = filename GISTools.NamePart(filename);
    ……
}
```

既然图层名等同于文件中的名字部分，那么在图层管理对话框中为何还要设计修改图层名的功能？其原因很简单，一个图层之所以需要名字，是为了便于从众多图层中被识别出来，因此，图层名更大的意义在于当面对多图层时，把图层名改得更具指向性。但是，目前改过的名字并没有保存在导出的图层文件中，因为这个名字也许只在当前的多图层环境下才有意义。所以，图层名信息实际是保存在了地图文档中，不信，可以看一下 GISDocument 的 Write 和 Read 函数。

## 22.2 关于保存图层

回忆第 21 章，在进行网络分析时，设置了起止点图层，然后计算最短路径，并令构成最短路径的弧段被选中并且高亮显示出来，但是这一计算结果似乎无法被保存下来，下回如果想算，还必须重新算一遍。如果能仅保存一个图层中被选中的空间对象，那将可以实现上述想法。其主要工作是在 GISMyFile 的写文件操作中完成的。

首先，需要增加一个新的输入参数，用来确定是否输出全部空间对象，还是仅输出选中对象，为兼容已有函数，给其增加了缺省值，即输出全部空间对象（OnlySelected = false），代码如下，其中新增部分被加粗显示。

**Lesson_22/BasicClasses.cs/GISMyFile**

```
public static void WriteFile(GISVectorLayer layer, string filename, bool OnlySelected = false)
{
    List<GISVectorLayer> layers = new List<GISVectorLayer>();
    layers.Add(layer);
    WriteFileMultiLayers(layers, filename, OnlySelected);
}

public static void WriteFileMultiLayers(List<GISVectorLayer> layers, string filename, bool OnlySelected = false)
{
    ……
    WriteFileHeader(layer, bw, OnlySelected);
    WriteFields(layer.Fields, bw);
    WriteFeatures(layer, bw, OnlySelected);
    ……
}
```

然后，在具体负责写入的函数 WriteFileHeader 及 WriteFeatures 中，根据选择状态决定一个空间对象是否被输出及要被输出的对象的个数，代码如下。

**Lesson_22/BasicClasses.cs/GISMyFile**

```
static void WriteFileHeader(GISVectorLayer layer, BinaryWriter bw, bool OnlySelected)
{
    ……
    mfh.FeatureCount = (OnlySelected)?layer.Selection.Count:layer.FeatureCount();
    ……
}

static void WriteFeatures(GISVectorLayer layer, BinaryWriter bw, bool OnlySelected)
{
    for (int featureindex = 0; featureindex < layer.FeatureCount(); featureindex++)
    {
        GISFeature feature = layer.GetFeature(featureindex);
```

```
    if (OnlySelected && !feature.Selected) continue;
    if (layer.ShapeType == SHAPETYPE.point)
    ……
  }
}
```

针对上述函数，在 GISTools 中写一个通用的静态函数 SaveLayer，用于实现更丰富的图层数据存储功能，如下。

### Lesson_22/BasicClasses.cs/GISTools

```
public static void SaveLayer(GISVectorLayer layer, bool SaveAsAnotherFile, bool SelectedOnly)
{
  SaveFileDialog saveFileDialog1 = new SaveFileDialog();
  saveFileDialog1.Filter = "GIS file (*." + GISConst.MYFILE + ") |*." + GISConst.MYFILE;
  //给缺省值
  saveFileDialog1.FileName = (layer.Path != "") ? layer.Path : layer.Name;
  if (saveFileDialog1.ShowDialog() == DialogResult.OK)
  {
    GISMyFile.WriteFile((GISVectorLayer)layer, saveFileDialog1.FileName, SelectedOnly);
    MessageBox.Show("Done!");
    if (!SaveAsAnotherFile) layer.Path = saveFileDialog1.FileName;
  }
}
```

在 SaveLayer 函数中，SelectedOnly 被传递给 GISMyFile 的写文件过程中，而 SaveAsAnotherFile 用于确定是"另存"（SaveAsAnotherFile = true）功能还是"保存"（SaveAsAnotherFile = false）功能。两者都是将图层数据导出到另一个文件，其区别在于，如果是"保存"，则当前图层的文件路径也会发生变化，也就是说，从此以后，这个图层关联的物理文件也变了。而如果是"另存"，则当前图层的文件路径不会发生任何变化，只不过在硬盘中出现了另外一个图层文件的拷贝，这类似于目前图层管理对话框中的"导出图层"功能。此外，在给缺省值的时候，还判断了 path 属性是否为空，这是特别针对临时图层的，例如，第 21 章的起止点图层，现在它可以被保存到物理文件中了。

基于函数 SaveLayer，来改进现有的图层管理对话框，增加一个【保存图层】的按钮 button15，其用于实现"保存"图层的功能，而现有的【导出图层】按钮将被改造成"另存"图层的功能，如图 22-1 所示。

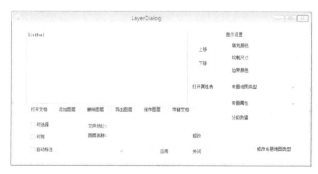

图 22-1 增加了【保存图层】按钮的图层管理对话框

由于【保存图层】按钮也是只针对 GISVectorLayer 的，因此，在图层选择发生变化时，要确定其可见性，代码如下。

**Lesson_22/LayerDialog.cs**

```csharp
private void listBox1_SelectedIndexChanged(object sender, EventArgs e)
{
    ……
    //根据图层类型更新控件的可用性
    button15.Visible = onelayer.LayerType == LAYERTYPE.VectorLayer;
    ……
}
```

当点击【保存图层】按钮时，一般说来应该保存所有数据，即 SelectedOnly 永远为 false，其处理函数如下。

**Lesson_22/LayerDialog.cs**

```csharp
private void button15_Click(object sender, EventArgs e)
{
    if (listBox1.SelectedItem == null) return;
    GISVectorLayer layer = (GISVectorLayer)Document.getLayer(listBox1.SelectedItem.ToString());
    GISTools.SaveLayer(layer, false, false);
    //更新文件路径
    label1.Text = layer.Path;
}
```

现在来重写原有的【导出图层】按钮 button2 的功能，它需要根据用户的输入来确定保存的内容。代码如下。

**Lesson_22/LayerDialog.cs**

```csharp
private void button2_Click(object sender, EventArgs e)
{
    if (listBox1.SelectedItem == null) return;
    GISVectorLayer layer = (GISVectorLayer)Document.getLayer(listBox1.SelectedItem.ToString());
    if (layer.Selection.Count>0)
    {
        DialogResult dialogResult = MessageBox.Show(
            "当前有" + layer.Selection.Count+
            "个对象被选中，是否只导出被选中的空间对象", "导出图层", MessageBoxButtons.YesNo);
        if (dialogResult == DialogResult.Yes)
        {
            GISTools.SaveLayer(layer, true, true);
        }
        else if (dialogResult == DialogResult.No)
        {
            GISTools.SaveLayer(layer, true, false);
        }
    }
    else
        GISTools.SaveLayer(layer, true, false);
}
```

至此，保存图层的功能也已经被进一步完善了，请尝试一下，理解它们的含义。

## 22.3　Peerchar 的问题

在代码中，已经多次使用了 PeerChar 函数来判断是否读到了文件的末尾，如果该函数返回值为-1，则表示文件已经读完了。但是，在实际使用中，针对某些特殊的文件可能会出错，错误的原因较复杂，幸好还有另外的方法判断，可以利用文件当前的阅读指针位置（BinaryReader.BaseStream.Position）与文件长度（BinaryReader.BaseStream.Length）进行比较，如果前者小于后者，表明还未到文件末尾。本节就来完成这一替换工作。通过关键词搜索可知，它涉及三个类中的三个函数，分别如下。

**Lesson_22/BasicClasses.cs/GISDocument**

```
public void Read(string filename)
{
    ……
    while (br.PeekChar() != -1)
    while (br.BaseStream.Position < br.BaseStream.Length)
    ……
}
```

**Lesson_22/BasicClasses.cs/GISShapefile**

```
public static GISVectorLayer ReadShapefile(string shpfilename)
{
    ……
    while (br.PeekChar() != -1)
    while (br.BaseStream.Position < br.BaseStream.Length)
    ……
}
```

**Lesson_22/BasicClasses.cs/GISMyFile**

```
public static List<GISVectorLayer> ReadFileMultiLayers(string filename)
{
    ……
    while (br.PeekChar() != -1)
    while (br.BaseStream.Position < br.BaseStream.Length)
    ……
}
```

## 22.4　解除 dbf 文件长度的限制

在读写 Shapefile 属性数据一章中，曾提到过，利用 OLEDB 读取 dbf 文件有一个限制，就是文件名（不含扩展名）的字符长度不能超过 8，否则，程序就会出错，提示找不到这个文件。当然你可以手工修改文件名，但显然这不符合我们的风格，现在来透明化地解决这个问题，让使用者觉察不到修改的发生，其思路就是修改 GISShapefile 类中读取 dbf 的函数 ReadDBF，在读入文件之前修改它的名字，在读完以后再把名字改回去。

**Lesson_22/BasicClasses.cs/GISShapefile**

```csharp
static DataTable ReadDBF(string dbffilename)
{
    string OriginalName = dbffilename;
    System.IO.FileInfo f = new FileInfo(OriginalName);
    string newfilename = f.DirectoryName + "\\" + (new Random().Next(99999999)) + ".dbf";
    //修改文件名，确保新文件的文件名长度在 8 个字符以内
    while (true)
    {
        if (!File.Exists(newfilename))
        {
            System.IO.File.Move(OriginalName, newfilename);
            break;
        }
        newfilename = f.DirectoryName + "\\" + (new Random().Next(99999999)) + ".dbf";
    }

    f = new FileInfo(newfilename);
    DataSet ds = null;
    string constr = "Provider=Microsoft.Jet.OLEDB.4.0;Data Source=" +
            f.DirectoryName + ";Extended Properties=DBASE III";
    using (OleDbConnection con = new OleDbConnection(constr))
    {
        var sql = "select * from " + f.Name;
        OleDbCommand cmd = new OleDbCommand(sql, con);
        con.Open();
        ds = new DataSet(); ;
        OleDbDataAdapter da = new OleDbDataAdapter(cmd);
        da.Fill(ds);
    }
    //把文件名改回来
    System.IO.File.Move(newfilename, OriginalName);
    return ds.Tables[0];
}
```

在上述函数中，修改文件名用的是 System.IO.File.Move 函数，新文件名是随机生成的九位的数字。此外，我们发现修改文件名过程竟然采用了一个循环操作，其目的是为了避免新生成的文件与目录下已有的文件重名了。经过上述处理，函数的适应性又一次提高了！

## 22.5　处理空值字段

图层中的每个对象都包括空间部分及非空间部分，其中空间部分肯定是一个空间实体，而非空间部分是一系列分属不同字段的属性值，有些字段允许属性值为空，这在 Shapefile 文件中很常见，如图 22-2 中的 FULLNAME 及 RTTYP 字段。

利用 GISShapefile 类读取上述带有空属性值的文件没有问题，但是如果把它导出成 GISMyFile 定义的文件格式时则会出错，这是因为 GISMyFile 类假设所有属性都是有值的，

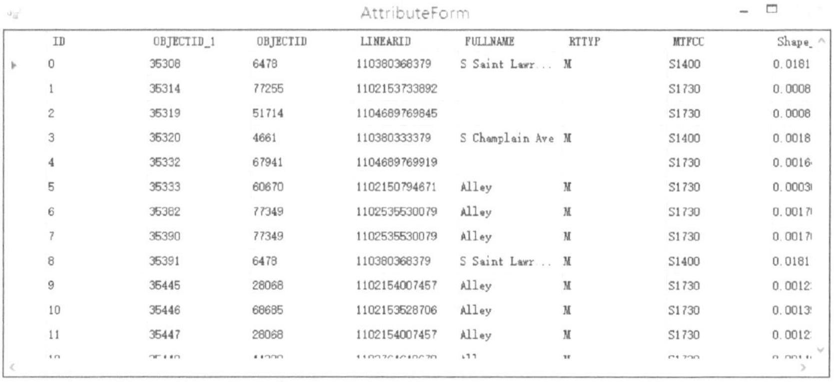

| ID | OBJECTID_1 | OBJECTID | LINEARID | FULLNAME | RTTYP | MTFCC | Shape_ |
|---|---|---|---|---|---|---|---|
| 0 | 35308 | 6478 | 110380368379 | S Saint Lawr... | M | S1400 | 0.0181 |
| 1 | 35314 | 77255 | 1102153733892 | | | S1730 | 0.0008 |
| 2 | 35319 | 51714 | 1104689769845 | | | S1730 | 0.0008 |
| 3 | 35320 | 4661 | 110380333379 | S Champlain Ave | M | S1400 | 0.0018 |
| 4 | 35332 | 67941 | 1104689769919 | | | S1730 | 0.0016 |
| 5 | 35333 | 60670 | 1102150794671 | Alley | M | S1730 | 0.0003 |
| 6 | 35382 | 77349 | 1102535530079 | Alley | M | S1730 | 0.0017 |
| 7 | 35390 | 77349 | 1102535530079 | Alley | M | S1730 | 0.0017 |
| 8 | 35391 | 6478 | 110380368379 | S Saint Lawr... | M | S1400 | 0.0181 |
| 9 | 35445 | 28068 | 1102154007457 | Alley | M | S1730 | 0.0012 |
| 10 | 35446 | 68685 | 1102153528706 | Alley | M | S1730 | 0.0013 |
| 11 | 35447 | 28068 | 1102154007457 | Alley | M | S1730 | 0.0012 |

图 22-2　带有空值的属性字段

而且与图层中记录的字段类型相同。为了提高 GISMyFile 的适用性，需要补充其处理能力。

假设一个来自于 Shapefile 的属性值为空，但是读入 GISAttribute 中的值并非 null，而是一种类型为 System.DBNull 的值，它不等同于空值，尽管它在属性窗口中显示出来是空的。在解决 GISMyFile 中的问题之前，为了便于处理，统一把 System.DBNull 类型的值换成 null，其替换过程非常简单，只要在 GISShapefile 的读属性值函数中增加一个判断即可，代码如下。

**Lesson_22/BasicClasses.cs/GISShapefile**

```
static GISAttribute ReadAttribute(DataTable table, int RowIndex)
{
    ......
    attribute.AddValue((row[i].GetType().ToString() == "System.DBNull") ? null : row[i]);
    ......
}
```

现在，少许调整一下自定义文件的存储结构，在写入每个属性值之前，要先写入一个 bool 类型的值，如果这个值为 true，表示其后面跟着的是属性值，否则表示后面无属性值。此过程在 WriteAttributes 函数中完成，代码如下。

**Lesson_22/BasicClasses.cs/GISMyFile**

```
static void WriteAttributes(GISAttribute attribute, BinaryWriter bw)
{
    for (int i = 0; i < attribute.ValueCount(); i++)
    {
        if (attribute.GetValue(i) == null)
        {
            bw.Write(false);
            continue;
        }
        bw.Write(true);
        Type type = attribute.GetValue(i).GetType();
        ......
    }
}
```

相应的，在读函数中，需要先读这个 bool 类型的值，然后判断是否读接下去的属性值，代码如下。

**Lesson_22/BasicClasses.cs/GISMyFile**

```
static GISAttribute ReadAttributes(List<GISField> fs, BinaryReader br)
{
    GISAttribute atribute = new GISAttribute();
    for (int i = 0; i < fs.Count; i++)
    {
        //判断是否空值
        if (!br.ReadBoolean())
        {
            atribute.AddValue(null);
            continue;
        }
        Type type = fs[i].datatype;
        ……
    }
    return atribute;
}
```

## 22.6 提高文件读取效率

在读一个文件时，程序需要多次与硬盘进行交互，将指定内容和长度的文件读入内存中，而与硬盘交互相对来说是一个比较耗时的动作。为此，考虑目前计算机内存容量已经相当大，是否可一次性把全部文件内容读入内存？如果这样，剩下的工作就全部可以在高速的内存中完成了。

其实现起来也并不困难，考虑其通用性，在 GISTools 中建立一个静态函数来完成这项工作，这个函数的输入参数就是一个文件名，代码如下。

**Lesson_22/BasicClasses.cs/GISTools**

```
public static BinaryReader GetBinaryReader(string filename)
{
    FileStream fsr = new FileStream(filename, FileMode.Open);
    BinaryReader br = new BinaryReader(fsr);
    long filelength=br.BaseStream.Length;
    List<byte> Lbytes=new List<byte>();
    //如果文件超过 2GB，就分段读取、合并
    while (filelength>Int32.MaxValue)
    {
        byte[] part = br.ReadBytes(Int32.MaxValue);
        Lbytes.AddRange(part);
        filelength -= Int32.MaxValue;
    }
    //读取最后一部分
    byte[] lastpart = br.ReadBytes((int)filelength);
    //合并最后一部分
```

```
    Lbytes.AddRange(lastpart);
    //读取完毕,可关闭文件流
    fsr.Close();
    //获得内存数据流及 BinaryReader
    br = new BinaryReader(new MemoryStream(Lbytes.ToArray()));
    return br;
}
```

上述函数把所有文件读入字节列表 Lbytes 中,如果文件非常大,超过 2GB(当然这种情况不多),那么 Lbytes 的内容就是被逐步填充进去的。然后,为 Lbytes 生成一个内存流,并返回一个读取指针 BinaryReader。此时,与硬盘文件已再无关系,所以文件指针 fsr 也可关闭了,之后的操作就全部在内存中了。

在目前的代码中,需要用到读硬盘文件的地方有三处,逐一把上述函数应用进去,更改如下。

### Lesson_22/BasicClasses.cs/GISShapefile

```
public static GISVectorLayer ReadShapefile(string shpfilename)
{
    FileStream fsr = new FileStream(shpfilename, FileMode.Open);
    BinaryReader br = new BinaryReader(fsr);
    BinaryReader br = GISTools.GetBinaryReader(shpfilename);
    ……
    br.Close();
    fsr.Close();
    return layer;
}
```

### Lesson_22/BasicClasses.cs/GISMyFile

```
public static List<GISVectorLayer> ReadFileMultiLayers(string filename)
{
    FileStream fsr = new FileStream(filename, FileMode.Open);
    BinaryReader br = new BinaryReader(fsr);
    BinaryReader br = GISTools.GetBinaryReader(filename);
    ……
    br.Close();
    fsr.Close();
    return layers;
}
```

### Lesson_22/BasicClasses.cs/GISDocument

```
public void Read(string filename)
{
    layers.Clear();
    FileStream fsr = new FileStream(filename, FileMode.Open);
    BinaryReader br = new BinaryReader(fsr);
    BinaryReader br = GISTools.GetBinaryReader(filename);
```

```
……
br.Close();
fsr.Close();
}
```

## 22.7 属性窗口的快速打开

当一个图层的记录数非常多时，打开其属性窗口（AttributeForm）是一个比较耗时的工作，时间主要花在填充其 DataGridView 上。一个更快捷的方法是，先将数据填充进一个 DataTable 中，然后，再将 DataGridView 的数据源指向这个 DataTable，这将会节省很多时间，相关的修改就在 AttributeForm 的 FillValue 函数中，现在来重写这个函数，代码如下。

**Lesson_22/AttributeForm.cs**

```csharp
private void FillValue()
{
    DataTable table = new DataTable();
    //增加 ID 列
    table.Columns.Add("ID");
    //增加其他列
    for (int i = 0; i < Layer.Fields.Count; i++)
    {
        table.Columns.Add(Layer.Fields[i].name);
    }
    //填充属性值
    for (int i = 0; i < Layer.FeatureCount(); i++)
    {
        DataRow r = table.NewRow();
        r.BeginEdit();
        r[0] = Layer.GetFeature(i).ID;
        for (int j = 0; j < Layer.Fields.Count; j++)
        {
            r[j + 1] = Layer.GetFeature(i).getAttribute(j);
        }
        r.EndEdit();
        table.Rows.Add(r);
    }
    //指定 DataGridView 的数据源
    dataGridView1.DataSource = table;
    //更新选择状态
    for (int i = 0; i < Layer.FeatureCount(); i++)
    {
        dataGridView1.Rows[i].Selected = Layer.GetFeature(i).Selected;
    }
}
```

通过上述方式填写的属性值有一个小问题，就是数据的类型几乎都变成了字符串型，这样，在使用时就需要注意类型转换的问题，例如，在下面的函数中，需要把字符串转换成整型使用，否则选择 DataGridView 中一行时就会出错。

### Lesson_22/AttributeForm.cs

```
private void dataGridView1_SelectionChanged(object sender, EventArgs e)
{
    ……
    if (row.Cells[0].Value != null) Layer.AddSelectedFeatureByID((int)Convert.ToInt32(row.Cells[0].Value));
    ……
}
```

## 22.8 纠正图层管理对话框的错误

在这里有两处细微的错误需要订正。首先，当点击图层管理对话框右上角"X"时，该对话框会被关闭，但是通过对话框修改的内容在地图窗口中可能并没有显现出来，这是因为没有更新地图窗口的绘制。为此，需要为这个对话框增加一个 FormClosed 事件，其处理函数如下。

### Lesson_22/LayerDialog.cs

```
private void LayerDialog_FormClosed(object sender, FormClosedEventArgs e)
{
    MapWindow.UpdateMap();
}
```

第二个错误也许目前还没有发生，但今后会出现，当在图层管理对话框的选择列表中选中一个图层，而这个图层没有任何属性字段时（这是允许的），将会出错，因为其中涉及了两个与图层属性值相关的初始化工作，即根据 LabelIndex 及 ThematicFieldIndex 为 comboBox1 及 comboBox3 确定当前选择项，显然，它们针对无属性字段图层来说都是不存在或没有意义的。为此，要增加一个判断机制，如下。

### Lesson_22/LayerDialog.cs

```
private void listBox1_SelectedIndexChanged(object sender, EventArgs e)
{
    ……
    comboBox1.SelectedIndex = (layer.Fields.Count > 0) ? layer.LabelIndex : -1;
    comboBox3.SelectedIndex = (layer.Fields.Count > 0) ? layer.ThematicFieldIndex : -1;
    ……
}
```

## 22.9 避免无效显示

本节来讨论加快地图窗口显示速度的问题。根据前面章节的内容，地图显示包含了很多步骤，其中有一个就是要把地图坐标转成屏幕坐标，这是比较耗时的，因为涉及除法操作。但有时，一个空间对象并不需要显示出来，例如，它完全存在于当前地图显示范围的外面，根本看不到，当然不需要去画了，还有一种情况是，当前地图显示范围很大，一个空间对象已经变得非常小，小到几个像素，这时，即便它是由1万个节点构成的一个多边形，也不需要把这1万个节点都转换成屏幕坐标，因为，转换过来的坐标几乎都是一样的，已无法分辨其形状。

针对前一种情况，在目前的绘图函数中已经部分考虑到了，请参见 GISVectorLayer 的 draw 函数，而后一种情况现在来尝试一下。其原理很简单，判断该空间对象的范围，如果范围在一个很小的屏幕像素尺度以内，则不需继续绘制了。为此，在 GISExtent 中增加一个函数，获得一个与地理范围对应的屏幕像素范围，代码如下。

### Lesson_22/BasicClasses.cs/GISExtent

```
public int PixelSize(GISView view)
{
    Point p1=view.ToScreenPoint(upright);
    Point p2 = view.ToScreenPoint(bottomleft);
    return Math.Abs(p1.X - p2.X) + Math.Abs(p1.Y - p1.Y);
}
```

下面，在 GISConst 中定义一个像素阈值，小于此阈值，则停止绘制空间对象。当然，定义此阈值变量的目的是方便今后根据需要改动。

### Lesson_22/BasicClasses.cs/GISConst

```
//最小屏幕绘制范围
public static int SCREENSIZE = 3;
```

现在，把上述新增的函数和变量应用到实际的绘制过程中。需要注意的是，上述方法只针对线及面实体有效，而对点实体是无效的，因为点的屏幕范围是固定的。此外，点的坐标转换也只需要做一次，也许比执行上述判断还要更快一些。线及面实体的绘制函数修改如下。

### Lesson_22/BasicClasses.cs/GISLine

```
public override void draw(Graphics graphics, GISView view, bool Selected, GISThematic Thematic)
{
    if (extent.PixelSize(view) < GISConst.SCREENSIZE) return;
    Point[] points = GISTools.GetScreenPoints(Vertexes, view);
    graphics.DrawLines(new Pen(Selected ? GISConst.SelectedLineColor : Thematic.InsideColor,
        Thematic.Size), points);
}
```

### Lesson_22/BasicClasses.cs/GISPolygon

```
public override void draw(Graphics graphics, GISView view, bool Selected, GISThematic Thematic)
{
    if (extent.PixelSize(view) < GISConst.SCREENSIZE) return;
    Point[] points = GISTools.GetScreenPoints(Vertexes, view);
    graphics.FillPolygon(new SolidBrush(Selected ? GISConst.SelecedPolygonFillColor :
        Thematic.InsideColor), points);
    graphics.DrawPolygon(new Pen(Thematic.OutsideColor, Thematic.Size), points);
}
```

## 22.10 总　　结

　　本章内容较为庞杂，但都非常容易理解，其目的是提高代码的适用性，尤其针对大文件的适用性。当然，在实际使用中，还会遇到一些问题，读者可尝试自行完善。需要特别注意的是，修改一处代码，可能会带来连锁反应，一些反应可能会在代码编辑时就发现，一些则会在运行时，还有一些也许很难发现。因此，代码改进工作一定需要认真细致的态度，以及时刻清晰的头脑，否则事倍功半。

　　第 23 章其实也是优化和完善工作，但方法会略显复杂。

# 第 23 章 空间索引的构建

当面对一张布满了空间对象的电子地图时，要了解其中某个空间对象的属性信息，可以点击选择它，以获取其进一步的信息。这是已经实现的功能，当点击时，搜索算法会在所有记录中寻找与这个点击位置在空间上相交的对象，并把它选中。目前看来，这种方法工作起来不错，可以很快找到点选的对象，但这也许是因为待选空间对象数量还不多，例如，几百个，假如这个数量变成几万个或几十万个，那情况将会是怎样呢？看来需要一种新的机制来保证快速找到需要的空间对象，这就是建立空间索引的意义。

生成新的项目 Lesson_23，并复制 Lesson_22 中属于 MyGIS 类库的全部内容，然后，在 Lesson_23 的 Form1 中添加一个 GISPanel 及对 MyGIS 的类库引用。

## 23.1 空间索引基础

索引好似图书馆中给每本书的一个编号，有了编号，找起书来就容易了，可以很快将搜索的目标定位到某个书架甚至书架上的某一排，再挨个查找即可。给图书编号看似简单，但其也有固定的编码体系，设计这个体系很复杂，按照这个体系把书编好号码，再放到固定的位置同样是繁琐的事情，空间索引也类似于这样。

目前已有很多不同的空间索引方法，但原理非常相似，无非是把整个地图范围划分成不同的小区域，这样，当执行选择操作的时候，找出与选择范围相交的小区域，然后，就可将搜索范围限制在此小区域内，不仅如此，划分小区域的过程可能是递归的，也就是说，小区域下面还有更小的区域，以此类推，最终的搜索范围可以非常小，则查找速度必然会提高。

根据上述原理，划分地图区域的过程好似种树一样，先有一个树根代表整个地图范围，然后，再有一些树枝代表小的地图范围，最后，会有很多树叶代表实际的空间对象。因此，用于索引的数据结构也通常以树形结构存在，树是计算机科学中一种常见的数据结构，其他还有队列、链表、堆栈等。常用的索引方法也通常被称为某某树，如本章将介绍的 R-Tree。

R-Tree 是最常用的一种空间索引，它可以用于任何空间实体，在 1984 年由 Guttman

发明，在网络搜索 R-Tree，会找到大量的介绍性信息，但推荐阅读 Guttman 的文章，也是 R-Tree 被最早提出的文章 *R-Trees: A Dynamic Index Structure for Spatial Searching*。本书介绍的内容与这篇文章有很好的对应关系，甚至包括函数名称，因此，建议能先行阅读此文。

R-tree 是用于一维索引的 B-tree 在高维空间上的扩展。在二维空间中，R-Tree 的直接索引对象是每个空间实体的最小外接矩形（minimum bounding rectangle，MBR），也就是 GISExtent。

图 23-1 是一个 R-Tree 的例子，可见它是一棵倒着的树，由 8 个结点构成，包括 1 个根结点，2 个中间结点，5 个叶结点。每个结点都包含几个入口（entry），对根结点和中间结点来说，其每个入口都指向一个下层结点，而叶结点的入口指向实际的数据。每个结点都有一个 MBR，能够最小范围地包含其下层所有结点或数据的 MBR。这是一棵平衡的树，也就是说，每个叶结点到根结点的距离都相同，或者说，所有叶结点都处在同一层。

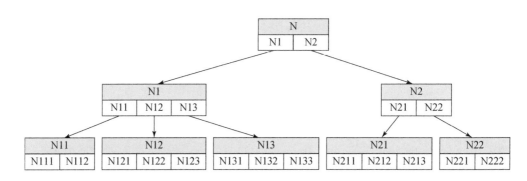

图 23-1　一个 R-Tree 的例子

假如在 N122 所指向的空间对象上点击了一下鼠标，那么利用这棵树最后搜索到 N122 的过程是这样的。首先从根结点开始，看这个点击位置处于 N1 还是 N2 所属的 MBR 中，经判断是 N1，接着在其下层结点中判断 N11、N12 及 N13 与该点击位置的关系，发现其在 N12 的 MBR 中，接下来，就可直接与对应的数据入口 N121、N122 及 N123 的 MBR 进行判断，即可定位到 N122，但仍需要做进一步判断，看这个点击位置是否在 N122 对应的空间实体上。从上述搜索过程中可以看出，经过 8 次 MBR 判断，即定位到了最可能的空间实体，而 MBR 判断是非常高效的，如果不使用 R-Tree，需要逐个空间实体比较，则需要 13 次 MBR 判断（因为有 13 个空间实体）。比较起来，好像没有节省太多，这是因为该树涉及的空间实体数量太少。假定一棵 R-Tree 的每个结点都有两个入口，总共空间实体数是 $n$，则通过 R-Tree 搜索到一个空间实体需要进行 MBR 判断的次数大约是 $2\log_2 n$，而不通过 R-Tree 则需要 $n$ 次，想想看，当 $n$ 为 1024 时，$2\log_2 n$ 的值仅仅是 20，这样改进的效果就会变得很大了。

## 23.2　定义结点

R-Tree 虽好，但构建起来并不容易，为此，在 MyGIS 中定义一个新的类 RTree，并把它存储到一个单独的文件中，即 RTree.cs。

树是由结点构成的，在图 23-1 中，根结点及中间结点所属入口指向的仍然是树结点（中间结点或叶结点），但叶结点所属入口指向的就是实际的数据了。这样看来，叶结点和非叶结点的结构是不一样的，指向下层树结点与指向数据的入口也是不一样的。但是，为了让处理起来变得更加便捷，定义了一种统一的类 NodeEntry，把数据也作为树结点的一种特殊的形式处理，称为数据结点，通过其属性成员值来区分这个类的具体指代。这里的数据指代的就是图层中的空间对象，其代码如下。

**Lesson_23/RTree.cs**

```
public class NodeEntry
{
    public GISExtent MBR=null;
    public int FeatureIndex;
    public GISFeature Feature = null;
    public List<NodeEntry> Entries = null;
    public NodeEntry Parent = null;
    public int Level;
}
```

用表 23-1 来说明这个类成员的含义及针对不同对象其取值的差异。

表 23-1　NodeEntry 属性成员含义

| 属性名称 | 非叶结点 | 叶结点 | 数据结点 |
| --- | --- | --- | --- |
| MBR | 包含所有其下层结点的 MBR | 包含其所有数据入口的 MBR | 即空间对象的 GISExtent |
| FeatureIndex | 无意义 | 无意义 | GISVectorLayer.Features 中的序号 |
| Feature | 无意义 | 无意义 | 即 GISFeature |
| Entries | 包含的下层结点入口 | 包含的数据入口 | 无意义 |
| Parent | 上层中间结点或根结点或 null（根结点） | 上层中间结点或根结点 | 上层叶结点 |
| Level | 大于 1 的整数 | 1 | 0 |

在上述成员定义中，最有趣的就是 Entries，这是一种递归定义的方法，Entries 指向的还是一系列 NodeEntry，这是树型数据结构定义的核心，如果能够获得一棵树的根结点，那么通过其 Entries，就可以获得整个树的所有结点。

既然 NodeEntry 类可以描述三种对象，那么也就需要不同的构造函数，其中叶结点和非叶结点可以共用一个构造函数，把叶结点和非叶结点统称为树结点。因此，也就有了两种构造函数，分别用于树结点和数据结点，其输入参数截然不同，很容易区别。代码如下。

### Lesson_23/RTree.cs/NodeEntry

```
//专用于树结点的生成
public NodeEntry(int _level)
{
    Entries = new List<NodeEntry>();
    level = _level;
}
//专用于数据结点的生成
public NodeEntry(GISFeature _feature, int _index)
{
    Feature = _feature;
    FeatureIndex = _index;
    MBR = Feature.spatialpart.extent;
    Level = 0;
}
```

接下来，再写一个向结点中添加入口的函数，这个添加函数只会被树结点调用，其更新了 MBR 及 Entries。

### Lesson_23/RTree.cs/NodeEntry

```
//向当前树结点增加一个子结点
public void AddEntry(NodeEntry node)
{
    //如果子结点为空，就返回
    if (node == null) return;
    //增加该子结点
    Entries.Add(node);
    //更新 MBR
    if (MBR == null) MBR = new GISExtent(node.MBR);
    else MBR.Merge(node.MBR);
    //指定子结点的父结点
    node.Parent = this;
}
```

## 23.3 开始种树

现在来定义 RTree.cs 文件中的主类，R-Tree，它包括几个重要的属性成员，定义如下。

### Lesson_23/RTree.cs

```
public class RTree
{
    //根结点
    NodeEntry Root;
    //每个结点的最大入口数
    int MaxEntries;
    //每个结点的最少入口数
```

```
    int MinEntries;
    //与此树关联的图层
    GISVectorLayer layer;
}
```

其中，根结点是存取整个树的钥匙；最大最小入口树决定了每个树结点中入口数量的范围，定义范围的目的是让每个入口有相似数量的入口数，以平衡查找时间；关联图层也就是希望用此树建立空间索引的那个图层。

RTree 类的构造函数如下，它完成了上述属性值的初始化。

Lesson_23/RTree.cs/RTree

```
public RTree(GISVectorLayer _layer, int maxEntries = 4)
{
    Root = new NodeEntry(1);
    MaxEntries = Math.Max(maxEntries, 2);
    MinEntries = MaxEntries / 2;
    layer = _layer;
}
```

R-Tree 的生长方式是倒着的，也就是从树叶开始，因此，Root 最初被声明的时候一定是一个叶结点，也即其 Level 属性值为 1，然后再分裂并向上生长得到新的 Root。

MaxEntries 至少应为 2，但如何确定 MaxEntries 的最佳取值确实是个问题，这涉及一个远古的故事，很久之前，计算机内存数量有限，大部分数据必须存放在硬盘中，而每次从硬盘中能拿到的数据量是固定的，例如，8kB，而如果一个空间对象的数据有 1kB，则 MaxEntries 就可以是 8 个，这样一次就可以把属于一个结点的所有数据全部读入内存中，但是，这样的故事已经成为过去，可以把数据一次性全部读入内存，因此，MaxEntries 的定义方法也就变得好像没有标准了。根据 R-Tree 的结构，如果令 $m$ = MaxEntries，$n$ 表示空间对象的数量，则执行每次查找需要的 MBR 判断次数大约为 $m\log_m n$。因此，似乎可以求得令这个次数最小的 $m$ 值，但这个 $m$ 值通常很小，如 2 或 3，这样的话，结点数就会很多，树就会很大，树的维护成本（保存、插入、删除结点等）就会很高，这样看，那似乎也不是一个最佳的局面。考虑上面这些情况，确定 MaxEntries 的原则，大概可以是这样的，如果图层数据不会轻易变动，则 MaxEntries 可以比较小，如 4，否则，MaxEntries 要稍大一些，如 10，当然也可以在实践中不断尝试、总结。

MinEntries 通常为 MaxEntries 的一半，但为什么不直接令二者相同，或忽略 MinEntries，令所有结点有相同数量的入口呢？这是不符合实际的，空间对象的分布无法这样规则，不可能保证每个结点有相同的入口，因此需要这样的设计。

现在，就进入真正的种树过程，也就是把空间对象逐一插入树中的过程，在这个过程中，树会不断分叉、生长。接下来定义的所有函数都与 Guttman 的文章息息相关，因此，如果对下面的内容有所疑惑，建议再次阅读这篇文章。

## 23.4 结点的插入

首先定义两个插入函数，前者仅用于插入数据，而后者可用于任意类型结点，其中，很多函数尚未实现，代码如下。

### Lesson_23/RTree.cs/RTree

```
//仅用于插入数据
public void InsertData(int index)
{
    GISFeature feature = layer.GetFeature(index);
    //生成数据结点
    NodeEntry DataEntry = new NodeEntry(feature, index);
    //从树根开始，找到一个叶结点
    NodeEntry LeafNode = ChooseLeaf(Root, DataEntry);
    //把数据入口插入叶结点
    InsertNode(LeafNode, DataEntry);
}

//将子树结点插入到一个父结点的入口列表中
private void InsertNode(NodeEntry ParentNode, NodeEntry ChildNode)
{
    ParentNode.AddEntry(ChildNode);
    //如果父结点的入口数量超限，则需要分割出一个叔叔结点
    NodeEntry UncleNode = (ParentNode.Entries.Count > MaxEntries) ? SplitNode(ParentNode) : null;
    //调整上层树结构
    AdjustTree(ParentNode, UncleNode);
}
```

单从这两个函数来看，第二个函数的动作是由第一个函数引起的，第一个函数利用 ChooseLeaf 函数找到一个叶结点，然后调用第二个函数实现插入。当父结点 ParentNode 入口数超过 MaxEntries 时，则需要利用 SplitNode 来分割这个结点，其函数的返回值就是一个新结点，称为 UncleNode，当然，如果没有超限，则 UncleNode 为 null。最后，因为有了新的数据结点，则需要调用 AdjustTree 调整上层树结构。看来，至少有三个函数尚未完成，先从 ChooseLeaf 开始，其他两个函数较为复杂，将在下面两节分别介绍。ChooseLeaf 函数代码给出如下。

### Lesson_23/RTree.cs/RTree

```
private NodeEntry ChooseLeaf(NodeEntry node, NodeEntry entry)
{
    //如果达到叶结点，就返回
    if (node.Level == 1) return node;
    //寻找扩大面积最小的子结点序号 index
    double MinEnlargement = double.MaxValue;
    int MinIndex = -1;
    for (int i = 0; i < node.Entries.Count; i++)
    {
        double Enlargement = EnlargedArea(node.Entries[i], entry);
        if (Enlargement < MinEnlargement)
        {
            MinIndex = i;
            MinEnlargement = Enlargement;
        }
    }
}
```

```
//递归方法,继续调用查找下一级子结点
return ChooseLeaf(node.Entries[MinIndex], entry);
}
```

一个新的空间对象的插入可能会引起原有结点 MBR 的扩大,而这个扩大范围越小越好,因为这样可以令今后空间查询的范围变小,提高效率。所以,ChooseLeaf 的功能就是找到这样一个叶结点,令它的 MBR 扩大范围最小。搜索的过程从根结点开始,如果已经是叶结点了,就表示找到了,否则,在这个结点的所有子结点中寻找,看看哪个子结点的扩大范围最小,找到后,按照递归的方法,继续调用 ChooseLeaf 函数寻找下一级子结点,直到达到叶结点为止。

现在又出现了一个未定义的函数 EnlargedArea,用于计算假设插入一个新的子结点后,令原有结点的 MBR 增加的面积。这个函数的代码给出如下。

### Lesson_23/RTree.cs/RTree

```
private double EnlargedArea(NodeEntry node, NodeEntry entry)
{
        return new GISExtent(entry.MBR, node.MBR).area - node.MBR.area;
}
```

它虽然简单,却引出了更多的未知函数。要生成一个新的 GISExtent 的构造函数,其输入值是两个 GISExtent 对象,其生成的,就是这两个对象合并后的结果。那为什么不直接调用 node. MBR. Merge 函数计算合并结果呢?这显然不行,因为现在还只是在计算可能增大的面积,而并不是真正的插入,真正的插入是在 NodeEntry. AddEntry 函数中完成的。此外,GISExtent 有了一个新的属性成员 area,其代表了这个空间范围的面积,这里之所以用一个成员来记录面积,而不是用一个方法来动态计算面积,是为了提高效率,避免同一个 GISExtent 对象实例被多次计算面积,毕竟计算面积也需要乘法操作。现在在 GISExtent 中补充上述内容,其中新增的部分被加粗显示。

### Lesson_23/BasicClasses.cs

```
public class GISExtent
{
   public GISVertex upright;
   public GISVertex bottomleft;
   public double area;

   public GISExtent(GISVertex _bottomleft, GISVertex _upright)
   {
     upright = _upright;
     bottomleft = _bottomleft;
     area = getWidth() * getHeight();
   }
   public GISExtent(GISExtent extent)
   {
     upright = new GISVertex(extent.upright);
     bottomleft = new GISVertex(extent.bottomleft);
     area = getWidth() * getHeight();
```

```
    }
    public GISExtent(GISExtent e1, GISExtent e2)
    {
        upright = new GISVertex(Math.Max(e1.upright.x, e2.upright.x),
            Math.Max(e1.upright.y, e2.upright.y));
        bottomleft = new GISVertex(Math.Min(e1.bottomleft.x, e2.bottomleft.x),
            Math.Min(e1.bottomleft.y, e2.bottomleft.y));
        area = getWidth() * getHeight();
    }
    public GISExtent(double x1, double x2, double y1, double y2)
    {
        upright = new GISVertex(Math.Max(x1, x2), Math.Max(y1, y2));
        bottomleft = new GISVertex(Math.Min(x1, x2), Math.Min(y1, y2));
        area = getWidth() * getHeight();
    }
    ……
}
```

## 23.5 结点的分裂

再次回到 RTree.cs，解决 SplitNode 函数。当插入一个新的入口后，结点中的入口数量超过了 MaxEntries，这时，分裂的时候到了。

如图 23-2 所示，假设这是属于同一结点的五个入口的 MBR，而 MaxEntries 是 4，所以现在需要把它分割成两个结点。首先，需要找到两个种子 MBR，作为这两个结点的初始 MBR。然后，再把剩余的 MBR 分配给两个种子中的一个。

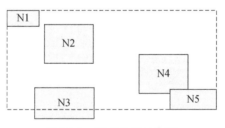

图 23-2　结点分裂示意图

种子 MBR 应该是距离最远的两个 MBR，这样最利于分割，而距离最远的意思就是由这两个 MBR 合并生成的 MBR 面积最大。在图 23-2 中，N1+N5 的合并面积，也就是虚线框面积最大，所以可以选择 N1 和 N5 为种子。

在分配剩余 MBR 时，并不是逐一进行的，而是先分配剩余结点中最容易分配的那个。最容易分配，就是这个 MBR 明显距离两个结点中的一个更近，判断远近的方法就是看分配给两个结点后扩大的面积差。例如，在图 23-2 中，针对 N2，就要计算"（N1+N2）的面积-（N5+N2）的面积"的绝对值。通过计算，可知 N4 的面积差最大，且离 N5 更近，所以先分配 N4 给 N5。这时 N5 所在结点的 MBR 已经变成 N5+N4 的合并 MBR，接下去再照上述方法分配 N2 和 N3。

## 第 23 章 空间索引的构建

在分配过程中会有很多情况。首先，当分配过程中发现剩余的入口数加上其中一个结点的入口数等于 MinEntries 时，就直接把剩余的入口全部分配给这个结点，否则，这个结点的入口数可能会小于 MinEntries。以图 23-2 为例，假设 N3、N4 都分配给了 N5 所在的结点，而 N1 所在的结点还只有它一个，这时就不用再计算了，因为只剩余一个 N2，如果再分给 N5 的结点，则最后 N1 所在结点的入口数将为 1 小于 MinEntries，即 MaxEntries/2 = 2，所以，这时就直接把 N2 分配给 N1 所在结点。然后，当存在两个或多个相同的最大面积差时，可随意选择其中一个对应的入口进行分配；当最大面积差为 0 时，把入口分配给合并 MBR 后面积小的那个；当合并面积也相同时，就把入口分配给目前入口数少的那个结点；如果入口数也相同，那么就可以把这个入口任意分配给两个结点之一。

根据上述思路，给出 SplitNode 函数的代码，如下。

**Lesson_23/RTree.cs/RTree**

```csharp
private NodeEntry SplitNode(NodeEntry OneNode)
{
    //找到两个种子的 Entries 序号，seed2>seed1
    int seed1 = 0;
    int seed2 = 1;
    //寻找可以最大化未重叠面积的，即两个种子间隔最远的
    double MaxArea = double.MinValue;
    for (int i = 0; i < OneNode.Entries.Count - 1; i++)
        for (int j = i + 1; j < OneNode.Entries.Count; j++)
        {
            //计算未覆盖面积
            double area = new GISExtent(OneNode.Entries[i].MBR, OneNode.Entries[j].MBR).area -
                OneNode.Entries[i].MBR.area - OneNode.Entries[j].MBR.area;
            if (area > MaxArea)
            {
                seed1 = i;
                seed2 = j;
                MaxArea = area;
            }
        }
    //待分割所有入口，包括两个种子入口
    List<NodeEntry> leftEntries = OneNode.Entries;
    //生成原有结点的兄弟结点，两个结点 Level 相同
    NodeEntry SplitNode = new NodeEntry(OneNode.Level);
    //给分割结点一个种子
    SplitNode.AddEntry(leftEntries[seed2]);
    //清空原有结点的入口
    OneNode.Entries = new List<NodeEntry>();
    //清空其 MBR
    OneNode.MBR = null;
    //给原有结点一个种子
    OneNode.AddEntry(leftEntries[seed1]);
    //从待分割入口中移除两个种子入口，因为他们已经分配过了，先移除 seed2，因为 seed2>seed1，移除后也不会影响 seed1
    leftEntries.RemoveAt(seed2);
    leftEntries.RemoveAt(seed1);
    //将每个待分割入口分给两个结点
```

```
while (leftEntries.Count > 0)
{
   //如果有一个结点的入口数太少，就把剩余的入口全分配给它
   if (OneNode.Entries.Count + leftEntries.Count == MinEntries)
   {
     AssignAllEntries(OneNode, leftEntries);
     break;
   }
   else if (SplitNode.Entries.Count + leftEntries.Count == MinEntries)
   {
     AssignAllEntries(SplitNode, leftEntries);
     break;
   }
   double diffArea = 0;
   //获得 diffArea 绝对值最大的入口
   int index = PickNext(OneNode, SplitNode, leftEntries, ref diffArea);
   if (diffArea < 0) OneNode.AddEntry(leftEntries[index]);
   else if (diffArea > 0) SplitNode.AddEntry(leftEntries[index]);
   else
   {
     //分配给原有结点后的合并面积
     double merge1 = new GISExtent(leftEntries[index].MBR, OneNode.MBR).area;
     //分配给分割结点后的合并面积
     double merge2 = new GISExtent(leftEntries[index].MBR, SplitNode.MBR).area;
     //分配给何必跟面积最小的结点
     if (merge1 < merge2) OneNode.AddEntry(leftEntries[index]);
     else if (merge1 > merge2) SplitNode.AddEntry(leftEntries[index]);
     else
     {
    //分配给目前入口数量最少的结点
    if (OneNode.Entries.Count < SplitNode.Entries.Count)
    OneNode.AddEntry(leftEntries[index]);
    else
    SplitNode.AddEntry(leftEntries[index]);
     }
   }
   //将已经分配好的入口移除
   leftEntries.RemoveAt(index);
   //如果有一个结点的入口数太少，就把剩余的入口全分配给它
   if (OneNode.Entries.Count + leftEntries.Count == MinEntries)
     AssignAllEntries(OneNode, leftEntries);
   else if (SplitNode.Entries.Count + leftEntries.Count == MinEntries)
     AssignAllEntries(SplitNode, leftEntries);
}
return SplitNode;
}
```

SplitNode 函数有些长，但结合前文解释及行内注释应该不难理解。首先，找到两个种子入口的序号 seed1 及 seed2。然后，生成新的入口列表 leftEntries 记载待分配的所有入口，清空 OneNode 的入口，生成新分割的结点 SplitNode，把种子结点分别从 leftEntries 中转给 SplitNode 和 OneNode。最后，开始执行分割过程，直到 leftEntries 中无剩余入口为止。

SplitNode 函数引用了两个未定义的函数，PickNext 及 AssignAllEntries，前者用于查找下一个待分配的入口，也就是前文提到的寻找最大面积差入口，其实现过程如下。

### Lesson_23/RTree.cs/RTree

```
private int PickNext(NodeEntry FirstNode, NodeEntry SecondNode, List<NodeEntry> entries, ref double maxDiffArea)
{
    maxDiffArea = double.MinValue;
    int index=-1;
    for (int i = 0; i < entries.Count;i++ )
    {
        double diffArea = EnlargedArea(FirstNode, entries[i]) - EnlargedArea(SecondNode, entries[i]);
        if (Math.Abs(diffArea)>maxDiffArea)
        {
            maxDiffArea = Math.Abs(diffArea);
            index = i;
        }
    }
    maxDiffArea = EnlargedArea(FirstNode, entries[index]) - EnlargedArea(SecondNode, entries[index]);
    return index;
}
```

PickNext 函数中，最大面积差 maxDiffArea 前面带有 ref 前缀，表示它的计算结果会被传回调用函数 SplitNode，因为要用它的符号和值来确定到底要把这个入口分配给哪个结点。

AssignAllEntries 用于把剩余入口全部分配给某个结点，其代码如下。

### Lesson_23/RTree.cs/RTree

```
private void AssignAllEntries(NodeEntry node, List<NodeEntry> entries)
{
    for (int i = 0; i < entries.Count; i++)
        node.AddEntry(entries[i]);
    entries.Clear();
}
```

## 23.6 树 的 调 整

当新的数据入口被插入树中后，可能会引起叶结点 MBR 的变化，也可能令叶结点分裂，如果发生 MBR 的变化，需要把这种变化传递给上层结点，如果发生结点分裂，要试着给这个被分裂出来的结点找一个上层结点，否则它就与树没什么关系了，所有这些操作都将在 AdjustTree 函数中完成。

先给出 AdjustTree 函数的代码，再解释其含义。

### Lesson_23/RTree.cs/RTree

```
private void AdjustTree(NodeEntry OneNode, NodeEntry SplitNode)
{
    //OneNode 是根结点
    if (OneNode.Parent == null)
```

```
    {
    //出现了一个兄弟，则需要向上生长
        if (SplitNode != null)
        {
        //新生长的根结点，肯定不是叶结点
            NodeEntry newroot = new NodeEntry(OneNode.Level+1);
            newroot.AddEntry(OneNode);
            newroot.AddEntry(SplitNode);
            Root = newroot;
        }
        return;
    }
    //找到原有结点的父结点
    NodeEntry Parent = OneNode.Parent;
    //调整父结点的 MBR
    Parent.MBR.Merge(OneNode.MBR);
    //将被分割出来的结点插入父结点的入口列表
    InsertNode(Parent, SplitNode);
}
```

该函数的输入参数有两个：一个是原有结点 OneNode；一个是可能被分割出来的结点 SplitNode。如果 OneNode 在插入新入口后入口数量没有超过 MaxEntries，则 SplitNode 为空值。

如果 OneNode 是根结点，而 SplitNode 是空值，就表示调整到此为止了，但如果 SplitNode 不是空值，这时就表示树要开始向上生长了，即新的根结点出现，其两个子结点就是 OneNode 和 SplitNode，新的根结点的 Level 必然比现有的两个结点的 Level 高一级。

如果 OneNode 不是根结点，那么就需要先更新 OneNode 父结点的 MBR，把 SplitNode 作为子结点入口插入这个父结点中，然后程序就结束了。这似乎结束的太突然了，父结点被插入这个 SplitNode 后，会不会引起父结点的分裂？这个父结点的父结点难道不需要调整了吗？奥秘就在这里，当重新回头去看 InsertNode 函数的时候会发现，是它调用的 AdjustNode 函数，而 AdjustNode 函数又调用了 InsertNode 函数，这样，上层父结点的调整工作就交给接下去的 InsertNode 函数及 AdjustNode 函数，也就是说，这里有个递归调用的关系，利用这种方式很容易完成整个树的调整。递归调用在树型结构操作中是常见的。

## 23.7  在图层中引入 R-Tree

现在 R-Tree 的构建工作已经完成了，需要把它引入图层中去。为此，需要为 GISVectorLayer 类增加一个 R-Tree 的属性成员，并在构造函数中初始化它。但是，尽管 R-Tree 很有用，但有时用户不希望使用，或者认为没必要使用。因此，在图层的构造函数中可以增加一个选择变量，在缺省的情况下是选择种树的。更新后的代码如下，其中新增语句被加粗显示。

### Lesson_23/BasicClasses.cs/GISVectorLayer

```
public RTree rtree;
public GISVectorLayer(string _name, SHAPETYPE _shapetype, GISExtent _extent, List<GISField> _fields = null, bool
NeedIndex = true)
{
   ……
   MakeUnifiedValueMap();
   if (NeedIndex) rtree = new RTree(this);
}
```

接下来，再增加一个为图层构建树的函数，代码如下。

### Lesson_23/BasicClasses.cs/GISVectorLayer

```
public void BuildRTree()
{
    rtree = new RTree(this);
    for (int i = 0; i < FeatureCount(); i++)
       rtree.InsertData(i);
}
```

这个函数可以清空图层中原有的树，然后将图层中所有现存的空间对象插入这棵新树中。然而，如果又有新的对象加入图层中怎么办呢？因此，在 AddFeature 函数中也要有种树的过程，其代码修改如下，新增语句被加粗显示。

### Lesson_23/BasicClasses.cs/GISVectorLayer

```
public void AddFeature(GISFeature feature, bool UpdateExtent = false)
{
   ……
   Features.Add(feature);
   if (rtree != null)
     rtree.InsertData(Features.Count - 1);
   if (UpdateExtent == false) return;
   ……
}
```

此外，图层中还有一个函数是清空所有空间对象，这时也应该记得把树砍掉，其代码修改如下，新增语句被加粗显示。

### Lesson_23/BasicClasses.cs/GISVectorLayer

```
public void DeleteAllFeatures()
{
   Features.Clear();
   Extent = null;
   if (rtree != null) rtree = new RTree(this);
}
```

现在，在图层中建树的过程结束了，这棵树到底如何使用？这方面内容将在第 24 章中介绍，之前可以看一下一棵树的生长过程是怎样的。

回到 RTree.cs，增加如下函数，它的作用是把当前树中的所有结点增加到一个结点列表里，其代码如下。

**Lesson_23/RTree.cs/RTree**

```
private void NodeList(List<NodeEntry> nodes, NodeEntry node)
{
    nodes.Add(node);
    if (node.Entries==null) return;
    for (int i=0;i<node.Entries.Count;i++)
        NodeList(nodes, node.Entries[i]);
}
```

NodeList 函数非常简单，也是一个递归函数，用一个简单的逻辑就可以实现树的遍历，从树根（父结点）开始，到它的子结点，然后重复这一过程，直到数据结点。现在再做一个函数，用来调用 NodeList 函数，并将返回列表变成一个图层，代码如下。

**Lesson_23/RTree.cs/RTree**

```
public GISVectorLayer GetTreeLayer()
{
    List<NodeEntry> nodes = new List<NodeEntry>();
    NodeList(nodes, Root);
    List<GISField> fields = new List<GISField>();
    fields.Add(new GISField(typeof(Int32), "Level"));
    GISVectorLayer treelayer = new GISVectorLayer("treelayer", SHAPETYPE.line, null, fields);
    for (int i=0;i<nodes.Count;i++)
    {
        List<GISVertex> vs = new List<GISVertex>();
        vs.Add(new GISVertex(nodes[i].MBR.getMaxX(), nodes[i].MBR.getMaxY()));
        vs.Add(new GISVertex(nodes[i].MBR.getMaxX(), nodes[i].MBR.getMinY()));
        vs.Add(new GISVertex(nodes[i].MBR.getMinX(), nodes[i].MBR.getMinY()));
        vs.Add(new GISVertex(nodes[i].MBR.getMinX(), nodes[i].MBR.getMaxY()));
        vs.Add(new GISVertex(nodes[i].MBR.getMaxX(), nodes[i].MBR.getMaxY()));
        GISLine line = new GISLine(vs);
        GISAttribute a = new GISAttribute();
        a.AddValue(nodes[i].Level);
        treelayer.AddFeature(new GISFeature(line, a),true);
    }
    return treelayer;
}
```

GetTreeLayer 函数首先把当前所有结点读出来，建立一个线图层，其仅包括一个属性字段，即每个结点的 Level。然后逐一添加结点，每个结点的 MBR 被转换成一个四边形的线实体，并插入图层中。

现在回到 Form1.cs，给它增加一个按钮【button1】，其点击处理函数如下，用于获得一个图层的树属性，然后获得树图层，并添加到地图窗口中显示出来。

### Lesson_23/Form1.cs

```csharp
private void button1_Click(object sender, EventArgs e)
{
    GISVectorLayer layer = (GISVectorLayer)gisPanel1.document.layers[0];
    RTree rtree = layer.rtree;
    GISVectorLayer treelayer = rtree.GetTreeLayer();
    if (gisPanel1.document.getLayer(treelayer.Name) != null)
        gisPanel1.document.RemoveLayer(treelayer.Name);
    gisPanel1.document.AddLayer(treelayer);
    gisPanel1.UpdateMap();
}
```

运行一下，打开一个图层，点击【button1】试试看。另外，也可以在图层管理对话框中根据 Level 属性，建立独立值专题地图，看看不同级别的树结点都是如何分布的。

上述方法是一次性把所有的结点都显示出来了，此外，还有交互式更好的方法。在 Form1 中再建立两个按钮【button2】及【button3】，同时为 Form1 增加一个属性成员记载空间对象的序号。【button2】负责清空当前的树，而【button3】负责逐个添加结点，并把树显示出来，上述代码如下。

### Lesson_23/Form1.cs

```csharp
int index = 0;
private void button2_Click(object sender, EventArgs e)
{
    GISVectorLayer layer = (GISVectorLayer)gisPanel1.document.layers[0];
    layer.rtree = new RTree(layer);
    index = 0;
}

private void button3_Click(object sender, EventArgs e)
{
    GISVectorLayer layer = (GISVectorLayer)gisPanel1.document.layers[0];
    if (index == layer.FeatureCount()) return;
    layer.rtree.InsertData(index);
    index++;
    GISVectorLayer treelayer = layer.rtree.GetTreeLayer();
    if (gisPanel1.document.getLayer(treelayer.Name) != null)
        gisPanel1.document.RemoveLayer(treelayer.Name);
    gisPanel1.document.AddLayer(treelayer);
    gisPanel1.UpdateMap();
}
```

现在再次运行一下，先增加图层，再点击【button2】，然后可连续点击【button3】，看会不会得到如图 23-3 所示的效果，通过这个过程，能够对种树的过程有一个更直观的理解。

图 23-3　R-Tree 构建过程展示

## 23.8　总　　结

本章介绍了空间索引结构 R-Tree 的原理及构建过程，其中涉及了很多递归类型的函数，需要认真体会，当然，最好的办法是阅读 Guttman 最初的文章。到此为止，R-Tree 如何真正使用尚未涉及，在下一章中将加以尝试。

# 第 24 章 空间索引的应用与维护

本章首先将实现基于 R-Tree 的空间对象查询功能，这项功能将被整合到矢量图层的选择功能及地图绘制功能中。然后将介绍树的维护方法，包括如何保存和读取含有 R-Tree 的图层文件，以及由于空间对象的删除而造成的树结构变化。

生成新的项目 Lesson_24，并复制 Lesson_23 中属于 MyGIS 类库的全部内容，然后，在 Lesson_24 的 Form1 中添加一个 GISPanel 及对 MyGIS 的类库引用。

## 24.1 树的搜索

搜索的原理已经在第 23 章中有所介绍，本节来实现它。在一般的空间对象查询过程中，通常会有一个搜索范围，有时需要寻找的是被这个搜索范围包括的所有空间对象（覆盖搜索），有时需要找的是与这个搜索范围相交的空间对象（相交搜索）。据此，先定义一个公有函数，其参数包括搜索范围 extent 及搜索方式 OnlyInclude，如果 OnlyInclude 为 true，表示覆盖搜索，否则为相交搜索。

**Lesson_24/RTree.cs/RTree**

```
public List<GISFeature> Query(GISExtent extent, bool OnlyInclude)
{
    List<GISFeature> features = new List<GISFeature>();
    FindFeatures(Root, features, extent, OnlyInclude);
    return features;
}
```

上述函数调用 FindFeatures 函数获得符合条件的空间对象，它从根结点开始，再次采用递归调用的方式实现，其代码如下。

**Lesson_24/RTree.cs/RTree**

```
private void FindFeatures(NodeEntry node, List<GISFeature> features, GISExtent extent, bool OnlyInclude)
{
    //如果是叶结点
```

```
if (node.Level == 1)
foreach (NodeEntry entry in node.Entries)
{
    //如果数据的 MBR 与搜索范围不相交, 则忽略它
        if (!entry.MBR.InsertectOrNot(extent)) continue;
    //如果不需要搜索范围覆盖数据的 MBR, 则入选返回列表
        if (!OnlyInclude) features.Add(entry.Feature);
    //搜索范围需要覆盖数据的 MBR, 且确实覆盖了, 则入选返回列表
        else if (extent.Include(entry.MBR)) features.Add(entry.Feature);
}
//如果是非叶树结点
else
foreach (NodeEntry entry in node.Entries)
    //如果子结点的 MBR 与搜索范围相交, 则搜索该子结点
        if (entry.MBR.InsertectOrNot(extent))
            FindFeatures(entry, features, extent, OnlyInclude);
}
```

R-Tree 的生长从树叶开始（即首先叶结点分裂，然后向树根蔓延，进而生成新的树根，令树长高），而搜索从树根开始，直到树叶为止，否则就逐一递归搜索当前结点的各个子结点。从 FindFeatures 函数内容可知，不论是覆盖搜索还是相交搜索，都是仅检查空间对象的 MBR。这样效率很高，但针对相交情况的搜索，通过 R-Tree 找到的空间对象还需要进行二次搜索（refine），以确定空间对象本身是否也与搜索范围相交。如图 24-1 所示，空间对象的 MBR 与搜索范围确实相交，因此会被 FindFeatures 函数选入结果列表，但空间对象本身不与搜索范围相交，因此，二次搜索是必要的，它可以剔除一些被错误选入的空间对象。二次搜索的复杂性会高一些，但通过 FindFeatures 已经大大缩小了需要二次搜索的空间对象的数量。在 Rtree.cs 中，不包括二次搜索的功能，因为这是与具体空间对象结合的，将在 24.2 节中涉及这方面内容。

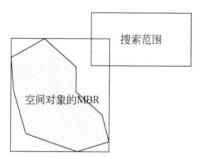

图 24-1　空间对象的 MBR 与搜索范围的位置关系

## 24.2　优化后的 GISSelect

GISSelect 类是应用 R-Tree 的最佳对象，它目前可以实现点选和框选，本节就把它改造一下，把 R-Tree 的功能结合进来。如果忘记 GISSelect 这个类，可以翻看前面的章节。

由于 GISSelect 一般是为矢量图层服务的，为了减少参数传递，给它增加一个图层属性，并在构造函数中让它初始化，代码如下：

## Lesson_24/BasicClasses.cs/GISSelect

```
GISVectorLayer Layer;
public GISSelect(GISVectorLayer _layer)
{
    Layer = _layer;
}
```

现在修改原来的两个 Select 函数：一个用于点选；一个用于框选。为了更好地区别它们，给它们分别重命名为 SelectByVertex 及 SelectByExtent。由于有了全局变量 Layer，这两个函数的输入参数变少了。修改后的 SelectByVertex 代码如下。

## Lesson_24/BasicClasses.cs/GISSelect

```
public SelectResult SelectByVertex(GISVertex vertex, GISView view)
{
    SelectedFeature = null;
    if (Layer.FeatureCount() == 0) return SelectResult.EmptySet;
    GISExtent MinSelectExtent = BuildExtent(vertex, view);
    //根据是否有空间索引，计算待选数据集
    List<GISFeature> features = (Layer.rtree == null) ? Layer.GetAllFeatures() :
            Layer.rtree.Query(MinSelectExtent, false);
    switch (Layer.ShapeType)
    {
        case SHAPETYPE.point:
            return SelectPoint(vertex, features, view, MinSelectExtent);
        case SHAPETYPE.line:
            return SelectLine(vertex, features, view, MinSelectExtent);
        case SHAPETYPE.polygon:
            return SelectPolygon(vertex, features, view, MinSelectExtent);
    }
    return SelectResult.UnknownType;
}
```

函数根据图层的 rtree 属性是否为 null 来判断该图层是否建立了空间索引，如果建立了，rtree 应不为 null，则可调用 RTree.Query 函数。虽然是点选，但仍然可以把一个点作为一个范围来处理，况且，屏幕上的点击本来就需要有一个冗余区域。因此，可以获得一个 MinSelectExtent 的搜索范围，这个范围恰好可以被用在 RTree.Query 函数中。点选是一个相交搜索，因此，RTree.Query 函数的另一个参数 OnlyInclude 为 false。switch 语句，就是一个二次搜索的过程，它根据空间数据类型，分别调用三个二次搜索函数，看点选位置与待选空间对象之间的范围是否在给定区间之内，以决定是否选中了。这三个函数都是已经存在的，只不过需要把 rtree 考虑进去。当一个图层的 rtree 不存在时，则搜索就是针对图层中所有空间对象，就先进行 MBR 的判断，再进行二次搜索；当 rtree 存在时，则输入的 features 就是来自于 RTree.Query 筛选过的对象集，就无需再进行 MBR 判断了，可直接进行二次搜索。根据上述原理，三个函数内容做了些许修改，其中判断对象集 features 来源的方法仍然是看图层的 rtree 属性是否为 null。这三个函数的修改结果如下。

### Lesson_24/BasicClasses.cs/GISSelect

```
public SelectResult SelectPolygon(GISVertex vertex, List<GISFeature> features, GISView view, GISExtent MinSelectExtent)
{
    SelectedFeatures.Clear();
    for (int i = 0; i < features.Count; i++)
    {
        if (Layer.rtree == null)
            if (!MinSelectExtent.InsertectOrNot(features[i].spatialpart.extent))
                //没有使用索引，空间对象范围也不与选择范围相交，则忽略
                continue;
        GISPolygon polygon = (GISPolygon)(features[i].spatialpart);
        ……
    }
    ……
}

public SelectResult SelectPoint(GISVertex vertex, List<GISFeature> features, GISView view, GISExtent MinSelectExtent)
{
    Double distance = Double.MaxValue;
    int id = -1;
    for (int i = 0; i < features.Count; i++)
    {
        if (Layer.rtree == null)
            if (!MinSelectExtent.InsertectOrNot(features[i].spatialpart.extent))
                //没有使用索引，空间对象范围也不与选择范围相交，则忽略
                continue;
        GISPoint point = (GISPoint)(features[i].spatialpart);
        ……
    }
    ……
}

public SelectResult SelectLine(GISVertex vertex, List<GISFeature> features, GISView view, GISExtent MinSelectExtent)
{
    Double distance = Double.MaxValue;
    int id = -1;
    for (int i = 0; i < features.Count; i++)
    {
        if (Layer.rtree == null)
            if (!MinSelectExtent.InsertectOrNot(features[i].spatialpart.extent))
                //没有使用索引，空间对象范围也不与选择范围相交，则忽略
                continue;
        GISLine line = (GISLine)(features[i].spatialpart);
        ……
    }
    ……
}
```

框选函数比较起来就简单多了，它是一种覆盖搜索，不需要进行二次搜索，只需根据图层的 rtree 属性判断是否需要使用 R-Tree 即可，代码如下。

## Lesson_24/BasicClasses.cs/GISSelect

```
public SelectResult SelectByExtent(GISExtent extent)
{
    SelectedFeatures.Clear();
    if (Layer.rtree == null)
    {
        for (int i = 0; i < Layer.FeatureCount(); i++)
        {
            if (extent.Include(Layer.GetFeature(i).spatialpart.extent))
                SelectedFeatures.Add(Layer.GetFeature(i));
        }
    }
    else
        SelectedFeatures = Layer.rtree.Query(extent, true);
    return (SelectedFeatures.Count > 0) ? SelectResult.OK : SelectResult.TooFar;
}
```

在 GISSelect 中的修改，会引起 GISVectorLayer 中两个函数的报错，但修改起来是非常简单的，只需调整调用方式即可，代码如下。

## Lesson_24/BasicClasses.cs/GISVectorLayer

```
public SelectResult Select(GISVertex vertex, GISView view)
{
    GISSelect gs = new GISSelect();
    SelectResult sr = gs.Select(vertex, Features, ShapeType, view);
    GISSelect gs = new GISSelect(this);
    SelectResult sr = gs.SelectByPoint(vertex, view);
    ……
}

public SelectResult Select(GISExtent extent)
{
    GISSelect gs = new GISSelect();
    SelectResult sr = gs.Select(extent, Features);
    GISSelect gs = new GISSelect(this);
    SelectResult sr = gs.SelectByExtent(extent);
    ……
}
```

现在，可以运行程序了，试着选择空间对象，跟以前章节中的程序运行效果比较一下，看查找速度会不会快一些，如果图层文件中的空间对象不多的话，查找速度的变化是很难察觉的，所以，找些大文件试试。

## 24.3 更快的图层绘制

查看目前 GISVectorLayer 的 draw 函数，会发现，它的过程是先确定当前屏幕的地图显示范围，然后再与所有空间对象的 MBR 进行相交判断，如果相交就绘制，否则就忽略。因此，这显然也是一个空间查询的过程，确切的说是相交搜索，可以用 RTree.Query 函数。

据此，修改原来的 draw 函数，把它变成两个函数，如下。

**Lesson_24/BasicClasses.cs/GISVectorLayer**

```csharp
public override void draw(Graphics graphics, GISView view, GISExtent extent = null)
{
    extent = (extent == null) ? view.getRealExtent() : extent;
    if (rtree == null)
        //没有空间索引，从全部空间对象中寻找需要绘制的
        drawFeatures(graphics, Features, view, extent);
    else
        //有空间索引，就绘制与当前屏幕地图范围相交的
        drawFeatures(graphics, rtree.Query(extent, false), view, extent);
}

private void drawFeatures(Graphics graphics, List<GISFeature> features, GISView view, GISExtent extent)
{
    if (ThematicType == THEMATICTYPE.UnifiedValue)
    {
        GISThematic Thematic = Thematics[ThematicType];
        for (int i = 0; i < features.Count; i++)
        {
            if (rtree==null)
                if (!extent.InsertectOrNot(features[i].spatialpart.extent))
                    //没有使用索引，空间对象范围也不与当前屏幕地图范围相交，则忽略
                    continue;
            features[i].draw(graphics, view, DrawAttributeOrNot, LabelIndex, Thematic);
        }
    }
    else if (ThematicType == THEMATICTYPE.UniqueValue)
    {
        for (int i = 0; i < features.Count; i++)
        {
            if (rtree == null)
                if (!extent.InsertectOrNot(features[i].spatialpart.extent))
                    //没有使用索引，空间对象范围也不与当前屏幕地图范围相交，则忽略
                    continue;
            GISThematic Thematic = Thematics[features[i].getAttribute(ThematicFieldIndex)];
            features[i].draw(graphics, view, DrawAttributeOrNot, LabelIndex, Thematic);
        }
    }
    else if (ThematicType == THEMATICTYPE.GradualColor)
    {
        for (int i = 0; i < features.Count; i++)
        {
            if (rtree == null)
                if (!extent.InsertectOrNot(features[i].spatialpart.extent))
                    //没有使用索引，空间对象范围也不与当前屏幕地图范围相交，则忽略
                    continue;
            GISThematic Thematic = Thematics[LevelIndexes[i]];
            features[i].draw(graphics, view, DrawAttributeOrNot, LabelIndex, Thematic);
        }
    }
}
```

draw 函数决定是否应该使用 R-Tree 来缩小待选范围，而 drawFeatures 继承了原有 draw 函数的大部分内容，它同样要判断输入的空间对象集合 features 是来自于 R-Tree 筛选过的还是包括图层的全部空间对象，如果是筛选过的，就无需再次进行 MBR 相交判断了。上述调用 RTree.Query 函数虽然执行的是一个相交搜索的过程，但二次搜索实际是不需要的，因为执行二次搜索有时比绘制一个空间对象还要复杂，所以，还不如直接绘制，尽管它可能完全在屏幕之外，但也无所谓，毕竟这只是显示而已，并不需要获得完全准确的选择集。

同样，现在可以运行程序感受一下绘制速度的提高，找个大文件试试。

## 24.4 树的存储

R-Tree 的功能已经在前两节简单地展示了，值得注意的是，图层中的空间对象数量越多，它的效果越明显，但同时也带来了一个问题，种树的时间也变长了，如果每次打开文件的时候都种一遍树，那实在是太浪费时间了，如果能够把树的信息也存入图层文件中，那将解决这个问题，毕竟现在硬盘空间越来越大，多存些信息也不是太大的问题。

树的存储就是把其结点和结点间的关系存储起来，先来分析一下 NodeEntry 的几个属性成员。

（1）GISExtent 类型的属性 MBR，由四个坐标极值构成，好存储。
（2）Int 类型的属性 FeatureIndex，一个整数而已，好办。
（3）GISFeature 类型的属性 Feature，有了 FeatureIndex 就不需要存储它了。
（4）List〈NodeEntry〉类型的属性 Entries，似乎不太好存储。
（5）NodeEntry 类型的属性 Parent，似乎也不太好存储。
（6）Int 类型的属性 Level，又是一个整数，容易。

看起来有些复杂，但实际做起来也还算容易，只要学会用递归的思想去解决这个问题就行了。在 RTree 中增加了两个函数，用于将树写入一个文件，其输入参数为一个 BinaryReader，代码如下。

**Lesson_24/RTree.cs/RTree**

```
public void WriteFile(BinaryWriter bw)
{
    //如果是空树，就返回
    if (Root.Entries.Count == 0) return;
    WriteNode(Root, bw);
}

private void WriteNode(NodeEntry node, BinaryWriter bw)
{
    bw.Write(node.Level);
    if (node.Level == 0)
        //数据结点
        bw.Write(node.FeatureIndex);
    else
```

```
    {
        //树结点
        node.MBR.Output(bw);
        bw.Write(node.Entries.Count);
        for (int i = 0; i < node.Entries.Count; i++)
            WriteNode(node.Entries[i], bw);
    }
}
```

WriteNode 显然又是一个递归函数，它负责将一个结点及其下层所有结点写入文件，直到遇到数据结点。写入数据结点非常简单，就是一个空间对象在列表中的序号，其空间实体和属性值可以根据序号从图层中获得。针对树结点，要先写入其 MBR，然后写入其子结点的数量，再递归调用子结点写入函数。上述写入过程似乎有些太简单了，根本没有涉及 Entries 及 Parent 属性。实际上，这些属性的存储是隐含在上述写入过程中的，当实现了树的读取函数后，这一点将会被更容易理解。

这里 MBR 的写入调用了 GISExtent 的一个未实现的函数 Output，补充如下。

**Lesson_24/BasicClasses.cs/GISExtent**

```
public void Output(BinaryWriter bw)
{
    bw.Write(getMaxX());
    bw.Write(getMaxY());
    bw.Write(getMinX());
    bw.Write(getMinY());
}
```

对应于存储函数，建立树的读取函数，只需要反过来做就好了，同样，读取过程也包括两个函数，其中直接负责读操作的 ReadNode 也是一个递归函数，代码如下。

**Lesson_24/RTree.cs/RTree**

```
public void ReadFile(BinaryReader br)
{
    //如果没有空间对象，则不需要继续都下去了
    if (layer.FeatureCount()==0) return;
    Root = ReadNode(br);
}

private NodeEntry ReadNode(BinaryReader br)
{
    int level = br.ReadInt32();
    if (level==0)
    {
        //数据结点
        Int index = br.ReadInt32();
        NodeEntry node = new NodeEntry(layer.GetFeature(index), index);
        return node;
    }
    else
```

```csharp
{
    //树结点
    NodeEntry node = new NodeEntry(level);
    node.MBR = new GISExtent(br);
    int EntryCount = br.ReadInt32();
    for (int i = 0; i < EntryCount; i++)
    {
        NodeEntry childnode = ReadNode(br);
        //恢复父子关系
        childnode.Parent = node;
        node.Entries.Add(childnode);
    }
    return node;
}
}
```

ReadNode 函数返回的就是一个结点，并返回到上层的 ReadNode 函数中，这是一个递归的过程，最终，它将在 ReadFile 函数中返回这棵树的根结点。在递归读取过程中，父子关系被建立起来，即 Entries 及 Parent 属性。此外，这里又出现了一个未定义的 GISExtent 的构造，它负责读入文件内容，构造对象实例，代码如下。

### Lesson_24/BasicClasses.cs/GISExtent

```csharp
public GISExtent(BinaryReader br)
{
    upright = new GISVertex(br.ReadDouble(), br.ReadDouble());
    bottomleft = new GISVertex(br.ReadDouble(), br.ReadDouble());
    area = getWidth() * getHeight();
}
```

至此，在 RTree 类中的读写操作都完成了，并且它可以被写入图层文件中，跟在相应的图层数据后面，这些操作将在 GISMyFile 中完成。有些图层有空间索引，有些也许不需要，为此要在图层文件头中增加一个逻辑标志来记录这个情况。修改如下。

### Lesson_24/BasicClasses.cs/GISMyFile

```csharp
[StructLayout(LayoutKind.Sequential, Pack = 1)]
struct MyFileHeader
{
    public double MinX, MinY, MaxX, MaxY;
    public int FeatureCount, ShapeType, FieldCount;
    public bool HasTree;
};
```

其中，把原来的 Pack 值由 4 改为 1，是由于 HasTree 的字节长度为 1，避免在结构读写时发生错误。相应地，在写文件头时，也要把 HasTree 属性写入，修改如下。

**Lesson_24/BasicClasses.cs/GISMyFile**

```
static void WriteFileHeader(GISVectorLayer layer, BinaryWriter bw)
{
    MyFileHeader mfh = new MyFileHeader();
    ……
    mfh.HasTree = layer.rtree != null;
    bw.Write(GISTools.ToBytes(mfh));
}
```

在具体写图层内容时,可在写完所有空间对象后,写入树结构,相关修改如下。

**Lesson_24/BasicClasses.cs/GISMyFile**

```
public static void WriteFileMultiLayers(List<GISVectorLayer> layers, string filename)
{
    ……
    WriteFeatures(layer, bw);
    if (layer.rtree != null)
        layer.rtree.WriteFile(bw);
    ……
}
```

在读图层文件时,先选择不建立索引结构,然后根据 HasTree 属性,直接把树结构读入,代码修改如下。

**Lesson_24/BasicClasses.cs/GISMyFile**

```
public static List<GISVectorLayer> ReadFileMultiLayers(string filename)
{
    ……
    List<GISField> Fields = ReadFields(br, mfh.FieldCount);
    //先选择不建立索引,因为可以稍后增加
    GISVectorLayer layer = new GISVectorLayer(layername, ShapeType, Extent, Fields, false);
    ReadFeatures(layer, br, mfh.FeatureCount);
    if (mfh.HasTree)
    {
        layer.rtree = new RTree(layer);
        layer.rtree.ReadFile(br);
    }
    layers.Add(layer);
    ……
}
```

现在图层数据可以与它的索引结构一起被存储到同一个文件中了。

## 24.5 修改图层的索引选项

前面,已经讨论过图层并不总是需要索引结构的,因此,就需要有一个机制确定是否需要建立或删除索引,这件事在图层管理对话框中做最恰当不过。

首先,在图层管理对话框中增加一个显示为"索引"的 checkBox4,如图 24-2 所示,当它被 checked 时,表示图层的 rtree 属性不为空,图层有索引结构,否则 rtree 为空。

第 24 章 空间索引的应用与维护

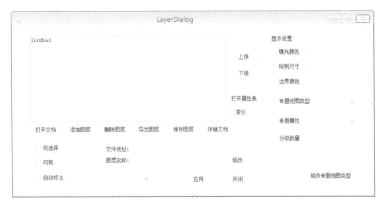

图 24-2 添加索引控制的图层管理对话框

然后，在图层选择列表框事件处理函数中添加对 checkBox4 的可见性和 Checked 属性值的控制，代码如下。

**Lesson_24/LayerDialog.cs**

```
private void listBox1_SelectedIndexChanged(object sender, EventArgs e)
{
    ……
    groupBox1.Visible = onelayer.LayerType == LAYERTYPE.VectorLayer;
    checkBox4.Visible = onelayer.LayerType == LAYERTYPE.VectorLayer;
    //栅格图层的操作到此结束，可以退出
    if (onelayer.LayerType == LAYERTYPE.RasterLayer) return;
    //以下为原有矢量图层的操作
    GISVectorLayer layer = (GISVectorLayer)onelayer;
    checkBox4.Checked = layer.rtree != null;
    checkBox1.Checked = layer.Selectable;
    ……
}
```

最后，增加 checkBox4 的点击事件处理函数，记住，不要用它的 CheckedChanged 事件，因为，其他函数（如 listBox1_SelectedIndexChanged）也可能修改 checkBox4 的 Checked 状态，进而会引起已经存在的索引的重建，那将是一个无意义的费时操作。checkBox4_Click 函数代码如下。

**Lesson_24/LayerDialog.cs**

```
private void checkBox4_Click(object sender, EventArgs e)
{
    if (listBox1.SelectedItem == null) return;
    GISVectorLayer layer = (GISVectorLayer)Document.getLayer(listBox1.SelectedItem.ToString());
    if (checkBox4.Checked)
        layer.BuildRTree();
    else
        layer.rtree = null;
}
```

现在，建立或取消图层索引已经变得易如反掌了。

## 24.6 数据结点的删除

如果图层中一个空间对象被删除了,那么其在树结构中对应的数据结点也要被删除,相应地,树结构可能会发生变化,这种变化有时是很复杂的,例如,删除数据入口的叶结点的入口数小于 MinEntries 了,就需要跟临近结点合并,或者合并后再分裂,以保证入口数在规定范围以内,它们的变化又会波及上层结点的变化,直到树根。因此,相应的过程稍显复杂,这时放弃了上述 Guttman 的做法,采取了一种简化的方式。删除空间后,直接调用 GISVectorLayer 中的 BuildRTree 函数,完全重建树结构。

回到 GISVectorLayer,发现,这里竟然还没有一个删除单个空间对象的函数,现在来补充,代码如下。

**Lesson_24/BasicClasses.cs/GISVectorLayer**

```csharp
public void DeleteFeatureByIndex(int FeatureIndex)
{
    Features.RemoveAt(FeatureIndex);
    if (rtree != null)
        BuildRTree();
}

public void DeleteFeature(GISFeature Feature)
{
    int index = FindFeatureIndex(Feature);
    DeleteFeatureByIndex(index);
}

public void DeleteFeatureByID(int ID)
{
    int index = FindFeatureIndexByID(ID);
    DeleteFeatureByIndex(index);
}

private int FindFeatureIndex(GISFeature Feature)
{
    for(int i=0;i<Features.Count;i++)
    {
        if (Features[i].ID == Feature.ID)
            return i;
    }
    return -1;
}

private int FindFeatureIndexByID(int ID)
{
    for (int i = 0; i < Features.Count; i++)
    {
        if (Features[i].ID == ID)
            return i;
    }
    return -1;
}
```

上述一组函数可以实现基于空间对象本身（DeleteFeature）、数组序列号（DeleteFeatureByIndex）及 ID（DeleteFeatureByID）多种方式的对象删除工作。实际的删除操作是通过 DeleteFeatureByIndex 实现的，其他两种方式需要利用 FindFeatureIndex 及 FindFeatureIndexByID 获得空间对象的数组序列号，进而调用 DeleteFeatureByIndex 实现删除。

上述删除的过程并非一种高效的方式，因为每次删除都要重建树结构，实在是太浪费了，在本书后续出版物中，会试图给出更优化的方式，读者当然也可自行尝试。

至此，删除操作也基本完成了。这时，会发现一个问题，在增加空间对象函数 AddFeature 中，有更新图层地图范围的操作，但在删除操作中，是否也应该更新图层地图范围呢？原则上应该是的，但似乎有些太浪费了，因为要合并计算现存所有空间对象的 MBR，有时是没必要的，不如在需要的时候再统一更新一下图层的地图范围。因此，增加了下面的函数。如果有必要，可以在调用 DeleteFeature 函数后，调用下面函数。

**Lesson_24/BasicClasses.cs/GISVectorLayer**

```
public void UpdateExtent()
{
    if (Features.Count == 0) Extent = null;
    else
    {
        Extent = new GISExtent(Features[0].spatialpart.extent);
        for (int i=1; i<Features.Count;i++)
            Extent.Merge(Features[i].spatialpart.extent);
    }
}
```

此外，实际上，当重建树结构时，树根结点的 MBR 就等同于图层的地图范围，因此，也可以在这个时机更新地图范围。为此，在 BuildRTree 中增加一句代码，如下。

**Lesson_24/BasicClasses.cs/GISVectorLayer**

```
public void BuildRTree()
{
    rtree = new RTree(this);
    for (int i = 0; i < FeatureCount; i++)
        rtree.InsertData(i);
    Extent = new GISExtent(rtree.Root.MBR);
}
```

这里 RTree 的 Root 属性被外部引用了，所以记得在它前面增加 public 前缀，如下。

**Lesson_24/RTree.cs/RTree**

```
public NodeEntry Root;
```

上面这些关于图层地图范围的讨论，其核心目的是尽可能保持它的准确性，同时，避免过度的操作。

## 24.7 总　　结

现在，系统已经变得有些复杂了，可能不会再被称为迷你 GIS，当然它的可执行程序文件肯定还是非常迷你的。通过本章的介绍，应该能够理解以下两点。

第一，当透彻了解了一件事情的原委时，就能够更好他使用它和改进它，例如，DeleteFeature 函数适合删除一个空间对象，但如果一次要删除 10 个空间对象怎么办？如果调用 10 次 DeleteFeature 函数，在 RTree 的 UpdateFeatureIndex 函数中就要调用 10 次 NodeList 函数，这显然是没必要的，因为，其返回值都是一样的。这时也许会想到去改进，而且改进也是有可能的。但如果使用的是一个封闭的或二次开发的空间很小的系统，则很难做到这一点。显然，需要的是自主创新的自由，这也许就是底层开发的乐趣所在。

第二，写程序就像说话一样，同一件事情，不同的人讲出来，语言文字不会完全一样，本书的代码不可能是最好的，逻辑不可能是没有错误的，希望读者能受到启发，设计出更高效的系统。

# 第25章 空间参考系统

如前文所述，一个坐标位置只有在特定的坐标系统下才有意义。坐标系统也称为空间参考系统，目前有两类空间参考系统，地理坐标系统和投影坐标系统，地理坐标系统类似于球面坐标，用角度（即经纬度）来描述一个位置，而投影坐标系统是平面坐标，用可量测的度量单位（如米、公里）来描述一个位置。世界上有数不清的坐标系统，本章并不希望也不可能全部实现对这些已有坐标系统的处理，相反的，选择其中的两种坐标系统，介绍它们之间坐标相互转换的方法。

生成新的项目Lesson_25，并复制Lesson_24中属于MyGIS类库的全部内容，在Lesson_25的Form1中添加一个GISPanel及对MyGIS的类库引用。

## 25.1 WGS 1984 及 UTM

WGS 1984，简称为WGS84，是典型的地理坐标系统。定义一个地理坐标系统的核心就是定义地球的形状，除此之外，大部分地理坐标系统都会将经过格林威治天文台的那根经线定义为0°，将赤道定义为纬线的0°。地球的形状是接近椭球形的，而定义一个椭球就是定义它的长轴半径（semi-major axis）及短轴半径（semi-minor axis）。就WGS84而言，其两个参数分别为6378137m及6356752.314245m，代表这两个轴的半径长度。

UTM是一种横轴等角割椭圆柱面投影坐标系统。简单地说，这种投影就是找一个巨大的圆柱，其直径小于赤道的直径，然后用它去割地球，两条割线位置分别为南北纬84°处，将地球上的对应位置投影到圆柱面上，然后把圆柱展开就行了。需要注意的是，它展开时并不是一个完整的平面，而是一个有些像橘子瓣拼接起来的一个形状，每个橘子瓣经度跨度是6°。这种投影在南北两极不太适用，在其他区域都表现不错（即各种由投影引起的方向、面积、距离变形比较小）。任何投影坐标系统都是建立在一定的地理坐标系统之上的，所以，关于UTM的投影定义中，也包括长轴半径和短轴半径，本章中，假设UTM投影采用的椭球体定义与WGS84是一致的。UTM坐标单位一般为m，而WGS84坐标单位为度。此外，UTM还包括更多的参数，用于描述其投影特征，现分别解释如下。

- 分度带号码（zone number），为 1~60 的整数，其中有一些特殊分度带，主要是为了保证区域的完整性，不至于有些特定的区域被分配到多个分度带里。
- 南半球还是北半球（south or north），处理起来不一样，因此，实际上有 120 个分度带，南北半球各 60 个。
- 每个分度带的中央经度（central meridian），为分度带号码乘以 6 减去 183。
- 起始纬度（origin of latitude），通常为 0，可以不必记录。
- 中央经线的长度变形比例（scale factor），通常为 0.9996，就是说经线在投影后稍微变短了一点。
- 对于每个分度带来说，投影后的坐标原点一般为中央经线与赤道的交点，但是如果这样，就会出现负数坐标值，这有时使用起来不是很方便。为此，对横坐标来说，所有投影后的坐标值加 500km，被称为 false easting。对于纵坐标来说，凡是处于南半球的投影位置，都加 10000km，被称为 south offset。当然，即便这样，还是会有负的坐标值出现，但这样的值通常离中央经线比较远。
- 赤道的长度（equator length），通常被认为是 40000km。

根据上面的介绍，需要在代码中把这些参数定义一下。为此，在 BasicClasses.cs 文件中新增两个类，分别为 CS_WGS84 及 CS_UTM，其中 CS 指代 coordinate system，所有属性成员均为公共静态变量，代码如下。

### Lesson_25/BasicClasses.cs

```
public class CS_WGS84
{
    public static double SemiMajorAxis = 6378137;
    public static double SemiMinorAxis = 6356752.314245;
}

public class CS_UTM
{
    public static double SemiMajorAxis = CS_WGS84.SemiMajorAxis;
    public static double SemiMinorAxis = CS_WGS84.SemiMinorAxis;
    public static double FalseEasting = 500000;
    public static double ScaleFactor = 0.9996;
    static double EquatorLength = 40000000;
    static double SouthOffset = 10000000;
}
```

## 25.2 单个点的坐标转换

WGS84 的坐标值是绝对的，因此，可以直接用 GISVertex 表示一个 WGS84 的坐标点，而 UTM 坐标值还必须配以分度带号和南北半球标识才有意义。为此，先定义一个专用于 UTM 坐标的类，其属性成员及构造函数如下。

## Lesson_25/BasicClasses.cs

```csharp
public class UTM_Vertex
{
    public GISVertex v;
    public int ZoneNumber;
    public bool NorthOrSouth; //北半球: true, 南半球: false

    public UTM_Vertex(double _X, double _Y, int _ZoneNumber, bool _NorthOrSouth)
    {
        v = new GISVertex(_X, _Y);
        ZoneNumber = _ZoneNumber;
        NorthOrSouth = _NorthOrSouth;
    }
}
```

下面来尝试实现 WGS84 与 UTM 之间的坐标转换，这是一个有点复杂的过程，本书不打算在此介绍其坐标转换的原理和公式，而直接给出实现代码（有兴趣的读者可以寻找相关资料了解更多信息）。

给出从 UTM 到 WGS84 的转换函数 UTM2WGS，这是一个被放置在 CS_UTM 类中的静态函数。另外，函数用到了很多中间变量，为了避免多次无谓的重复计算，把它统一放置在 CS_UTM 类中，作为静态私有变量，其中大部分变量的含义不好解释，只有 Rad2Deg 代表从弧度转成角度时用到的系数，代码如下。

## Lesson_25/BasicClasses.cs/CS_UTM

```csharp
static double p1 = Math.Pow((Math.Pow(SemiMajorAxis, 2) - Math.Pow(SemiMinorAxis, 2)), 0.5) / SemiMinorAxis;
static double p2 = Math.Pow(p1, 2);
static double p3 = p2 * 3 / 4;
static double p4 = Math.Pow(p3, 2) * 5 / 3;
static double p5 = Math.Pow(p3, 3) * 35 / 27;
static double p6 = Math.Pow(SemiMajorAxis, 2) / SemiMinorAxis;
static double p7 = EquatorLength / (2 * Math.PI);
static double p8 = (p7 * ScaleFactor);

static double Rad2Deg = 180 / Math.PI;

public static GISVertex UTM2WGS(GISVertex v, int ZoneNumber, bool NorthOrSouth)
{
    double easting = v.x - FalseEasting;
    double northing = NorthOrSouth ? v.y : v.y - SouthOffset;
    double centralMeridian = ((ZoneNumber * 6.0) - 183.0);

    double a1 = northing / p8;
    double a2 = (p6 / Math.Pow(1 + (p2 * Math.Pow(Math.Cos(a1), 2)), 0.5)) * ScaleFactor;
    double a3 = easting / a2;
    double a4 = Math.Sin(2 * a1);
    double a5 = a4 * Math.Pow((Math.Cos(a1)), 2);
    double a6 = a1 + a4 / 2;
    double a7 = (a6 * 3 + a5) / 4;
    double a8 = (5 * a7 + a5 * Math.Pow((Math.Cos(a1)), 2)) / 3;
```

```
    double b1 = ScaleFactor * p6 * (a1 - p3 * a6 + p4 * a7 - p5 * a8);
    double b2 = (northing - b1) / a2;
    double b3 = ((p2 * Math.Pow(a3, 2)) / 2) * Math.Pow((Math.Cos(a1)), 2);
    double b4 = a3 * (1 - (b3 / 3));
    double b5 = (b2 * (1 - b3)) + a1;
    double b6 = (Math.Exp(b4) - Math.Exp(-b4)) / 2;
    double b7 = Math.Atan(b6 / (Math.Cos(b5)));
    double b8 = Math.Atan(Math.Cos(b7) * Math.Tan(b5));
    double longitude = b7 * Rad2Deg + centralMeridian;
    double latitude = ((a1 + (1 + p2 * Math.Pow(Math.Cos(a1), 2) –
        (3.0 / 2.0) * p2 * Math.Sin(a1) * Math.Cos(a1) * (b8 - a1)) * (b8 - a1))) * Rad2Deg;

    return new GISVertex(longitude, latitude);
}
```

同样地，从 WGS84 到 UTM 的坐标转换函数 WGS2UTM 也被放置在 CS_UTM 类中，之前也有一些中间变量，其中 Deg2Rad，代表从角度转成弧度时用到的系数，函数返回值就是一个 UTM_Vertex 的实例。如前文所述，UTM 坐标必须与一个给定的分度带号配合才有意义，但这并不意味着，地球上的某个位置如果处于某个分度带内的话，那么它经过投影后的坐标也必须是唯一的，而且属于这个分度带。实际上，任何一个位置都可以投影到任何一个分度带里，差别是，距离中央经线越近，投影误差越小，反之误差越大。例如，经度 100° 的点应该处于第 47 分度带内，这时它的投影误差最小，但也可以把它投影到 48 分度带甚至 59 分度带里，只不过误差变形会大一些。这样做法的原因是，有些区域为了让它整体处于同一个坐标体系下，即便它们的经度差大于 6°，也选择投影到一个分度带里，就是说选择同一个中央经线。除此之外，由于 UTM 在高纬度表现一般，因此，也有一些特殊的分度带设计。这些情况都会在坐标转换中有所考虑。为此，定义了两个坐标转换函数：一个是根据经纬度、分度带号及南北半球转换坐标；另一个仅根据经纬度确定最佳分度带号，然后调用前一个函数实现坐标转换。在实际情况中，前一个函数往往应用更广。中间变量及函数代码如下。

Lesson_25/BasicClasses.cs/CS_UTM

```
static double Deg2Rad = Math.PI / 180;
static double v1 = 1 - SemiMinorAxis * SemiMinorAxis / (SemiMajorAxis * SemiMajorAxis);
static double v2 = (v1) / (1 - v1);
static double v3 = 1 - v1 / 4 - 3 * v1 * v1 / 64 - 5 * v1 * v1 * v1 / 256;
static double v4 = 3 * v1 / 8 + 3 * v1 * v1 / 32 + 45 * v1 * v1 * v1 / 1024;
static double v5 = 15 * v1 * v1 / 256 + 45 * v1 * v1 * v1 / 1024;
static double v6 = 35 * v1 * v1 * v1 / 3072;

public static UTM_Vertex WGS2UTM(GISVertex v, int ZoneNumber, bool NorthOrSouth)
{
    double Longitude = v.x;
    double Latitude = v.y;
    double OriginLongitude = ZoneNumber * 6 - 183;
    double a1 = Latitude * Deg2Rad;
    double a2 = Longitude * Deg2Rad;
    double a3 = OriginLongitude * Deg2Rad;
    double a4 = SemiMajorAxis / Math.Sqrt(1 - v1 * Math.Sin(a1) * Math.Sin(a1));
    double a5 = Math.Tan(a1) * Math.Tan(a1);
```

```
      double a6 = v2 * Math.Cos(a1) * Math.Cos(a1);
      double a7 = Math.Cos(a1) * (a2 - a3);
      double a8 = SemiMajorAxis * (v3 * a1 - v4 * Math.Sin(2 * a1) +
              v5 * Math.Sin(4 * a1) - v6 * Math.Sin(6 * a1));
      double X = ScaleFactor * a4 * (a7 + (1 - a5 + a6) * Math.Pow(a7, 3) / 6 +
              (5 - 18 * a5 + a5 * a5 + 72 * a6 - 58 * v2) * Math.Pow(a7, 5) / 120) + FalseEasting;
      double Y = ScaleFactor * (a8 + a4 * Math.Tan(a1) * (a7 * a7 / 2 +
              (5 - a5 + 9 * a6 + 4 * a6 * a6) * Math.Pow(a7, 4) / 24 +
              (61 - 58 * a5 + a5 * a5 + 600 * a6 - 330 * v2) * Math.Pow(a7, 6) / 720));
      //南半球偏移
      if (!NorthOrSouth) Y += SouthOffset;
      return new UTM_Vertex(X, Y, ZoneNumber, NorthOrSouth);
}
public static UTM_Vertex WGS2UTM(GISVertex v)
{
      double Longitude = v.x;
      double Latitude = v.y;
      //限定经度在+-180 之间
      Longitude = (Longitude > 180) ? Longitude - 360 : Longitude;
      //一般区号计算
      int ZoneNumber = (int)((Longitude + 180) / 6) + 1;
      //特殊区号处理
      if (Latitude >= 56.0 && Latitude < 64.0 && Longitude >= 3.0 && Longitude < 12.0)
      ZoneNumber = 32;
      if (Latitude >= 72.0 && Latitude < 84.0)
      {
          if (Longitude >= 0.0 && Longitude < 9.0) ZoneNumber = 31;
          else if (Longitude >= 9.0 && Longitude < 21.0) ZoneNumber = 33;
          else if (Longitude >= 21.0 && Longitude < 33.0) ZoneNumber = 35;
          else if (Longitude >= 33.0 && Longitude < 42.0) ZoneNumber = 37;
      }
      return WGS2UTM(v, ZoneNumber, Latitude >= 0);
}
```

至此，基于单个点的坐标转换已经完成了，在 25.3 节中将探讨一个空间实体及一个图层的坐标转换。

## 25.3 空间实体坐标转换

空间实体转换的过程就是根据其类型的不同，把构成空间实体的 GISVertex 转成指定坐标系下新的 GISVertex。首先来完成空间实体自 UTM 向 WGS84 转换的函数，其输入函数包括空间实体本身（spatial）、其类型（shapetype）、分度带号（ZoneNumber）及南北半球标志（NorthOrSouth），而其返回值则是一个新的空间实体。代码如下。

**Lesson_25/BasicClasses.cs/CS_UTM**

```
public static GISSpatial UTM2WGS(GISSpatial spatial, SHAPETYPE shapetype, int ZoneNumber, bool NorthOrSouth)
{
    if (shapetype==SHAPETYPE.point)
```

```csharp
{
    GISPoint p = (GISPoint)spatial;
    GISVertex v = UTM2WGS(p.centroid, ZoneNumber, NorthOrSouth);
    return new GISPoint(v);
}
else if (shapetype == SHAPETYPE.line)
{
    GISLine line = (GISLine)spatial;
    List<GISVertex> vs = new List<GISVertex>();
    for (int i = 0; i < line.Vertexes.Count; i++)
        vs.Add(UTM2WGS(line.Vertexes[i], ZoneNumber, NorthOrSouth));
    return new GISLine(vs);
}
else if (shapetype == SHAPETYPE.polygon)
{
    GISPolygon polygon = (GISPolygon)spatial;
    List<GISVertex> vs = new List<GISVertex>();
    for (int i = 0; i < polygon.Vertexes.Count; i++)
        vs.Add(UTM2WGS(polygon.Vertexes[i], ZoneNumber, NorthOrSouth));
    return new GISPolygon(vs);
}
return null;
}
```

空间实体坐标自 WGS84 向 UTM 转换的函数也非常类似，其中，也必须指定分度带号码和南北半球标志，这是因为坐标转换是整体进行的，因此构成空间实体的每个节点都必须转换至同一个坐标体系下。代码如下。

### Lesson_25/BasicClasses.cs/CS_UTM

```csharp
public static GISSpatial WGS2UTM(GISSpatial spatial, SHAPETYPE shapetype, int ZoneNumber, bool NorthOrSouth)
{
    if (shapetype == SHAPETYPE.point)
    {
        GISPoint p = (GISPoint)spatial;
        GISVertex v = WGS2UTM(p.centroid, ZoneNumber, NorthOrSouth).v;
        return new GISPoint(v);
    }
    else if (shapetype == SHAPETYPE.line)
    {
        GISLine line = (GISLine)spatial;
        List<GISVertex> vs = new List<GISVertex>();
        for (int i = 0; i < line.Vertexes.Count; i++)
            vs.Add(WGS2UTM(line.Vertexes[i], ZoneNumber, NorthOrSouth).v);
        return new GISLine(vs);
    }
    else if (shapetype == SHAPETYPE.polygon)
    {
        GISPolygon polygon = (GISPolygon)spatial;
        List<GISVertex> vs = new List<GISVertex>();
        for (int i = 0; i < polygon.Vertexes.Count; i++)
            vs.Add(WGS2UTM(polygon.Vertexes[i], ZoneNumber, NorthOrSouth).v);
        return new GISPolygon(vs);
```

```
    }
    return null;
}
```

## 25.4 带有空间参考系统的图层定义

正常来说，一个图层必须配有坐标系统说明，例如，Shapefile 文件，就附带一个 .prj 文件起到这个作用。在之前的图层定义中似乎还没有，为此，补充如下属性成员。

**Lesson_25/BasicClasses.cs/GISLayer**

```
public CSTYPE CSType;
public int ZoneNumber;
public bool NorthOrSouth;
```

其中，CSTYPE 是一种新的枚举类型，记载坐标系统类型，补充定义如下。

**Lesson_25/BasicClasses.cs**

```
public enum CSTYPE
{
    wgs84 = 1,
    utm = 2,
    others = 3
};
```

当图层属性中 CSType 为 wgs84 或 others 时，其 ZoneNumber 及 NorthOrSouth 则可忽略。上述三个新的属性都需要在栅格图层和矢量图层的初始化时被赋值，先来修改矢量图层的构造函数定义，现在它的输入参数变得更长了，但为了兼容已有的，仍然为它们提供了缺省值。修改如下。

**Lesson_25/BasicClasses.cs/GISVectorLayer**

```
public GISVectorLayer(string _name, SHAPETYPE _shapetype, GISExtent _extent, List<GISField> _fields = null, bool NeedIndex = true, CSTYPE cstype = CSTYPE.wgs84, int zonenumber = -1, bool northorsouth = false)
{
    ……
    if (NeedIndex) rtree = new RTree(this);
    CSType = cstype;
    ZoneNumber = zonenumber;
    NorthOrSouth = northorsouth;
}
```

在 GISMyFile 类中，也需要相应的修改，以实现坐标系统信息的记录和读写。在文件头结构中，把上述三个新的属性加入，如下。

### Lesson_25/BasicClasses.cs/GISMyFile

```
[StructLayout(LayoutKind.Sequential, Pack = 1)]
struct MyFileHeader
{
    public double MinX, MinY, MaxX, MaxY;
    public int FeatureCount, ShapeType, FieldCount;
    public int CSType, ZoneNumber;
    public bool HasTree, NorthOrSouth;
};
```

相应地，在读写文件时，也需要考虑上述三个属性的加入，其中，写函数补充如下。

### Lesson_25/BasicClasses.cs/GISMyFile

```
static void WriteFileHeader(GISVectorLayer layer, BinaryWriter bw, bool OnlySelected)
{
    ……
    mfh.HasTree = layer.rtree != null;
    mfh.CSType = (int)(layer.CSType);
    mfh.ZoneNumber = layer.ZoneNumber;
    mfh.NorthOrSouth = layer.NorthOrSouth;
    bw.Write(GISTools.ToBytes(mfh));
}
```

读函数补充如下。

### Lesson_25/BasicClasses.cs/GISMyFile

```
public static List<GISVectorLayer> ReadFileMultiLayers(string filename)
{
    ……
    List<GISField> Fields = ReadFields(br, mfh.FieldCount);
    CSTYPE CSType = (CSTYPE)Enum.Parse(typeof(CSTYPE), mfh.CSType.ToString());
    //先选择不建立索引，因为可以稍后增加
    GISVectorLayer layer = new GISVectorLayer(layername, ShapeType, Extent, Fields, false,
        CSType, mfh.ZoneNumber, mfh.NorthOrSouth);
    ReadFeatures(layer, br, mfh.FeatureCount);
    ……
}
```

此外，如果是 Shapefile 文件，则需要根据 prj 文件来确定其投影类型。通常 prj 文件是一个文本文件，以 WKT（well-known text）格式记录了坐标系统的详细信息，如一个 WGS84 的 WKT 为

```
GEOGCS["GCS_WGS_1984",
    DATUM["D_WGS_1984",SPHEROID["WGS_1984",6378137,298.257223563]],
    PRIMEM["Greenwich",0],
    UNIT["Degree",0.0174532925199433]
]
```

而一个 UTM 的 WKT 为

```
PROJCS["WGS_1984_UTM_Zone_16N",
 GEOGCS["WGS 84",
  DATUM["WGS_1984",
    SPHEROID["WGS 84",6378137,298.257223563,AUTHORITY["EPSG","7030"]],
    AUTHORITY["EPSG","6326"]
  ],
  PRIMEM["Greenwich",0,AUTHORITY["EPSG","8901"]],
  UNIT["degree",0.01745329251994328,AUTHORITY["EPSG","9122"]],
  AUTHORITY["EPSG","4326"]
 ],
 PROJECTION["Transverse_Mercator"],
 PARAMETER["latitude_of_origin",0],
 PARAMETER["central_meridian",9],
 PARAMETER["scale_factor",0.9996],
 PARAMETER["false_easting",500000],
 PARAMETER["false_northing",0],
 UNIT["metre",1,AUTHORITY["EPSG","9001"]],
 AUTHORITY["EPSG","32632"]
]
```

针对能够处理的坐标系统，只要读取第一行信息就可以做出判断，当然有时候 WKT 并不是分行的，所以需要根据特殊的标点符号判断。其中，就 UTM 来说，"16N" 表示分度带号为 16，位于北半球（N）。在 GISShapefile 类中的读函数中，把上述内容整合进去，如下。

**Lesson_25/BasicClasses.cs/GISShapefile**

```csharp
public static GISVectorLayer ReadShapefile(string shpfilename)
{
    ......
    DataTable table = ReadDBF(dbffilename);
    string prjfilename = shpfilename.Replace(".shp", ".prj");
    StreamReader objReader = new StreamReader(prjfilename);
    //读取 prj 的全部内容
    string wkt = objReader.ReadLine();
    int topos = wkt.IndexOf("\",");
    //坐标系统名称部分
    wkt = wkt.Substring(0, topos - 2);
    CSTYPE CStype = CSTYPE.others;
    int ZoneNumber = -1;
    bool NorthOrSouth = false;
    //if (wkt.IndexOf("GEOGCS")>-1)    //如果把所有地理坐标系统都认为是 WGS84
    if (wkt.IndexOf("GCS_WGS_1984")>-1)
        CStype = CSTYPE.wgs84;
    //else if (wkt.IndexOf("_UTM_Zone_") > -1) //如果把所有 UTM 都认为是基于 WGS84 的
    else if (wkt.IndexOf("WGS_1984_UTM_Zone_") > -1)
    {
        CStype = CSTYPE.utm;
        int frompos = wkt.IndexOf("Zone_");
```

```
        string zn = wkt.Substring(frompos + 5,wkt.Length-frompos - 5-1);
        ZoneNumber = Int32.Parse(zn);
        string ns = wkt.Substring(wkt.Length - 1);
        NorthOrSouth = (ns == "N");
    }
    GISVectorLayer layer = new GISVectorLayer(GISTools.NamePart(shpfilename),
            ShapeType, extent, ReadFields(table), true, CStype, ZoneNumber, NorthOrSouth);
    int rowindex = 0;
    ......
}
```

其中，有时，如果研究区域较小，也可忽略椭球体之间的差异，也就是选择更宽松的判断条件，把一切地理坐标系统都认为是 WGS84，并且把所有 UTM 都认为是基于 WGS84 的。

针对栅格图层来说，计划修改原来的栅格描述文件格式，在前面增加一行信息用于描述所采用的坐标系，其为由逗号分隔的三个整数参数，分别为坐标类型（对应于 CSTYPE 中的定义，1 = WGS84；2 = UTM；3 = 未知坐标类型）、分度带号及南北半球标志（1. 北半球；–1. 南半球）。图 25-1 为一个已修改过的栅格文件内容，它的坐标系是 WGS84，而后面两个 0 此时已无意义。

图 25-1　增加了坐标系统信息的栅格描述文件

栅格文件的构造函数修改如下。

### Lesson_25/BasicClasses.cs/GISRasterLayer

```
public GISRasterLayer(string filename)
{
    ......
    FileInfo fi = new FileInfo(filename);
    string[] values = objReader.ReadLine().Split(',');
    CSType = (CSTYPE)Enum.Parse(typeof(CSTYPE), values[0]);
    ZoneNumber = Int32.Parse(values[1]);
    NorthOrSouth = (values[2] == "1");
    //打开图片文件
    rasterimage = new Bitmap(fi.DirectoryName + "\\" + objReader.ReadLine());
    ......
}
```

基于扩展的图层定义，将在下一节完成图层的坐标转换。

## 25.5 图层坐标转换

通过调用空间实体坐标转换函数，即可实现整个图层所有空间对象的坐标转换，转换前需要检查当前图层的坐标系是否适合转换，转换后，需要更新图层的坐标系信息、空间索引和图层的空间范围，其中，如果需要重建空间索引，则 BuildRTree 函数也会同时更新图层空间范围。

用于图层的，自 UTM 向 WGS84 转换的函数代码如下。

Lesson_25/BasicClasses.cs/CS_UTM

```csharp
public static void UTM2WGS(GISVectorLayer layer)
{
    if (layer.CSType != CSTYPE.utm) return;
    //转换每个空间对象
    for (int i = 0; i < layer.FeatureCount(); i++)
    {
        GISFeature f = layer.GetFeature(i);
        f.spatialpart = UTM2WGS(f.spatialpart, layer.ShapeType, layer.ZoneNumber, layer.NorthOrSouth);
    }
    //更新空间索引及空间范围
    if (layer.rtree != null) layer.BuildRTree();
    else layer.UpdateExtent();
    layer.CSType = CSTYPE.wgs84;
}
```

用于图层的，自 WGS84 向 UTM 的图层坐标转换函数包括两种实现形式：第一种是指定分度带号和南北半球标志的；第二种是根据图层中心点的经纬度坐标自动确定最佳分度带号和南北半球标志，然后调用前一种函数实现坐标转换。代码如下。

Lesson_25/BasicClasses.cs/CS_UTM

```csharp
public static void WGS2UTM(GISVectorLayer layer, int ZoneNumber, bool NorthOrSouth)
{
    if (layer.CSType != CSTYPE.wgs84) return;
    for (int i=0;i<layer.FeatureCount();i++)
    {
        GISFeature f = layer.GetFeature(i);
        f.spatialpart = WGS2UTM(f.spatialpart, layer.ShapeType, ZoneNumber, NorthOrSouth);
    }
    //更新空间索引及空间范围
    if (layer.rtree != null) layer.BuildRTree();
    else layer.UpdateExtent();
    layer.CSType = CSTYPE.utm;
    layer.ZoneNumber = ZoneNumber;
    layer.NorthOrSouth = NorthOrSouth;
}

public static void WGS2UTM(GISVectorLayer layer)
{
```

```
if (layer.CSType != CSTYPE.wgs84) return;
UTM_Vertex uv = WGS2UTM(layer.Extent.getCenter());
WGS2UTM(layer, uv.ZoneNumber, uv.NorthOrSouth);
}
```

上述所有坐标转换都是面向矢量图层的，而栅格图层同样可以实现坐标转换，由于栅格图层并不包含空间对象，因此，只需要转换其空间范围属性 Extent 即可，与它相关的三种转换函数如下，其中自 WGS84 向 UTM 的转换包含两种。此外，这里还有一点需要说明的是，经过坐标转换后的图层往往是会变形的，因此对栅格图层来说，其基于的矩形栅格数据（图片）也许就不是矩形了。因此，原则上，应该对图片进行变形、切割或填充，使其重新成为矩形，而上述转换方式只是一种近似的方法，针对空间范围较小的区域比较适用。代码如下。

**Lesson_25/BasicClasses.cs/CS_UTM**

```
public static void UTM2WGS(GISRasterLayer layer)
{
    if (layer.CSType != CSTYPE.utm) return;
    GISExtent extent = layer.Extent;
    GISVertex bottomleft = UTM2WGS(extent.bottomleft, layer.ZoneNumber, layer.NorthOrSouth);
    GISVertex upright = UTM2WGS(extent.upright, layer.ZoneNumber, layer.NorthOrSouth);
    layer.Extent = new GISExtent(bottomleft, upright);
    layer.CSType = CSTYPE.wgs84;
}

public static void WGS2UTM(GISRasterLayer layer, int ZoneNumber, bool NorthOrSouth)
{
    if (layer.CSType != CSTYPE.wgs84) return;
    GISExtent extent = layer.Extent;
    GISVertex bottomleft = WGS2UTM(extent.bottomleft, ZoneNumber, NorthOrSouth).v;
    GISVertex upright = WGS2UTM(extent.upright, ZoneNumber, NorthOrSouth).v;
    layer.Extent = new GISExtent(bottomleft, upright);
    layer.CSType = CSTYPE.utm;
    layer.ZoneNumber = ZoneNumber;
    layer.NorthOrSouth = NorthOrSouth;
}

public static void WGS2UTM(GISRasterLayer layer)
{
    if (layer.CSType != CSTYPE.wgs84) return;
    UTM_Vertex uv = WGS2UTM(layer.Extent.getCenter());
    WGS2UTM(layer, uv.ZoneNumber, uv.NorthOrSouth);
}
```

现在，可以验证一下转换的效果了，为此，要为 GISPanel 增加一项新的功能，就是显示鼠标位置的坐标值。为 GISPanel 增加一个状态栏控件 statusStrip1，在状态栏上增加一个文本字段 toolStripStatusLabel1，并把它的 Text 属性置为空白。然后，找到 GISPanel 的 MouseMove 事件处理函数，在其中添加几条语句用于在 toolStripStatusLabel1 上显示当前鼠标位置的地图坐标。修改后的代码如下。

## Lesson_25/GISPanel.cs

```
private void GISPanel_MouseMove(object sender, MouseEventArgs e)
{
    MouseMovingX = e.X;
    MouseMovingY = e.Y;
    if (MouseOnMap) Invalidate();
    if (view != null)
    {
        GISVertex v = view.ToMapVertex(new Point(e.X, e.Y));
        toolStripStatusLabel1.Text = v.x + "," + v.y;
    }
}
```

打开图层管理对话框，为它添加一个有关坐标系统的文本信息 label11 及一个用于坐标转换的按钮【button16】，这个对话框现在已经有些拥挤了，需要小心放置新的控件，所以把上述文本信息和按钮都放在了"文件地址"的上方，如图 25-2 所示。

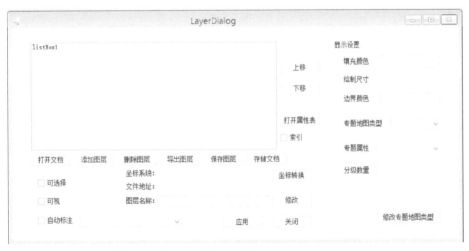

图 25-2　添加了坐标系统信息的图层管理对话框

接下来，在 listBox1 的图层选择变更函数中，初始化当前选中图层的坐标系统信息，如下。

## Lesson_25/LayerDialog.cs

```
private void listBox1_SelectedIndexChanged(object sender, EventArgs e)
{
    if (listBox1.SelectedItem == null) return;
    GISLayer onelayer = Document.getLayer(listBox1.SelectedItem.ToString());
    //初始化与共享属性相关的各个控件
    label11.Text = onelayer.CSType.ToString() +
        "," + onelayer.ZoneNumber + "," +
        (onelayer.NorthOrSouth ? "North" : "South");
    label1.Text = onelayer.Path;
    ……
}
```

最后，来实现【坐标转换】按钮的事件处理函数，这个函数可以实现 UTM 与 WGS84 之间的互转，然后更新地图文档的地图范围及坐标系统信息的显示，代码如下。

**Lesson_25/LayerDialog.cs**

```csharp
private void button16_Click(object sender, EventArgs e)
{
    if (listBox1.SelectedItem == null) return;
    GISLayer layer = Document.getLayer(listBox1.SelectedItem.ToString());
    if (layer.CSType == CSTYPE.wgs84)
    {
        if (layer.LayerType == LAYERTYPE.RasterLayer) CS_UTM.WGS2UTM((GISRasterLayer)layer);
        else CS_UTM.WGS2UTM((GISVectorLayer)layer);
    }
    else if (layer.CSType == CSTYPE.utm)
    {
        if (layer.LayerType == LAYERTYPE.RasterLayer) CS_UTM.UTM2WGS((GISRasterLayer)layer);
        else CS_UTM.UTM2WGS((GISVectorLayer)layer);
    }
    Document.UpdateExtent();
    label11.Text = layer.CSType.ToString() + "," + layer.ZoneNumber + "," + (layer.NorthOrSouth ? "North" : "South");
}
```

现在，运行一下程序，添加一个图层文件，看看它的坐标系统信息是怎样的，观察其在地图窗口中的坐标范围，然后打开图层管理对话框，试着转换一下坐标系统，再回到地图窗口，如果发现地图不见了，请点击【显示全图】（Full extent），再移动鼠标观察坐标值，看看发生了什么变化。

## 25.6 总　　结

本章介绍了空间参考系统，而这个题目本身是相当复杂的，本书涉及的仅是其中的一小部分，但系统框架已经定义好了，希望能够给读者一些启发，在此基础上，将更多的坐标系统纳入其中。

# 第 26 章　做最后的整合工作

至此，已经实现了 GIS 的大部分功能，当然，不能说这就是 GIS 的全部，例如，空间数据的创建和编辑功能还没有实现，这方面工作显然也是非常重要的，但在当今数据采集手段日益多样化和电子化的背景下（也就是俗称的大数据时代），似乎逐个节点去创建和编辑空间对象的情况已经非常罕见了，取而代之的是，将大量已有数据读入，并定制成可以处理的格式。除此之外，空间分析功能还有很多，这是无法穷尽的，在本书后续出版的内容中会涉及一部分。当然，所有这些都是基于目前介绍和实现的 GIS 基本功能，读者在此基础上，也可不断完善，开发自己的特定功能。

本章作为全书的总结，希望实现两个目的：首先，学习生成一个便于移植的动态链接库（DLL），便于分发和他人的使用；其次，学习如何使用这个动态的链接库。这次，不需要生成新的项目 Lesson_ 26 了，因为开发的将不是一个 Windows 窗体应用程序。

## 26.1　真正的产品

虽然，在一个窗体中增加一个地图窗口已经变得易如反掌，但对于那些希望在 MyGIS 基础上进行二次开发的用户来说，可能不愿意每次都繁琐地复制属于 MyGIS 类库的各个源代码文件，万一某个文件被破坏了，或遗失了，则整个类库也许都会停止工作。为此，需要为 MyGIS 的使用者和开发人员提供一个封装好的动态链接库（DLL），那通常只是一个文件而已，只需简单的调用指令，开发人员就可以完整体验 MyGIS 的全部功能。

在 AllLeasons 解决方案中，添加一个新的项目，如图 26-1 所示，它不是 Windows 窗体应用程序项目，而是一个类库（class library）项目，取名为 MyGIS。如果没有进行过什么修改，那么目前这个类库应该有一个 Class1.cs 的文件。接着，在这个类库中添加一个用户控件 UserControl1.cs，添加方法如同之前添加 GISPanel 一样。现在，把 Lesson_ 25 中的属于 MyGIS 命名空间的所有文件连同可能存在的 Designer.cs 一起复制到 MyGIS 类库项目中。最后，删除该类库项目中的 Class1.cs 及 UserControl1.cs。

上述过程也许令人费解，尤其是添加和删除 UserControl1.cs。原因如下：通过添加 UserControl1.cs，在 MyGIS 类库项目中就自动引入开发控件所需的各种外部类库资源，如

图 26-1　新建 MyGIS 类库项目

System. Drawing 等，避免了手动添加的繁琐和可能引起的遗漏。

现在生成 MyGIS，在解决方案资源管理器中选择 MyGIS 项目，并在右键菜单中选择"生成（build）"。这时在 Windows 资源管理中，导航至 MyGIS 项目文件夹，在其 bin \ Debug 文件夹中将看到一个 MyGIS. dll，这就是需要提供给终端用户的产品。在"我的电脑"上，它显示是 81kB，这实在是太小，但它确实包括了之前章节实现的所有代码。

## 26.2　"Hello World"

通常，一个讲授如何写程序的书籍，在第 1 章甚至前言部分，都会给出一个最简单的"Hello World"程序，让读者以最小的工作量完成一个独立可运行的应用程序，而本书在几乎接近尾声的时候才抛出这样一个程序。这是因为，本书不是在教读者如何学习一种编程语言或工具，而是在和读者一起完成一个工具，当这个工具初具规模的时候，可以把它开放给这个世界了。现在，让这个工具对世界说一声"Hello"。

现在，新建一个 Windows 窗体应用程序项目，就用系统给的缺省名"WindowsFormsApplication1"。在解决方案浏览器中该项目下找到"引用（References）"一项，右键点击，选择"添加引用（Add reference）"，点击【浏览（Browse）】按钮，找到 26.1 节生成的 MyGIS. DLL，将其添加进来。这时，如图 26-2 所示，MyGIS 已经出现在 WindowsFormsApplication1 的 References 项目下，而且在右侧工具箱中，出现了 GISPanel，这是自定义的控件。现在，可以像在之前的章节那样，把 GISPanel 拖到 Form1 窗体中，然后，在一句代码都不要写的情况下，就可以运行"Hello World"了。

第 26 章 做最后的整合工作

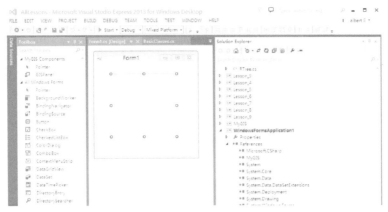

图 26-2 添加了 MyGIS.DLL 后的窗体程序

## 26.3 总　　结

至此，一个仅有几十 kB 的单一 DLL 文件完成了。与动辄几个 GB 的商业 GIS 软件产品相比，本书的 MyGIS 类库实在是太轻量级了，但是，它确实包含了很多 GIS 的基本功能。现在，可以通过电子邮件甚至手机把这个 DLL 文件发给任何人，因为它的代码是开源的，使用是免费的。任何一个程序开发项目，只要支持 DLL 的导入，都可以很容易地把地图操作集成到自己的应用程序中。当新的内容被增加到 MyGIS 后，可以随时更新上述 MyGIS.DLL，并提供给他人使用。

当然，工具的编写与工具的使用还不能完全等同，利用 MyGIS 类库，已经实现了很多实用工具，读者可以通过微信公众号"www_ mapfuture_ org（大数据攻城狮）"找到它们，这些工具同样是免费的，而且，本书后续出版物将选择性地介绍上述实用工具的开发过程，欢迎读者关注。

# 附录： MyGIS 类库说明

### 1. ALLTYPES（枚举类型）
用来定义字段数据类型。

| 枚举值 | 含义 |
| --- | --- |
| System_ Boolean | 布尔型，对应于 C#中的 System. Boolean |
| System_ Byte | 字节型，对应于 C#中的 System. Byte |
| System_ Char | 字符型，对应于 C#中的 System. Char |
| System_ Decimal | 数字型，对应于 C#中的 System. Decimal |
| System_ Double | 双精度浮点型，对应于 C#中的 System. Double |
| System_ Int16 | 双字节整型，对应于 C#中的 System. Int16 |
| System_ Int32 | 四字节整型，对应于 C#中的 System. Int32 |
| System_ Int64 | 八字节整型，对应于 C#中的 System. Int64 |
| System_ SByte | 有符号字节型，对应于 C#中的 System. SByte |
| System_ Single | 双精度浮点型，对应于 C#中的 System. Single |
| System_ String | 字符串型，对应于 C#中的 System. String |
| System_ UInt16 | 无符号双字节整型，对应于 C#中的 System. UInt16 |
| System_ UInt32 | 无符号四字节整型，对应于 C#中的 System. UInt32 |
| System_ UInt64 | 无符号八字节整型，对应于 C#中的 System. UInt64 |

### 2. AttributeForm（类）
属性窗口类。

| 属性成员 | 含义 |
| --- | --- |
| bool FromMapWindow | 表示选择集变化的来源，如果是 true，则表示来自地图窗口 |
| GISPanel MapWindow | 地图显示窗口 |
| GISVectorLayer Layer | 矢量图层窗口 |

续表

| 方法成员 | 含义 |
| --- | --- |
| AttributeForm（GISVectorLayer _ layer, GISPanel _ mapwindow） | 构造函数<br>_ layer: 对应于该属性窗口的地图图层<br>_ mapwindow: 打开此属性窗口的上层地图窗口 |
| DataGridViewRow SelectRowByID（int ID） | 根据记录 ID 选择并返回一条记录<br>ID: 属性数据窗口打开时，自动根据记录顺序添加的序号 |
| void dataGridView1 _ SelectionChanged（object sender, EventArgs e） | 更新地图窗口的选择集及地图窗口的显示 |
| void FillValue（） | 属性窗口填充值 |
| void Form2 _ Shown（object sender, EventArgs e） | 窗体首次显示时触发 |
| void UpdateData（） | 更新属性窗口中的记录选择信息 |

## 3. CS_ UTM（类）

UTM 投影类。

| 属性成员 | 含义 |
| --- | --- |
| double Deg2Rad | 角度转弧度参数 |
| double EquatorLength | 赤道长度 |
| double FalseEasting | 东偏移参数 |
| double $p_1 \cdots p_8$ | 计算参数 |
| double Rad2Deg | 弧度转角度参数 |
| double ScaleFactor | 比例参数 |
| double SemiMajorAxis | 地球椭球体半长轴 |
| double SemiMinorAxis | 地球椭球体半短轴 |
| double SouthOffset | 南偏移参数 |
| double $v_1 \cdots v_6$ | 计算参数 |
| 方法成员 | 含义 |
| GISSpatial UTM2WGS（GISSpatial spatial, SHAPETYPE shapetype, int ZoneNumber, bool NorthOrSouth） | 自 UTM 向 WGS84 转换的坐标转换函数<br>spatial: 空间实体<br>shapetype: 点、线或者面要素<br>ZoneNumber: 分度带号<br>NorthOrSouth: 南北半球标志，北半球为 true，南半球为 false |
| GISSpatial WGS2UTM（GISSpatial spatial, SHAPETYPE shapetype, int ZoneNumber, bool NorthOrSouth） | 自 WGS84 向 UTM 转换的坐标转换函数<br>spatial: 空间实体<br>shapetype: 点、线或面要素<br>ZoneNumber: 分度带号<br>NorthOrSouth: 南北半球标志，北半球为 true，南半球为 false |

续表

| 方法成员 | 含义 |
| --- | --- |
| GISVertex UTM2WGS（GISVertex v，int ZoneNumber，bool NorthOrSouth） | 自 WGS84 向 UTM 转换的坐标转换函数<br>v：节点实体<br>ZoneNumber：分度带号<br>NorthOrSouth：南北半球标志，北半球为 true，南半球为 false |
| UTM_ Vertex WGS2UTM（GISVertex v） | 自 WGS84 向 UTM 转换的坐标转换函数<br>v：节点实体 |
| UTM_ Vertex WGS2UTM（GISVertex v，int ZoneNumber，bool NorthOrSouth） | 自 WGS84 向 UTM 转换的坐标转换函数<br>v：节点实体<br>ZoneNumber：分度带号<br>NorthOrSouth：南北半球标志，北半球为 true，南半球为 false |
| void UTM2WGS（GISRasterLayer layer） | 自 UTM 向 WGS84 转换<br>layer：用于坐标转换的栅格图层 |
| void UTM2WGS（GISVectorLayer layer） | 自 UTM 向 WGS84 转换<br>layer：用于坐标转换的矢量图层 |
| void WGS2UTM（GISRasterLayer layer） | 自 WGS84 向 UTM 转换<br>layer：用于坐标转换的栅格图层 |
| void WGS2UTM（GISRasterLayer layer，int ZoneNumber，bool NorthOrSouth） | 自 WGS84 向 UTM 转换<br>layer：用于坐标转换的栅格图层<br>ZoneNumber：分度带号<br>NorthOrSouth：南北半球标志，北半球为 true，南半球为 false |
| void WGS2UTM（GISVectorLayer layer） | 自 WGS84 向 UTM 转换<br>layer：用于坐标转换的矢量图层 |
| void WGS2UTM（GISVectorLayer layer，int ZoneNumber，bool NorthOrSouth） | 自 WGS84 向 UTM 转换<br>layer：用于坐标转换的矢量图层<br>ZoneNumber：分度带号<br>NorthOrSouth：南北半球标志，北半球为 rue，南半球为 false |

## 4. CS_ WGS84（类）
WGS84 坐标系统类。

| 属性成员 | 含义 |
| --- | --- |
| SemiMajorAxis | 地球椭球体半长轴 |
| SemiMinorAxis | 地球椭球体半短轴 |

## 5. CSTYPE(枚举类型)
定义图层的坐标系统类型。

| 枚举值 | 含义 |
|---|---|
| others = 3 | 表示其他坐标系统 |
| utm = 2 | 对应于 UTM 投影坐标系统 |
| wgs84 = 1 | 对应于 WGS84 地理坐标系统 |

## 6. GISArc(类)
弧段类。

| 属性成员 | 含义 |
|---|---|
| double Impedence | 阻抗,一个定义"最短"概念的指标 |
| GISFeature feature | 弧段对应的线空间对象 |
| int FromNodeIndex | 线实体起始结点在列表中的序号 |
| int ToNodeIndex | 线实体终止结点在列表中的序号 |

| 方法成员 | 含义 |
|---|---|
| GISArc(GISFeature f, int from, int to, double impedence) | 弧段类的构造函数<br>f:构成该弧段的线实体<br>from:该线实体的起始结点在节点列表中的序号<br>to:该线实体的终止结点在节点列表中的序号<br>impedence:该线实体的阻抗 |

## 7. GISAttribute(类)
属性信息类。

| 属性成员 | 含义 |
|---|---|
| values | 长度可变的数组,用于存储一个对象的不同属性值 |

| 方法成员 | 含义 |
|---|---|
| int ValueCount() | 获取属性字段的个数 |
| object GetValue(int index) | 返回属性值<br>index:输入序列位置 |
| void AddValue(object o) | 向 values 数组中添加属性值<br>o:属性值 |
| void draw(Graphics graphics, GISView view, GISVertex location, int index) | 绘制属性<br>graphics:画图工具参数<br>view:记录当前的绘图窗口<br>location:在指定的位置绘制<br>index:索引值 |

## 8. GISConst（类）
常用参数类。

| 属性成员 | 含义 |
|---|---|
| LineWidth | 线的宽度 |
| MinScreenDistance | 屏幕点选距离阈值 |
| MYDOC | 地图文档扩展名 |
| MYFILE | 自定义文件扩展名 |
| NETFILE | 网络结构文件扩展名 |
| PointSize | 点的半径 |
| PolygonBoundaryWidth | 面的边框宽度 |
| RASTER | 栅格文件扩展名 |
| SCREENSIZE | 屏幕最小绘制范围 |
| SelecedPolygonFillColor | 被选中的面的填充颜色 |
| SelectedLineColor | 被选中的线的颜色 |
| SelectedPointColor | 被选中的点的颜色 |
| SHPFILE | Shapefile 文件扩展名 |
| ZoomInFactor | 地图放大系数 |
| ZoomOutfactor | 地图缩小系数 |
| ZoomSelectBoxColor | 绘制选择或缩放范围框时的填充颜色 |

## 9. GISDocument（类）
地图文档类。

| 属性成员 | 含义 |
|---|---|
| Extent | 图层的最小地图范围 |
| layers | GISLayer 数组 |
| 方法成员 | 含义 |
| bool IsEmpty（） | 判断图层数是否为空，若为 0 返回 true |
| GISLayer AddLayer（GISLayer layer） | 添加图层函数<br>layer：一个已经存在的图层 |
| GISLayer AddLayer（string path） | 打开图层函数<br>path：被打开文件的路径 |
| GISLayer getLayer（string layername） | 获得一个图层<br>layername：图层名 |
| SelectResult Select（GISExtent extent） | 在地图文档中实现框选查询<br>extent：框选范围 |
| SelectResult Select（GISVertex v, GISView view） | 在地图文档中实现点击查询<br>v：点击位置<br>view：当前地图窗口设置 |

续表

| 方法成员 | 含义 |
| --- | --- |
| void ClearSelection（） | 清空选择函数 |
| void draw（Graphics graphics，GISView view） | 绘制地图文档<br>graphics：画图工具参数<br>view：当前地图窗口设置 |
| void getUniqueName（GISLayer layer） | 获取图层的唯一名，避免新图层与原图层重名<br>layer：被打开的图层 |
| void Read（string filename） | 读取一个地图文档<br>filename：地图文档名 |
| void RemoveLayer（string layername） | 移除一个图层<br>layername：图层名 |
| void SwitchLayer（string name1，string name2） | 根据图层名称交换图层在数组中的次序<br>name1：图层1的名称<br>name2：图层2的名称 |
| void UpdateExtent（） | 更新文档的地图范围 |
| void Write（string filename） | 写入地图文档<br>filename：地图文档名 |

## 10. GISExtent（类）

地图范围类。

| 属性成员 | 含义 |
| --- | --- |
| double area | 地图范围的面积 |
| GISVertex bottomleft | 地图范围的左下角点 |
| GISVertex upright | 地图范围的右上角点 |

| 方法成员 | 含义 |
| --- | --- |
| bool Include（GISExtent extent） | 判断当前地图范围是否包含另一个地图范围<br>extent：另一个地图范围 |
| bool InsertectOrNot（GISExtent extent） | 判断是否与另一个地图范围相交，若相交则为true<br>extent：另一个地图范围 |
| double getHeight（） | 获取地图范围的高度 |
| double getMaxX（） | 获取最大的横坐标值，即右上角点的横坐标 |
| double getMaxY（） | 获取最大的纵坐标值，即右上角点的纵坐标 |
| double getMinX（） | 获取最小的横坐标值，即左下角点的横坐标 |
| double getMinY（） | 获取最小的纵坐标值，即左下角点的纵坐标 |
| double getWidth（） | 获取地图范围的宽度 |

续表

| 方法成员 | 含义 |
|---|---|
| GISExtent（BinaryReader br） | 构造函数，根据存储在文件中的地图范围，构造对象实例<br>br：二进制文件的读取工具 |
| GISExtent（double $x_1$, double $x_2$, double $y_1$, double $y_2$） | 构造函数，根据四个坐标极值，获取地图范围<br>$x_1$：x 坐标极值<br>$x_2$：x 坐标极值<br>$y_1$：y 坐标极值<br>$y_2$：y 坐标极值 |
| GISExtent（GISExtent $e_1$, GISExtent $e_2$） | 构造函数，获取两个地图范围相交的矩形范围<br>$e_1$：一个地图范围<br>$e_2$：另一个地图范围 |
| GISExtent（GISExtent extent） | 构造函数，复制一个已经存在的地图范围<br>extent：已有地图范围 |
| GISExtent（GISVertex _ bottomleft, GISVertex _ upright） | 构造函数，根据两个角点，获取地图范围<br>_ bottomleft：左下角点<br>_ upright：右下角点 |
| GISVertex getCenter（） | 获取当前地图范围的中心 |
| int PixelSize（GISView view） | 获得一个与地理范围长宽和所对应的屏幕像素长度<br>view：当前地图窗口设置 |
| void CopyFrom（GISExtent extent） | 用另一个地图范围替换当前值<br>extent：另一个地图范围 |
| void Merge（GISExtent extent） | 用于合并另一个地图范围<br>extent：另一个地图范围 |
| void Output（BinaryWriter bw） | 输出当前地图范围到一个文件<br>bw：文件写入工具 |

## 11. GISFeature（类）

地图对象类。

| 属性成员 | 含义 |
|---|---|
| bool Selected = false | 记载对象是否被选中，选中则为 true |
| GISAttribute attributepart | 对象属性信息 |
| GISSpatial spatialpart | 对象空间信息 |
| int ID | 对象唯一标识符 |

| 方法成员 | 含义 |
|---|---|
| GISFeature（GISSpatial spatial, GISAttribute attribute） | 构造函数，为对象类赋值空间和属性信息<br>spatial：对象的空间信息<br>attribute：对象的属性信息 |

续表

| 方法成员 | 含义 |
| --- | --- |
| object getAttribute（int index） | 返回对象某个属性值<br>index：表示属性字段序号 |
| void draw（Graphics graphics，GISView view，bool DrawAttributeOrNot，int index，GISThematic Thematic） | 绘制对象类<br>graphics：画图工具<br>view：当前地图窗口设置<br>DrawAttributeOrNot：判断是否绘制属性信息<br>index：绘制属性信息的字段序号<br>Thematic：专题地图信息 |

## 12. GISField（类）
属性字段类。

| 属性成员 | 含义 |
| --- | --- |
| string name | 字段名称 |
| Type datatype | 字段数据类型 |

| 方法成员 | 含义 |
| --- | --- |
| GISField（Type _ dt，string _ name） | 构造函数，为属性成员赋值<br>_ dt：字段数据类型<br>_ name：字段名称 |

## 13. GISLayer（抽象类）
图层类，是矢量图层类和栅格图层类的基类。

| 属性成员 | 含义 |
| --- | --- |
| bool NorthOrSouth | 图层所在位置属南半球（false）还是北半球（true） |
| bool Visible = true | 判断图层是否需要绘制 |
| CSTYPE CSType | 图层投影类型 |
| GISExtent Extent | 图层地图范围 |
| int ZoneNumber | 图层所属的 UTM 投影分度带号 |
| LAYERTYPE LayerType | 图层类型 |
| string Name | 图层名称 |
| string Path | 图层文件存储位置 |

| 方法成员 | 含义 |
| --- | --- |
| void draw（Graphics graphics，GISView view，GISExtent extent = null） | 绘制图层函数的抽象定义<br>graphics：画图工具<br>view：地图窗口设置<br>extent：绘制范围，若为空值，则绘制整个窗口 |

### 14. GISLine（类）

线实体类。

| 属性成员 | 含义 |
|---|---|
| double Length | 线对象长度 |
| List<GISVertex> Vertexes | 构成线对象的节点数组 |
| 方法成员 | 含义 |
| double Distance（GISVertex vertex） | 逐个节点到线对象的最短距离<br>vertex：一个节点 |
| GISLine（List<GISVertex> _ vertexes） | 构造函数<br>_ vertexes：节点数组 |
| GISVertex FromNode（） | 返回起始节点 |
| GISVertex ToNode（） | 返回终止节点 |
| void draw（Graphics graphics，GISView view，bool Selected，GISThematic Thematic） | 绘制函数<br>graphics：画图工具<br>view：地图窗口设置<br>Selected：对象是否被选中<br>Thematic：专题地图信息 |

### 15. GISMyFile（类）

自定义读取文件类。

| 方法成员 | 含义 |
|---|---|
| GISAttribute ReadAttributes（List<GISField> fs，BinaryReader br） | 从文件中读取属性信息<br>fs：字段信息数组<br>br：二进制文件读取工具 |
| GISVectorLayer ReadFile（string filename） | 从文件中读取一个矢量图层<br>filename：文件名称 |
| List<GISField> ReadFields（BinaryReader br，int FieldCount） | 从文件中读取字段信息<br>br：二进制文件读取工具<br>FieldCount：字段数组的元素总数 |
| List<GISVectorLayer> ReadFileMultiLayers（string filename） | 从文件中读取多个矢量图层<br>filename：文件名称 |
| List<GISVertex> ReadMultipleVertexes（BinaryReader br） | 读取多个节点<br>br：二进制文件读取工具 |
| void ReadFeatures（GISVectorLayer layer，BinaryReader br，int FeatureCount） | 从文件中读取指定数量的空间对象<br>layer：需要读取数据的图层<br>br：二进制文件读取工具<br>FeatureCount：需要读取的空间对象数量 |

续表

| 方法成员 | 含义 |
|---|---|
| void WriteAttributes（GISAttribute attribute，BinaryWriter bw） | 输出属性信息到二进制文件<br>attribute：对象属性<br>bw：二进制文件写入工具 |
| void WriteFeatures（GISVectorLayer layer，BinaryWriter bw，bool OnlySelected） | 输出一个图层中所有空间对象<br>layer：指定的图层<br>bw：二进制文件写入工具<br>OnlySelected：若为true，则只输出选中的空间对象；否则，输出图层中所有空间对象 |
| void WriteFields（List<GISField> fields，BinaryWriter bw） | 输出所有字段信息到文件<br>fields：需要输出的所有字段<br>bw：二进制文件写入工具 |
| void WriteFile（GISVectorLayer layer，string filename，bool OnlySelected=false） | 输出一个矢量图层中的全部空间对象<br>layer：指定的矢量图层<br>filename：文件名称<br>OnlySelected：若为true，则只输出选中的空间对象；否则，输出图层中所有空间对象 |
| void WriteFileHeader（GISVectorLayer layer，BinaryWriter bw，bool OnlySelected） | 写入文件头<br>layer：指定的图层<br>bw：二进制文件写入工具<br>OnlySelected：若为true，则只输出选中的空间对象；否则，输出图层中所有空间对象 |
| void WriteFileMultiLayers（List<GISVectorLayer> layers，string filename，bool OnlySelected=false） | 输出多个矢量图层中的全部空间对象<br>layers：指定的矢量图层数组<br>filename：文件名称<br>OnlySelected：若为true，则只输出选中的空间对象；否则，输出图层中所有空间对象 |
| void WriteMultipleVertexes（List<GISVertex> vs，BinaryWriter bw） | 写入多个节点<br>vs：需要写入的节点数组<br>bw：二进制文件写入工具 |

### 16. GISMyFile. MyFileHeader（结构体）
自定义文件头结构体。

| 属性成员 | 含义 |
| --- | --- |
| double MinX, MinY, MaxX, MaxY | 图层空间范围的最小横纵坐标和最大横纵坐标 |
| int FeatureCount | 图层中地图对象的数量 |
| int ShapeType | 图层中地图对象的类型 |
| Int FieldCount | 属性字段的个数 |
| int CSType | 坐标系统类型 |
| int ZoneNumber | UTM 坐标系统分带号 |
| bool NorthOrSouth | 用于标志南北半球，北半球为 true |
| bool HasTree | 标志是否包含索引结构，包含为 true |

### 17. GISNetwork（类）
网络数据结构类。

| 属性成员 | 含义 |
| --- | --- |
| GISArc [,] Matrix | 邻接矩阵 |
| GISVectorLayer LineLayer | 原始线图层 |
| List<GISArc> Arcs | 弧段列表 |
| List<GISNode> Nodes | 结点列表 |

| 方法成员 | 含义 |
| --- | --- |
| GISNetwork（GISVectorLayer lineLayer, int FieldIndex = -1, double Tolerance = -1） | 构造函数<br>lineLayer：输入线图层<br>FieldIndex：阻抗属性字段序号<br>Tolerance：判断空间中两个结点是否为同一个的距离阈值 |
| GISNetwork（String filename） | 构造函数，用于从文件中读取网络数据<br>filename：文件名 |
| GISVectorLayer CreateArcLayer（） | 生成弧段图层 |
| GISVectorLayer CreateNodeLayer（） | 生成一个结点图层 |
| int FindNearestNodeIndex（GISVertex vertex） | 在结点列表中找到距离某一节点最近的结点序号<br>vertex：节点的位置 |
| int FindOrInsertNode（GISVertex vertex, double Tolerance） | 在结点列表中添加一个结点<br>vertex：需要添加的结点所在的节点<br>tolerance：判断两结点是否为同一结点的距离阈值 |
| List<GISFeature> FindRoute（GISVertex vfrom, GISVertex vto） | 根据起止点位置计算最短路径<br>vfrom：起点位置<br>vto：终点位置 |

续表

| 方法成员 | 含义 |
| --- | --- |
| List&lt;GISFeature&gt; FindRoute（int FromNodeIndex, int ToNodeIndex） | 根据起止点结点序号计算最短路径<br>FromNodeIndex：起结点序号<br>ToNodeIndex：终结点序号 |
| void BuildMatrix（） | 构建邻接矩阵 |
| void ReadArcLayer（GISVectorLayer ArcLayer） | 从弧段图层中读取弧段列表<br>ArcLayer：弧段图层 |
| void ReadNodeLayer（GISVectorLayer NodeLayer） | 从结点图层中读取结点列表<br>NodeLayer：结点图层 |
| void Write（String filename） | 把网络结构写入一个文件<br>filename：写入的文件名 |

## 18. GISNode（类）

结点类。

| 属性成员 | 含义 |
| --- | --- |
| GISVertex location | 结点的位置 |
| 方法成员 | 含义 |
| GISNode（GISVertex v） | 构造函数<br>v：结点所在位置 |

## 19. GISPanel（类）

地图控件类。

| 属性成员 | 含义 |
| --- | --- |
| Bitmap backwindow | 双缓冲中的背景窗口 |
| bool MouseOnMap | 记录鼠标动作是否是在地图上发生的 |
| Dictionary&lt;GISLayer, AttributeForm&gt; AllAttWnds | 存储图层和属性窗口的对应关系 |
| GISDocument document | 控件上的地图文档 |
| GISView view | 存储地图范围和窗口范围的对应关系 |
| int MouseMovingX, MouseMovingY | 记录鼠标移动时的像素位置 |
| int MouseStartX, MouseStartY | 记录鼠标按钮被按下后的像素位置 |
| MOUSECOMMAND MouseCommand | 定义鼠标按钮的动作 |
| 方法成员 | 含义 |
| GISPanel（） | 构造函数 |
| void GISPanel_MouseClick（object sender, MouseEventArgs e） | 鼠标点击时引发的事件处理函数 |

续表

| 方法成员 | 含义 |
|---|---|
| void GISPanel_ MouseDown (object sender, MouseEventArgs e) | 鼠标按下时引发的事件处理函数 |
| void GISPanel_ MouseMove (object sender, MouseEventArgs e) | 鼠标移动时引发的事件处理函数 |
| void GISPanel_ MouseUp (object sender, MouseEventArgs e) | 鼠标抬起时引发的事件处理函数 |
| void GISPanel_ Paint (object sender, PaintEventArgs e) | 窗口需要重绘时引发的事件处理函数 |
| void GISPanel_ SizeChanged (object sender, EventArgs e) | 地图窗口大小发生变化时引发的事件处理函数 |
| void OpenAttributeWindow (GISVectorLayer layer) | 打开图层属性窗口<br>layer：要打开的属性窗口对应的图层 |
| void toolStripMenuItem_ Click (object sender, EventArgs e) | 菜单项被点击时引发的事件处理函数 |
| void UpdateAttributeWindow () | 更新属性窗口 |
| void UpdateMap () | 重新绘图 |

## 20. GISPoint（类）
点实体类。

| 方法成员 | 含义 |
|---|---|
| double Distance (GISVertex anothervertex) | 计算该点实体与另外一个节点之间的直线距离<br>anothervertex：另一个节点 |
| GISPoint (GISVertex onevertex) | 构造函数<br>onevertex：点实体位置 |
| void draw (Graphics graphics, GISView view, bool Selected, GISThematic Thematic) | 绘制函数<br>graphics：画图工具<br>view：地图窗口设置<br>Selected：对象是否被选中<br>Thematic：专题地图信息 |

## 21. GISPolygon（类）
面实体类。

| 属性成员 | 含义 |
|---|---|
| double Area | 记录面实体的面积 |
| List<GISVertex> Vertexes | 记录构成面实体节点数组 |

续表

| 方法成员 | 含义 |
| --- | --- |
| bool Include（GISVertex vertex） | 判断点面位置关系，若包含该节点则返回 true<br>vertex：某一节点 |
| GISPolygon（List<GISVertex> _ vertexes） | 构造函数<br>_ vertexes：构成面实体的节点数组 |
| void draw（Graphics graphics，GISView view，bool Selected，GISThematic Thematic） | 绘制函数<br>graphics：画图工具<br>view：地图窗口设置<br>Selected：对象是否被选中<br>Thematic：专题地图信息 |

## 22. GISRasterLayer（类）

栅格图层类。

| 属性成员 | 含义 |
| --- | --- |
| Bitmap rasterimage | 实际打开的栅格数据，即一张图片 |

| 方法成员 | 含义 |
| --- | --- |
| GISRasterLayer（string filename） | 构造函数<br>filename：栅格描述文件 |
| void draw（Graphics graphics，GISView view，GISExtent extent = null） | graphics：画图工具<br>view：地图窗口设置<br>extent：应该绘制的空间范围 |

## 23. GISSelect（类）

空间查询操作类。

| 属性成员 | 含义 |
| --- | --- |
| GISFeature SelectedFeature | 记载查询到的单一空间对象 |
| GISVectorLayer Layer | 查询操作对应的矢量图层 |
| List<GISFeature> SelectedFeatures | 记载查询到的单一空间对象数组 |

| 方法成员 | 含义 |
| --- | --- |
| GISExtent BuildExtent（GISVertex vertex，GISView view） | 建立最小选择范围<br>vertex：点选位置<br>view：地图窗口设置 |
| GISSelect（GISVectorLayer _ layer） | 构造函数<br>_ layer：查询操作对应的矢量图层 |
| SelectResult SelectByExtent（GISExtent extent） | 框选空间查询<br>extent：框选范围 |

续表

| 方法成员 | 含义 |
|---|---|
| SelectResult SelectByVertex（GISVertex vertex, GISView view） | 点选空间查询<br>vertex：点选位置<br>view：地图窗口设置 |
| SelectResult SelectLine（GISVertex vertex, List<GISFeature> features, GISView view, GISExtent MinSelectExtent） | 点选线实体<br>vertex：点选位置<br>features：待选择的空间对象集<br>MinSelectExtent：最小选择范围 |
| SelectResult SelectPoint（GISVertex vertex, List<GISFeature> features, GISView view, GISExtent MinSelectExtent） | 点选点实体<br>vertex：点选位置<br>features：待选择的空间对象集<br>MinSelectExtent：最小选择范围 |
| SelectResult SelectPolygon（GISVertex vertex, List<GISFeature> features, GISView view, GISExtent MinSelectExtent） | 点选面实体<br>vertex：点选位置<br>features：待选择的空间对象集<br>MinSelectExtent：最小选择范围 |

## 24. GISShapefile（类）

Shapefile 文件读取类。

| 方法成员 | 含义 |
|---|---|
| DataTable ReadDBF（string dbffilename） | 读取 dbf 文件<br>dbffilename：dbf 文件的文件名 |
| GISAttribute ReadAttribute（DataTable table, int RowIndex） | 读取一条记录<br>table：属性存储表<br>RowIndex：记录序号 |
| GISPoint ReadPoint（byte [] RecordContent） | 读取点实体<br>RecordContent：记录内容 |
| GISVectorLayer ReadShapeFile（string shpfilename） | 读取 Shapefile 文件<br>shpfilename：shp 文件的名称 |
| int FromBigToLittle（int bigvalue） | 把大序数字转成小序数字<br>bigvalue：一个大序数字 |
| List<GISField> ReadFields（DataTable table） | 读取字段结构<br>table：属性存储表 |
| List<GISLine> ReadLines（byte [] RecordContent） | 读取线实体<br>RecordContent：记录内容 |

续表

| 方法成员 | 含义 |
| --- | --- |
| List<GISPolygon> ReadPolygons（byte [ ] RecordContent） | 读取面实体<br>RecordContent：记录内容 |
| RecordHeader ReadRecordHeader（BinaryReader br） | 读取记录头<br>br：二进制文件读取工具 |
| ShapeFileHeader ReadFileHeader（BinaryReader br） | 读取文件头<br>br：二进制文件读取工具 |

### 25. GISShapefile. RecordHeader（结构体）

Shapefile 记录头结构体。

| 属性成员 | 含义 |
| --- | --- |
| int RecordLength | 记录内容的"字"数 |
| int RecordNumber | 记录的序号 |
| int ShapeType | 记录的空间类型 |

### 26. GISShapefile. ShapeFileHeader（结构体）

ShapeFile 文件头结构体。

| 属性成员 | 含义 |
| --- | --- |
| intUnused1，Unused2，Unused3，Unused4，Unused5，Unused6，Unused7 | 没有实际意义 |
| intUnused8 | 版本号 |
| intShapeType | 空间对象类型 |
| double Xmin | 最小横坐标 |
| double Ymin | 最小纵坐标 |
| double Xmax | 最大横坐标 |
| double Ymax | 最大纵坐标 |
| doubleUnused9，Unused10，Unused11，Unused12 | 没有实际意义 |

### 27. GISSpatial（抽象类）

空间实体类。

| 属性成员 | 含义 |
| --- | --- |
| GISExtent extent | 空间实体的范围 |
| GISVertex centroid | 空间实体的中心点 |

| 方法成员 | 含义 |
| --- | --- |
| void draw（Graphics graphics，GISView view，bool Selected，GISThematic Thematic） | 绘制函数<br>graphics：画图工具<br>view：地图窗口设置<br>Selected：对象是否被选中<br>Thematic：专题地图信息 |

## 28. GISThematic(类)
专题制图信息类。

| 属性成员 | 含义 |
|---|---|
| Color InsideColor | 针对 GISPoint,代表点对象的填充颜色<br>针对 GISLine,代表线对象的颜色<br>针对 GISPolygon,代表面对象的填充颜色 |
| Color OutsideColor | 针对 GISPoint,代表点对象的边界颜色<br>针对 GISLine,无意义<br>针对 GISPolygon,代表面对象的边界颜色 |
| int Size | 针对 GISPoint,代表点对象的半径,以像素为单位<br>针对 GISLine,代表线对象的宽度,以像素为单位<br>针对 GISPolygon,代表面对象的边界宽度,以像素为单位 |
| 方法成员 | 含义 |
| GISThematic(Color outsideColor, int size, Color insideColor) | 构造函数<br>outsideColor:针对 GISPoint,代表点对象的边界颜色;针对 GISLine,无意义;针对 GISPolygon,代表面对象的边界颜色<br>size:针对 GISPoint,代表点对象的半径,以像素为单位;针对 GISLine,代表线对象的宽度,以像素为单位;针对 GISPolygon,代表面对象的边界宽度,以像素为单位<br>insideColor:针对 GISPoint,代表点对象的填充颜色;针对 GISLine,代表线对象的颜色;针对 GISPolygon,代表面对象的填充颜色 |
| GISThematic(SHAPETYPE _ shapetype) | 构造函数<br>_ shapetype:空间对象类型 |
| void Update(Color outsideColor, int size, Color insideColor) | 更新属性成员<br>outsideColor:针对 GISPoint,代表点对象的边界颜色;针对 GISLine,无意义;针对 GISPolygon,代表面对象的边界颜色<br>size:针对 GISPoint,代表点对象的半径,以像素为单位;针对 GISLine,代表线对象的宽度,以像素为单位;针对 GISPolygon,代表面对象的边界宽度,以像素为单位<br>insideColor:针对 GISPoint,代表点对象的填充颜色;针对 GISLine,代表线对象的颜色;针对 GISPolygon,代表面对象的填充颜色 |

## 29. GISTools(类)
公共函数类。

| 属性成员 | 含义 |
|---|---|
| Random rand | 随机数 |

附录：MyGIS 类库说明

续表

| 方法成员 | 含义 |
| --- | --- |
| BinaryReader GetBinaryReader（string filename） | 获得二进制文件读取工具<br>filename：文件名 |
| byte [ ] ToBytes（object c） | 将某一对象实例转成字节数组<br>c：某一对象实例 |
| Color GetGradualColor（int levelIndex, int levelNumber） | 将某个分级设色级别生成渐变灰度颜色<br>levelIndex：某个分级设色级别<br>levelNumber：分级总数 |
| Color GetRandomColor（） | 生成随机颜色 |
| double CalculateArea（List<GISVertex> _ vertexes） | 计算由节点序列构成的多边形的面积<br>_ vertexes：节点序列 |
| double CalculateLength（List<GISVertex> _ vertexes） | 计算由节点序列构成的折线的长度<br>_ vertexes：节点序列 |
| double PointToSegment（GISVertex A, GISVertex B, GISVertex C） | 计算一个点（C）到一条线段（AB）的距离<br>A：线段的起始节点<br>B：线段的终止节点<br>C：该点 |
| double VectorProduct（GISVertex $v_1$, GISVertex $v_2$） | 计算矢量积<br>$v_1$：一个矢量<br>$v_2$：另一个矢量 |
| GISExtent CalculateExtent（List<GISVertex> _ vertexes） | 计算空间实体的范围<br>_ vertexes：构成空间实体的节点数组 |
| GISLayer GetLayer（string path） | 代表通过图层文件名获取图层<br>path：文件名 |
| GISVertex CalculateCentroid（List<GISVertex> _ vertexes） | 计算空间实体的中心点<br>_ vertexes：构成空间实体的节点数组 |
| int TypeToInt（Type type） | 将指定数据类型转换成整数类型<br>type：指定数据类型 |
| int WhichLevel（List<double> Levels, double value） | 判断某属性值属于分级设色地图中的哪一分组<br>Levels：分级分割点数组<br>Value：某属性值 |
| List<double> FindLevels（List<double> values, int levelNumber） | 确定分级设色地图的分级分割点函数<br>values：属性值列表<br>levelnumber：分级数 |
| List<Object> FindUniqueValues（List<Object> values） | 计算制作独立值地图中的独立值个数<br>values：属性值列表 |

续表

| 方法成员 | 含义 |
| --- | --- |
| Object FromBytes（BinaryReader br，Type type） | 从文件中读取某个指定的数据类型的实例<br>br：二进制文件读取工具<br>type：指定的数据类型 |
| Point［］GetScreenPoints（List&lt;GISVertex&gt; _vertexes，GISView view） | 将一系列地图坐标转换为屏幕坐标<br>_vertexes：一系列地图坐标<br>view：地图窗口设置 |
| string NamePart（string filename） | 提取文件名的名称部分<br>filename：文件名 |
| string ReadString（BinaryReader br） | 从文件中读取字符串<br>br：二进制文件读取工具 |
| Type IntToType（int index） | 将整数转换成特定的数据类型<br>index：该整数 |
| void SaveLayer（GISVectorLayer layer，bool SaveAsAnotherFile，bool SelectedOnly） | 将矢量图层存储到一个文件中<br>_layer：输入的图层<br>SaveAsAnotherFile：存储到一个新的文件中（true）或者存储到原有文件中（false）<br>SelectedOnly：只保存选中的空间对象（true）还是全部的空间对象（false） |
| void WriteString（string s，BinaryWriter bw） | 将字符串写入文件<br>s：输入的字符串<br>bw：二进制文件写入工具 |
| double Cross3Product（GISVertex A，GISVertex B，GISVertex C） | 计算点 C 到线段 AB 距离的辅助函数<br>A：线段的起始节点<br>B：线段的终止节点<br>C：该点 |
| double Dot3Product（GISVertex A，GISVertex B，GISVertex C） | 计算点 C 到线段 AB 距离的辅助函数<br>A：线段的起始节点<br>B：线段的终止节点<br>C：该点 |

## 30. GISVectorLayer（类）
矢量图层类。

| 属性成员 | 含义 |
|---|---|
| bool DrawAttributeOrNot | 代表绘制图层时是否需要标注属性信息 |
| bool Selectable | 用于判断该图层中空间对象是否可被选择 |
| Dictionary<Object，GISThematic> Thematics | 记录每一种属性值对应的显示方式 |
| int LabelIndex | 代表需要标注的属性序列号 |
| int ThematicFieldIndex | 代表与专题地图相关的属性字段序号 |
| List<GISFeature> Features | 图层中包含的所有空间对象 |
| List<GISFeature> Selection | 被选中的空间对象的集合 |
| List<GISField> Fields | 属性字段序列 |
| List<int> LevelIndexes | 记录每个空间对象所属的分级设色地图组别 |
| RTree rtree | 该图层的空间索引结构 |
| SHAPETYPE ShapeType | 空间对象类型 |
| THEMATICTYPE ThematicType | 专题地图类型 |

| 方法成员 | 含义 |
|---|---|
| bool MakeGradualColor（int FieldIndex，int levelNumber） | 某个属性字段根据级别数量确定各个级别的显示方式，若成功则返回 true；若该属性字段不是数字型，则无法分级，返回 false<br>FieldIndex：属性字段序号<br>levelNumber：分级设色所需的分级数 |
| GISFeature GetFeature（int i） | 根据空间对象所在的序列号获取一个空间对象<br>i：序列号 |
| GISFeature GetFeatureByID（int id） | 根据空间对象的 ID 获取一个空间对象<br>id：空间对象的 ID |
| GISVectorLayer（string _ name，SHAPETYPE _ shapetype，GISExtent _ extent，List<GISField> _ fields = null，bool NeedIndex = true，CSTYPE cstype = CSTYPE. wgs84，int zonenumber = -1，bool northorsouth = false） | 构造函数<br>_ name：图层名称<br>_ shapetype：空间对象类型<br>_ extent：图层的空间范围<br>_ fields：图层字段数组<br>NeedIndex：决定是（true）否（false）需要建立空间索引结构<br>cstype：坐标系统类型<br>zonenumber：分度带号<br>northorsouth：南（false）北（true）半球标志 |
| int FeatureCount（） | 返回空间对象数量 |
| int FindFeatureIndex（GISFeature Feature） | 获取图层中某个空间对象的序列号<br>Feature：某个空间对象 |

续表

| 方法成员 | 含义 |
| --- | --- |
| int FindFeatureIndexByID（int ID） | 根据空间对象 ID 获取图层中某个空间对象的序列号<br>ID：空间对象 ID |
| List&lt;GISFeature&gt; GetAllFeatures（） | 返回所有空间对象 |
| SelectResult Select（GISExtent extent） | 执行框选，并反馈选择状态<br>extent：框选范围 |
| SelectResult Select（GISVertex vertex，GISView view） | 执行点选，并反馈选择状态<br>vertex：点选位置<br>view：地图窗口设置 |
| void AddFeature（GISFeature feature，<br>bool UpdateExtent=false） | 为图层增加一个空间对象<br>feature：空间对象<br>UpdateExtent：是（true）否（false）更新图层的空间范围 |
| void AddSelectedFeatureByID（int id） | 根据空间对象 ID 选中并添加到选择集中<br>id：空间对象 ID |
| void BuildRTree（） | 建立空间索引结构 |
| void ClearSelection（） | 清空选择集 |
| void DeleteAllFeatures（） | 删除所有空间对象 |
| void DeleteFeature（GISFeature Feature） | 删除图层中某个空间对象<br>Feature：某个空间对象 |
| void DeleteFeatureByID（int ID） | 根据空间对象 ID 删除图层中某个空间对象<br>ID：空间对象 ID |
| void DeleteFeatureByIndex（int FeatureIndex） | 根据序列号删除图层中某个空间对象<br>FeatureIndex：空间对象序列号 |
| void draw（Graphics graphics，GISView view，<br>GISExtent extent=null） | 绘制图层<br>graphics：画图工具<br>view：地图窗口设置<br>extent：需要绘制的空间范围 |
| void drawFeatures（Graphics graphics，List&lt;GISFeature&gt;<br>features，GISView view，GISExtent extent） | 绘制图层中指定的空间对象数组<br>graphics：画图工具<br>features：指定的空间对象数组<br>view：地图窗口设置<br>extent：需要绘制的空间范围 |
| void MakeUnifiedValueMap（） | 制作独立值地图 |
| void Select（List&lt;GISFeature&gt; fs） | 把图层中的一组空间对象增加到选择集中<br>fs：一组空间对象 |
| void UpdateExtent（） | 更新地图范围 |

## 31. GISVertex（类）
节点类。

| 属性成员 | 含义 |
| --- | --- |
| double x | 节点横坐标 |
| double y | 节点纵坐标 |

| 方法成员 | 含义 |
| --- | --- |
| GISVertex（double _ x, double _ y） | 构造函数<br>_ x：节点横坐标<br>_ y：节点纵坐标 |
| GISVertex（BinaryReader br） | 构造函数，用于从文件中读一个节点<br>br：二进制文件读取工具 |
| GISVertex（GISVertex v） | 构造函数，通过复制的方法获得一个节点<br>v：需要复制的节点 |
| void WriteVertex（BinaryWriter bw） | 把节点输出到二进制文件<br>bw：二进制文件写入工具 |
| double Distance（GISVertex anothervertex） | 计算与另一个节点之间的直线距离<br>anothervertex：另一个节点 |
| void CopyFrom（GISVertex v） | 复制一个节点的坐标值<br>v：需要复制的节点 |
| bool IsSame（GISVertex vertex） | 判断两个节点是否在空间上是重叠的<br>vertex：需要判断是否重叠的节点 |

## 32. GISView（类）
地图窗口设置类。

| 属性成员 | 含义 |
| --- | --- |
| GISExtent CurrentMapExtent | 当前绘图窗口中显示的地图范围 |
| GISVectorLa MapWindowSize | 绘图窗口大小 |
| double MapMinX | 当前屏幕显示的地图范围的最小横坐标 |
| double MapMinY | 当前屏幕显示的地图范围的最小纵坐标 |
| int WinW | 绘图窗口宽度 |
| int WinH | 绘图窗口高度 |
| double MapW | 地图横坐标宽度 |
| double MapH | 地图纵坐标高度 |
| double ScaleX | 横坐标比例尺 |
| double ScaleY | 纵坐标比例尺 |

续表

| 方法成员 | 含义 |
| --- | --- |
| double ToScreenDistance（double distance） | 把地图距离转换为屏幕距离<br>distance：要转换的地图距离 |
| double ToScreenDistance（GISVertex $v_1$，GISVertex $v_2$） | 根据两个节点计算其屏幕距离<br>$v_1$：一个节点 $v_2$：另一个节点 |
| GISExtent getRealExtent（） | 获得当前绘图窗口对应的地图范围 |
| GISVertex ToMapVertex（Point point） | 把屏幕点转换为节点<br>point：屏幕点 |
| GISView（GISExtent _ extent，Rectangle _ rectangle） | 构造函数<br>_ extent：当前地图显示范围<br>_ rectangle：当前绘图窗口矩形 |
| Point ToScreenPoint（GISVertex onevertex） | 计算节点的屏幕坐标<br>onevertex：节点 |
| void Update（GISExtent _ extent，Rectangle _ rectangle） | 更新地图窗口设置<br>_ extent：新的地图显示范围<br>_ rectangle：新的绘图窗口矩形 |
| void UpdateExtent（GISExtent extent） | 更新地图显示范围<br>extent：新的地图显示范围 |
| void UpdateRectangle（Rectangle rect） | 更新绘图窗口<br>rect：新的绘图窗口矩形 |

## 33. LayerDialog（类）
图层对话框类。

| 属性成员 | 含义 |
| --- | --- |
| GISDocument Document | 对话框管理的地图文档 |
| GISPanel MapWindow | 打开此对话框的地图窗口控件 |

| 方法成员 | 含义 |
| --- | --- |
| LayerDialog（GISDocument document，GISPanel mapwindow） | 构造函数<br>document：对话框管理的地图文档<br>mapwindow：打开此对话框的地图窗口控件 |
| void button1_ Click（object sender，EventArgs e） | 删除图层按钮被点击时引发的事件处理函数 |
| void button10_ Click（object sender，EventArgs e） | 修改图层名称按钮被点击时引发的事件处理函数 |
| void button13_ Click（object sender，EventArgs e） | 修改专题地图类型按钮被点击时引发的事件处理函数 |
| void button14_ Click（object sender，EventArgs e） | 打开文档按钮被点击时引发的事件处理函数 |
| void button15_ Click（object sender，EventArgs e） | 保存图层按钮被点击时引发的事件处理函数 |
| void button16_ Click（object sender，EventArgs e） | 坐标转换按钮被点击时引发的事件处理函数 |

续表

| 方法成员 | 含义 |
|---|---|
| void button2_Click (object sender, EventArgs e) | 导出图层按钮被点击时引发的事件处理函数 |
| void button3_Click (object sender, EventArgs e) | 添加图层按钮被点击时引发的事件处理函数 |
| void button4_Click (object sender, EventArgs e) | 应用按钮被点击时引发的事件处理函数 |
| void button5_Click (object sender, EventArgs e) | 打开属性表按钮被点击时引发的事件处理函数 |
| void button6_Click (object sender, EventArgs e) | 关闭按钮被点击时引发的事件处理函数 |
| void button7_Click (object sender, EventArgs e) | 图层上移按钮被点击时引发的事件处理函数 |
| void button8_Click (object sender, EventArgs e) | 图层下移按钮被点击时引发的事件处理函数 |
| void button9_Click (object sender, EventArgs e) | 存储文档按钮被点击时引发的事件处理函数 |
| void checkBox4_Click (object sender, EventArgs e) | 索引结构选择发生变化时引发的事件处理函数 |
| void Clicked (object sender, EventArgs e) | 其他检查框、文本输入框发生变化时引发的事件处理函数 |
| void comboBox2_SelectedIndexChanged (object sender, EventArgs e) | 当专题地图类型选择发生变化时引发的事件处理函数 |
| void Form3_Shown (object sender, EventArgs e) | 图层对话框窗口显示时引发的事件处理函数 |
| void LayerDialog_FormClosed (object sender, FormClosedEventArgs e) | 关闭图层对话框时引发的事件处理函数 |
| void listBox1_SelectedIndexChanged (object sender, EventArgs e) | 更改图层列表框选择项引发的事件处理函数 |
| void SettingColor_Click (object sender, EventArgs e) | 修改专题地图按钮被点击时引发的事件处理函数 |

## 34. LAYERTYPE（枚举类型）
定义图层类型。

| 枚举值 | 含义 |
|---|---|
| RasterLayer | 栅格图层 |
| VectorLayer | 矢量图层 |

## 35. MOUSECOMMAND（枚举类型）
定义鼠标动作类型。

| 枚举值 | 含义 |
|---|---|
| Pan | 用鼠标进行地图平移 |
| Select | 用鼠标进行选择操作 |
| Unused | 用鼠标进行空操作 |
| ZoomIn | 用鼠标进行放大操作 |
| ZoomOut | 用鼠标进行缩小操作 |

## 36. NodeEntry（类）

索引结构结点入口类。

| 属性成员 | 含义 | | |
| --- | --- | --- | --- |
| | 非叶结点 | 叶结点 | 数据结点 |
| GISExtent MBR | 包含其所有下层结点范围 | 包含其所有数据入口的范围 | 空间对象的范围 |
| GISFeature Feature | 无意义 | 无意义 | 空间对象 |
| int FeatureIndex | 无意义 | 无意义 | 空间对象在图层中的序号 |
| int Level | 大于1的整数 | 1 | 0 |
| List&lt;NodeEntry&gt; Entries | 下层结点入口列表 | 下层数据入口列表 | 无意义 |
| NodeEntry Parent | 上层结点入口 | 上层结点入口 | 上层结点入口 |
| 方法成员 | 含义 | | |
| NodeEntry（GISFeature _ feature，int _ index） | 专用于数据结点的构造函数<br>_ feature：空间对象<br>_ index：空间对象在图层中的序号 | | |
| NodeEntry（int _ level） | 专用于叶结点和非叶结点的构造函数<br>_ level：结点所在层级编号 | | |
| void AddEntry（NodeEntry node） | 向当前结点入口增加一个子结点入口<br>node：子结点入口 | | |

## 37. NetworkForm（类）

网络分析对话框。

| 属性成员 | 含义 |
| --- | --- |
| GISNetwork network | 网络结构 |
| GISVectorLayer LineLayer | 基础线图层 |
| GISVectorLayer StopsLayer | 起止点图层 |
| 方法成员 | 含义 |
| NetworkForm（） | 构造函数 |
| void button1_ Click（object sender，EventArgs e） | 构建网络结构按钮被点击时引发的事件处理函数 |
| void button2_ Click（object sender，EventArgs e） | 清空起止点按钮被点击时引发的事件处理函数 |
| void button3_ Click（object sender，EventArgs e） | 最短路径按钮被点击时引发的事件处理函数 |
| void button4_ Click（object sender，EventArgs e） | 读取网络结构文件按钮被点击时引发的事件处理函数 |
| void button5_ Click（object sender，EventArgs e） | 存储网络结构文件按钮被点击时引发的事件处理函数 |
| void button6_ Click（object sender，EventArgs e） | 加载起止点按钮被点击时引发的事件处理函数 |
| void CheckLayers（） | 确保所需的起止点图层和基础线图层已经在地图窗口中被加载，如果没有被加载，就完成加载 |
| void comboBox1_ MouseClick（object sender，MouseEventArgs e） | 鼠标点击列表框，加载图层名称 |
| void gisPanel1_ MouseDoubleClick（object sender，MouseEventArgs e） | 鼠标双击，自行添加起止点 |
| void Init（） | 实现网络结构建立后的初始化工作 |

## 38. RTree（类）

空间索引类。

| 属性成员 | 含义 |
| --- | --- |
| GISVectorLayer layer | 与此索引关联的图层 |
| int MaxEntries | 每个结点的最大入口数 |
| int MinEntries | 每个结点的最少入口数 |
| NodeEntry Root | 根结点 |
| 方法成员 | 含义 |
| double EnlargedArea（NodeEntry node, NodeEntry entry） | 计算增加一个入口后，所辖范围扩大的面积 |
| GISVectorLayer GetTreeLayer（） | 将索引结构转变成一个图层 |
| int PickNext（NodeEntry FirstNode, NodeEntry SecondNode, List<NodeEntry> entries, ref double maxDiffArea） | 查找下一个可被分配的下层结点入口序号<br>FirstNode：第一个可能被分配的结点<br>SecondNode：第二个可能被分配的结点<br>entries：待分配的下层结点<br>maxDiffArea：分配给不同结点的面积差，用此判断分配给 FirstNode 还是 SecondNode |
| List<GISFeature> Query（GISExtent extent, bool OnlyInclude） | 根据范围搜索包含的所有空间对象<br>extent：搜索范围<br>OnlyInclude：表示覆盖搜索（true）或相交搜索（false） |
| NodeEntry ChooseLeaf（NodeEntry node, NodeEntry entry） | 为数据入口（entry）寻找一个叶结点插入<br>node：最初为根结点，之后递归为各级子结点<br>entry：数据入口 |
| NodeEntry ReadNode（BinaryReader br） | 从文件中读取一个索引结构，并返回其根结点<br>br：二进制文件读取工具 |
| NodeEntry SplitNode（NodeEntry OneNode） | 当入口数量超限时，分割结点，返回新分割出来的结点的函数<br>OneNode：待分割的结点 |
| RTree（GISVectorLayer _ layer, int maxEntries=4） | 构造函数<br>_ layer：对应此索引结构的图层<br>maxEntries：结点允许的最大入口数 |
| void AdjustTree（NodeEntry OneNode, NodeEntry SplitNode） | 由于分割而需要调整上层结构<br>OneNode：已经在树中的结点<br>SplitNode：新分割出来的结点 |
| void AssignAllEntries（NodeEntry node, List<NodeEntry> entries） | 把剩余数据入口全部分配给某个结点<br>node：被分配的结点<br>entries：剩余数据入口列表 |

续表

| 方法成员 | 含义 |
|---|---|
| void FindFeatures（NodeEntry node，List<GISFeature> features，GISExtent extent，bool OnlyInclude） | 查找框选范围内的空间对象<br>Node：搜索的起始结点<br>features：搜索到的空间对象<br>extent：框选范围<br>OnlyInclude：表示覆盖搜索（true）或相交搜索（false） |
| void InsertData（int index） | 插入数据入口<br>Index：空间对象在图层中的序号 |
| void InsertNode（NodeEntry ParentNode，NodeEntry ChildNode） | 将子结点插入到父结点的入口列表中<br>ParentNode：父结点<br>ChildNode：子结点 |
| void NodeList（List<NodeEntry> nodes，NodeEntry node） | 把当前树中的所有结点增加到一个结点列表里<br>nodes：当前树中所有结点的列表<br>node：被递归添加的当前结点 |
| void ReadFile（BinaryReader br） | 从文件中读取索引结构<br>br：二进制文件读取工具 |
| void WriteFile（BinaryWriter bw） | 将索引结构写入一个文件中<br>bw：二进制文件写入工具 |
| void WriteNode（NodeEntry node，BinaryWriter bw） | 将一个结点及其下层所有结点写入文件<br>node：该结点<br>bw：二进制文件写入工具 |

## 39. SelectResult（枚举类型）
记录选择状态。

| 枚举值 | 含义 |
|---|---|
| EmptySet | 备选集是空的 |
| OK | 选择到一个结果 |
| TooFar | 点击选择时距离空间对象太远 |
| UnknownType | 未知空间对象 |

## 40. SHAPETYPE（枚举类型）
记录空间实体类型。

| 枚举值 | 含义 |
|---|---|
| line = 3 | 线实体 |
| point = 1 | 点实体 |
| polygon = 5 | 面实体 |

## 41. THEMATICTYPE（枚举类型）

记录专题地图类型。

| 枚举值 | 含义 |
|---|---|
| GradualColor | 分级设色地图 |
| UnifiedValue | 唯一值地图 |
| UniqueValue | 独立值地图 |

## 42. UTM_Vertex（类）

专用于 UTM 坐标的类。

| 属性成员 | 含义 |
|---|---|
| bool NorthOrSouth | 坐标所属半球，北半球为 true，南半球为 false |
| GISVertex v | 表示一个 UTM 投影坐标点 |
| int ZoneNumber | 坐标系统的分度带号 |

| 方法成员 | 含义 |
|---|---|
| UTM_Vertex（double _X, double _Y, int _ZoneNumber, bool _NorthOrSouth） | 构造函数<br>_X：横坐标<br>_Y：纵坐标<br>_ZoneNumber：分度带号<br>_NorthOrSouth：坐标所属半球，北半球为 true，南半球为 false |